项目名称：高原地区动物疾病创新团队（项目编号：20240036）

肉牛临床常见疾病诊断与治疗

霍生东　著

中国科学技术出版社

·北　京·

图书在版编目（CIP）数据

肉牛临床常见疾病诊断与治疗 / 霍生东著． -- 北京 ：
中国科学技术出版社，2024.10. -- ISBN 978-7-5236
-0978-1

Ⅰ．S858.23

中国国家版本馆 CIP 数据核字第 2024BT6684 号

策划编辑	王晓平	
责任编辑	王晓平	
封面设计	寒　露	
正文设计	寒　露	
责任校对	焦　宁	
责任印制	李晓霖	

出　　版	中国科学技术出版社	
发　　行	中国科学技术出版社有限公司	
地　　址	北京市海淀区中关村南大街16号	
邮　　编	100081	
发行电话	010-62173865	
传　　真	010-62173081	
网　　址	http://www.cspbooks.com.cn	

开　　本	710mm×1000mm　1/16	
字　　数	243千字	
印　　张	17.75	
版　　次	2024 年 10 月第 1 版	
印　　次	2024 年 10 月第 1 次印刷	
印　　刷	河北鑫玉鸿程印刷有限公司	
书　　号	ISBN 978-7-5236-0978-1 / TN・61	
定　　价	98.00元	

前　言

近年来，我国畜牧业面临着新的发展形势，规模化养殖得到了迅速推广，而畜禽生产方式也发生了重大变革。在这一趋势的背景下，动物防疫工作面临着新的挑战与机遇。市场经济的快速发展，使国内外动物及其产品贸易日益频繁，这为各种畜禽病原微生物的传播提供了更多的机会和条件。同时，随着人们对动物防疫及卫生消毒工作认识的不断提高，对其要求也越来越高。然而，现实情况表明，动物防疫工作在基层的普及与落实仍然存在不足。这导致了畜禽疾病控制成为制约养殖业健康发展的瓶颈。此外，畜禽疾病的传播不仅对畜牧业产生影响，也对公众健康构成了潜在威胁。

在这一背景下，对肉牛临床常见疾病的诊断与治疗显得尤为重要。充分了解肉牛常见疾病的发病机制、传播途径以及诊断方法，对于及时采取有效的防控措施至关重要。其中，疫苗接种、环境卫生管理、营养调理等都是重要的预防手段。在疾病发生时，及时的诊断和治疗同样至关重要。对于不同类型的疾病，需要采取针对性的治疗方案，包括药物治疗、外科手术等方法。同时，加强畜牧业从业人员的培训，提高其对动物疾病防控的认识水平，也是确保畜牧业健康发展的重要举措。

本书共分为九章，详细论述了关于肉牛临床常见的疾病以及治疗方案。第一章为肉牛品种及繁殖力，主要内容为肉牛的品种选择、肉牛品种选择技术、肉牛的繁殖力；第二章为消化系统疾病，内容包括胃部疾病、肠道疾病、异食癖；第三章为生殖系统疾病，内容有发情异常、妊娠期疾病、分娩期疾病、产后期疾病；第四章为呼吸系统疾病，内容有上呼吸道疾病、肺部疾病；第五章为心血管系统疾病，内容有功能性疾病、损伤性疾病；第六章为仔畜疾病，内容有消化系统疾病、呼吸系统疾病、血液性疾病；第七章为中毒性疾病，内容有代谢性中毒疾病、饲料中毒性疾病；第八章为传染性疾病，内容有病毒性疾病、细菌性疾病；第九章为寄生虫性疾病，内容有扁平虫病、线虫病、节肢动物引起的疾病。

通过对这九章内容的详细论述，本书旨在为读者提供全面深入的肉牛临床常见疾病的诊断与治疗知识，为兽医从业者和养殖户提供实用的指导，促进肉牛养殖业的健康发展。

鉴于著者水平有限，书中难免存在不足之处，敬请专家、同行和广大读者批评指正。

目　录

第一章 肉牛品种及繁殖力

第一节 肉牛的品种选择

一、国内肉牛品种

（一）秦川牛

1. 产地及分布

秦川牛，作为中国五大良种黄牛之一，其主要分布于秦岭以北至渭山以南的渭河流域陕西关中平原地带，尤其在咸阳、兴平、武功、礼泉、西安、扶风、乾县等地形成了较为集中的产区。该品种亦扩散至陕西渭北高原部分地区、河南西部、宁夏回族自治区南部以及甘肃的庆阳地区。关中平原地形平坦、气候温和，年均气温为17℃，年降水量充足，无霜期长达180～200天，土壤肥沃，为秦川牛的饲养提供了极佳的自然环境。当地丰富多样的饲草料资源，特别是优质苜蓿草的种植传统，为秦川牛从幼犊期就开始饲喂优质牧草提供了物质基础，有利于幼犊的健康发育。随着年龄的增长，这些牛发育成体格高大、品质优良的成年牛。良好的遗传特性和肉质，使其成为国内外市场上受欢迎的肉牛品种。

2. 体形外貌

秦川牛因其体形大、结构均衡、体质强健而受到广泛的关注。该品种的毛色多样，主要为紫红和红色，其次是黄色；毛质细致柔软，宛若锦缎。其鼻镜通常为肉红色，偶见黑、灰及黑斑点。角短，多为肉色或接近棕色，呈现向外下方或稍向后弯曲的特征。体形方面，秦川牛头部方正，尺寸适中，口方面平，显示出其均衡的体形特征。颈部较短，特别是公牛，颈上侧隆起，垂肌发达。肩部长而斜，胸部宽深，尤其是公牛，胸部更为发达，凸显了其良好的前躯结构。背腰部平直宽广，肋骨长而开张，腹部大而圆。尻部长度适中，多呈斜尻或尖尻形态，荐骨部略显隆起。四肢粗壮而结实，蹄为圆形，质地坚硬，多数呈紫红色，蹄叉紧密。在体重方面，成年公牛平均体重达到 620.9 千克，体高 141.7 厘米；成年母牛平均体重为 416 千克，体高 127.2 厘米，展现了其巨大的体形和良好的生长潜力。

3. 生产性能

秦川牛是中国重要的肉牛品种之一，具备独特的生产性能，能够在平原、丘陵地区的自然环境和气候条件下正常发育。然而，该品种对热带和亚热带地区以及山区的适应能力较弱。历史上，秦川牛被输送至浙江、安徽等地区，通过与当地黄牛的杂交改良，其后代在体格和使役能力方面均显著优于原有地方品种。随着时间的推移，秦川牛的改良方向主要集中于肉用性能的提升，同时也在向肉乳兼用型转变。该品种还被用作奶牛胚胎移植的受体，表明其具有较高的遗传和生产潜力。

在中等饲养条件下，秦川牛的生产性能表现优异。18～24 月龄的成年母牛胴体平均重量达到 227 千克，屠宰率为 53.2%，净肉率为 39.2%。25 月龄的公牛胴体平均重量更是达到 372 千克，屠宰率和净肉率分别为 63.1% 和 52.9%。此外，母牛的年产奶量为 715.8 千克，乳脂率为 4.7%，显示出良好的乳品质量。在优良饲养条件下，6 月龄的公犊和母犊平均体重分别可达 250 千克和 210 千克，日增重可达 1400 克。这一数据进一步证明了秦川牛在生长发育上的优越性。[①]

4. 繁殖性能

公牛 12 月龄达到性成熟，18 月龄发情，2 岁时可以开始用于繁殖，而至 8 岁时则被淘汰。母牛方面，初情期通常在 9 月龄，在 18 月龄且体重超过 350 千克时，进行首次配种。母牛的性周期约为 20 天，波动范围在 3 天内，发情持续时间为 1 ～ 3 天。妊娠期平均为 285 天，误差在 10 天之内。产后约 55 天母牛会再次发情，但此时并不适宜配种，通常会延后至下一个发情周期进行配种。

（二）晋南牛

1. 产地及分布

晋南牛是山西省晋南盆地特有的肉牛品种，其分布主要覆盖运城市与临汾市下属的多个县市。特别是在万荣、河津、临猗三县，晋南牛以其数量众多、品质优良而闻名，河津和万荣更是被指定为晋南牛种源保护区。该地区农业发展历史悠久，养牛传统根深蒂固，形成了一套独特的养牛文化和技术体系。晋南盆地的自然环境和农业结构为晋南牛的饲养提供了得天独厚的条件。该地区农作物种植以棉花、小麦为主，豌豆、黑豆等豆科作物亦有较大比例，形成了丰富的饲料资源基础。当地农民传统上种植苜蓿和豌豆等豆科作物，并采取与棉花、小麦倒茬轮作的方式，有效地维持了土壤肥力，为晋南牛提供了高质量的饲料。

晋南盆地周边的山区丘陵和汾河、黄河河滩地区的天然草场，为草食家畜提供了丰富的优质饲料和放牧地。地方传统的饲养做法是将青苜蓿和小麦秸分层铺设于地上，经碾压和晾干后，用作枯草期黄牛的粗饲料。这种做法有效地解决了季节性饲草短缺的问题，保障了牛只全年饲料的供给。在育种和选育方面，当地群众高度重视牛只的体形、外貌及

[①] 王聪，刘强，白元生.优质牛肉生产技术[M].北京：中国农业大学出版社，2015：23.

毛色的一致性，反映出对质量控制的严格要求。

2. 体形外貌

晋南牛作为一种大型役肉兼用牛品种，其体形外貌特征极具区分度。该品种牛体躯高大且结实，胸部与背腰部位宽阔，展现出强健的体格。在成年牛体形的比较中，晋南牛的前躯相较于后躯展现出更为发达的特征，这一点彰显了其役用牛的体形特点。公牛的头部长度中等，额部宽阔，鼻镜呈粉红色，顺风角形较为常见且角形较窄。此外，公牛的颈部较为粗短，垂皮发达，而肩峰则不太明显，蹄部大且圆，质地致密。相对而言，母牛的头部更显清秀，乳头细小。在毛色方面，晋南牛以枣红色为主，同时也存在红色与黄色的毛色变异。就体重与体高而言，成年公牛的平均体重为 660 千克，平均体高为 142 厘米；成年母牛的平均体重为 442.7 千克，平均体高为 133.5 厘米。晋南牛的臀部无论在公牛还是母牛中均较为发达，这一特点体现了其肉用牛的外形特征。

3. 生产性能

在标准育肥条件下，成年晋南牛的平均日增重能够达到 851 克，而在最佳状况下，日增重甚至能够提升至 1.13 千克。在营养条件优越时，12 ～ 24 月龄的公牛日增重可达 1 千克，母牛的日增重亦能达到 0.8 千克，展现了良好的生长潜力。育肥后的晋南牛屠宰率为 55% ～ 60%，净肉率则为 45% ～ 50%。在繁殖性能方面，母牛产乳量可达 745 千克，乳脂率为 5.5% ～ 6.1%。母牛在 9 ～ 10 月龄时开始发情，2 岁时配种，产犊间隔为 14 ～ 18 个月，终生能够产犊 7 ～ 9 头，展示出良好的繁殖能力。公牛则在 9 月龄时性成熟，成年公牛的平均每次射精量为 4.7 毫升。

4. 繁殖性能

该品种牛只在 8 月龄达到性成熟，母牛于 2 岁时可进行初次配种，其繁殖寿命大约为 10 年。公牛通常在 2.0 ～ 2.5 岁时开始参与繁殖活动，其服务年限约为 8 年。母牛的性周期平均为 21 天，波动范围在 3 天之间，发情期持续 1 ～ 3 天，妊娠期大约为 285 天。

（三）南阳牛

1. 产地及分布

南阳黄牛是一种源于河南省南阳地区的优良肉牛品种，主要分布在白河与唐河流域的广阔平原地带，尤以南阳市、唐河县、邓州市、新野县、镇平县等为核心产区。该地区地形以平原为主，气候条件与农作物种植状况为南阳牛的饲养提供了得天独厚的条件。该区域土地肥沃，且农作物种类繁多，包括小麦、玉米、甘薯、高粱、豌豆等，尤其是丰富的豆类作物，为南阳牛提供了优质的饲料资源。当地群众长期以来形成了利用豆类磨浆喂牛的传统，有利于南阳牛体形的增大和肉质的提升。南阳牛的培育，紧密依托于当地独特的生态环境和丰富的自然资源。特别是唐河、白河流域的平原地区，为该牛种提供了理想的自然生长环境。经过长期的自然选择和人工培育，南阳牛形成了体形高大、耕作能力强的品种特征。此外，南阳牛的分布亦扩展至周口、许昌、驻马店、漯河等周边地区，显示了其适应性强和饲养价值高的特点。

2. 体形外貌

南阳牛，作为我国著名的大型牛种之一，以其体形之大、力量之强和步伐之快而闻名，被誉为"快牛"。该品种的毛色多样，包括红、黄、红青、黄青和草白五种，展现了其独特的外貌特征。公牛和母牛在头部形态上存在显著差异，公牛头部雄壮而方正，配有凹沟，而母牛头部则显得更为清秀，常见凸起现象。牛角的形状以萝卜头角为主，角基部分较粗。在体形结构上，南阳牛也展现了性别间的差异，公牛颈部较短且略呈"弓"形，母牛颈部则较薄且呈现水平状。此外，公牛的鬐甲部位较为突出，而母牛则不太明显。南阳牛的肩部宽厚，胸骨突出，肋间紧密，前胸较窄，腰部较长呈现多凹背的特点，腹部多呈垂腹状，尻部则多为短尻或尖尻，四肢筋腱明显，蹄部大且结实，呈圆形。鼻镜多为肉红色，部分个体上会有黑点出现，蹄壳多呈黄蜡色或琥珀色，且带有血筋。在体重方面，成年公牛的平均体重可达647千克，平均体高达到

145 厘米；成年母牛的平均体重为 412 千克，平均体高为 126 厘米。

3. 生产性能

南阳牛具备很强的生产性能，特别在耕作和挽车方面表现突出。其公牛和母牛的最大挽力分别能达到 398.6 千克和 275.1 千克，体现了其强大的役用能力。其中，公牛的挽力可占其体重的 74%，母牛则为 65.3%。在育肥方面，1.5 岁的公牛平均体重能达到 441.7 千克，日增重 813 克；胴体平均重量为 240 千克，屠宰率达到 55.3%，净肉率为 45.4%。3～5 岁的阉牛在经过强度育肥后，屠宰率和净肉率分别可达到 64.5% 和 56.8%，展现了南阳牛在肉牛生产上的优异性能。南阳母牛的年产乳量为 600～800 千克，乳脂率为 4.5%～7.5%。纯种选育和改良工作的持续推进，为南阳牛向早熟肉用型及兼用型方向的发展奠定了基础，展现了其在现代畜牧业中的广泛应用前景和改良潜力。

4. 繁殖性能

南阳牛展现出了卓越的繁殖性能。公牛自 1.5 岁起便可参与配种，其配种能力在 2～3 岁达到顶峰，而在 8～9 岁时则需淘汰。母牛的初情期通常出现在 8～12 月龄，2 岁时进入繁殖期，其繁殖能力从 3 岁开始至 10 岁期间最为强劲。母牛的性周期约为 19 天，波动 1 天，发情期持续 1～3 天。妊娠期大约为 289 天，其中怀公犊的妊娠期相较于母犊长约 4 天。产后约 75 天，母牛将再次进入发情期。[①]

（四）延边牛

1. 产地及分布

延边牛是东北地区著名的优良地方牛种之一，主要分布于吉林省延边朝鲜族自治州的延吉、和龙、汪清、珲春等地及毗邻区域，其分布范围穿插于东北三省东部的狭长地带。延边朝鲜族自治州以其肥沃的土地、发达的农业生产、丰富的农副产品、广阔的天然草场和繁多的草种以及

---

① 赵万余.肉牛健康生产与常见病防治实用技术[M].银川：宁夏阳光出版社，2021：4.

大量的林间牧地而著称。这些自然条件为养牛业的繁荣发展提供了得天独厚的条件。延边地区的朝鲜族群体有着悠久的养牛历史，对牛的喜爱及精细的饲养管理方式促进了牛种的优化和品质的提升。特别是冬季采用"三暖"的饲养方式和夏季的野外放牧，保证了延边牛的健康成长。同时，当地通过淘汰低质种牛，实施精细的选种配种，不断提高牛种的质量。延边牛的形成与发展，深受历史和文化的影响。自清朝时期，随着朝鲜民族的迁徙，朝鲜牛被带入中国东北地区，与本地牛种进行了长期的杂交，加之对蒙古牛和乳用牛品种血统的适当引入，通过精心培育，最终育成了现今的延边牛。

2. 体形外貌

在公牛与母牛的体格构成上，前躯部位发达而后躯相对较为落后，皮肤的厚度适中，具备一定的弹性，骨架结构健壮，肌肉紧实。被毛长且柔软，颜色以褐色为主，深浅不一，增加了其外观的美感。头部较小，额宽平坦，鼻梁长度适中，角间距宽，角根部粗壮，多呈向侧展开的"八"字形，展现了其特有的角部构造。公牛的颈部位置高于背线，而母牛则低于背线，这种区别反映了性别间的生理差异。此外，延边牛的胸部深厚，腰部短小，臀部斜坡度明显，四肢较长，关节清晰，肌腱发达，蹄质坚硬密实。在体重和体高方面，成年公牛的平均体重为465千克，平均体高为131厘米，而成年母牛则分别为365千克和122厘米。

3. 生产性能

延边牛的体质结实、抗寒能力出色，能够适应极端低温环境，展现出良好的耐劳和耐粗饲特性。在抗病能力方面，延边牛同样表现出强大的生命力，适应水田作业的能力凸显其在特定农业环境下的作用价值。在生长速度方面，经过180天育肥的公牛，屠宰率能达到57.7%，净肉率为47.23%，日增重达813克。母牛在产乳方面也表现突出，产乳量为500～700千克，乳脂率为5.8%～8.6%，体现了良好的乳用性能。在性成熟期方面，母牛平均在13月龄，公牛则为14月龄，早熟特性有利于提高繁殖效率。

4. 繁殖性能

延边牛的性成熟早，6～9月龄即可达到性成熟阶段。母牛在2岁时便可进行初次配种，公牛则在3岁时开始进行繁殖，具有较长的繁殖使用年限，约8年。母牛的性周期为20～21天，发情期持续时间为1～2天，而妊娠期则稳定在285天左右，这些特征均表明延边牛具有良好的繁殖效率和稳定性。

（五）鲁西黄牛

1. 产地及分布

鲁西黄牛，亦称山东牛，属于我国黄牛的地方优良品种。其主要产区集中在山东省西南部，包括菏泽市及下辖的郓城、巨野以及济宁地区的嘉祥、金乡、济宁、汶上、梁山等。该品种以其育肥性能优良而著称。鲁西地区地势平坦，土质黏重，耕作较为费力。历史上，由于交通不便，该地区役畜的饲养数量较少，耕作与运输活动几乎完全依赖役牛，且当地使用的农具与车辆通常较为笨重。这些地理与社会经济条件促使当地居民饲养大型牛种，形成了鲁西黄牛的特有品种特征。汉代时期的牛便已显示出现代鲁西牛的特征。明、清时期，该品种牛被选为宫廷用牛，显示出其品质之优异。随着时间的推移，外国如德国、日本也开始选用鲁西黄牛。[1]在肉牛市场上，质量是评价标准的重要依据，鲁西黄牛因其优质的肉质而备受青睐。因此，当地居民在饲养过程中更加注重大型膘牛的养殖与优良基因的选育，以满足市场对高质量肉牛的需求。

2. 体形外貌

鲁西黄牛作为国内肉牛品种之一，其体躯特征与形态构造展现了其役肉兼用的独特优势。该品种牛体躯高大而身形稍短，骨骼细，肌肉发达。背腰部宽阔平整，侧视时体形呈长方形，整体结构匀称细致。鲁西

---

[1] 李连任.肉牛生态养殖关键技术[M].郑州：河南科学技术出版社，2015：70.

黄牛的鼻镜及皮肤大多为淡肉红色，偶见黑色或黑斑，角色多为蜡黄或琥珀色。在毛色方面，鲁西黄牛从浅黄到棕红色不等，以黄色居多。多数鲁西黄牛拥有"三粉"特征，即眼圈、口唇、腹下与四肢内侧色泽较淡。公牛与母牛在体形和特征上各具特色：公牛头部适中，角形平角或龙门角，显示出力量与稳定性；母牛头部狭长，后躯发育较好，背腰较短而平直，尻部稍倾斜，体现了良好的生殖与养育特性。在成年鲁西黄牛的体重与体高方面，公牛平均体重达到 644 千克，平均体高为 146 厘米；母牛平均体重为 366 千克，平均体高为 123 厘米。然而，该品种牛蹄质致密但硬度较差，不适宜山地劳作，这一点限制了其在特定地形使用的范围。尽管如此，鲁西黄牛以其出色的肉质表现、适中的体形和特有的外观特征，在国内肉牛品种中占据了重要地位，是役肉兼用型牛种的典型代表。

3. 生产性能

鲁西黄牛的生产性能表现出显著的地域适应性特征。该品种能够较好地适应高温环境，但在低温条件下，尤其是温度低于 −10℃ 的冬季，其生存能力会受到较大影响，需要在保暖条件良好的厩舍中饲养，以避免因寒冷导致死亡。鲁西黄牛具备较强的抗病力，特别是在对抗焦虫病方面显示出了较为显著的能力。鲁西黄牛主要生活在地势平坦的中原地区，对于山区的适应性较差。在饲养管理方面，鲁西黄牛以青草和少量麦秸为主要粗料，每日补喂 2 千克混合精料，能够有效支撑其生长发育。1 ～ 1.5 岁的鲁西黄牛，其平均胴体重达到 284 千克，日增重 610 克，屠宰率和净肉率分别为 55.4% 和 47.6%。肉质方面，鲁西黄牛的肌纤维细腻、脂肪分布均匀，形成了明显的大理石状花纹，这是其肉质优良的标志。

4. 繁殖性能

鲁西黄牛具备较高的繁殖性能，公牛于 2.0 ～ 2.5 岁成熟，可用于繁育。母牛在 8 月龄时达到性成熟，18 ～ 24 月龄进行首次配种。性周期约为23天，波动范围为2天，发情期持续1～3天。妊娠期为285～290天，产后约35天母牛会再次进入发情期。

（六）郏县红牛

1. 产地及分布

郏县红牛，是河南省特有的肉牛品种，分布郏县、宝丰、鲁山、汝州等地，尤以郏县的大李庄、王集等乡镇为主要集中地。该品种体格健壮，肌肉发达，具有良好的耐粗饲能力和适应性，肉质细嫩，为中国八大良种黄牛之一。其遗传性能稳定，对肉牛产业的发展和优良肉牛品种的培育具有重要价值。自1983年起，郏县红牛被纳入《河南地方优良畜禽品种志》；2006年，进一步被列入农业部《国家级畜禽遗传资源保护名录》；2019年11月15日，入选《中国农业品牌目录》。郏县红牛在河南省的饲养历史悠久，经过多代农户的精心培育，形成了独特的遗传特性和肉质风味，成为地方经济发展的重要支撑。其适应性强，能够在不同环境条件下生长发育良好，尤其是其对粗饲料的高效利用能力，为其广泛推广提供了可能。

2. 体形外貌

郏县红牛，展现了中等的体格大小与匀称的结构特征，体现了其强健的体质与坚实的骨骼。肌肉的发达程度及后躯的良好发展，使其侧观呈长方形，符合役肉兼用牛的标准。其头部方正，嘴齐眼大，耳大且灵敏，鼻孔宽大，鼻镜肉红色。角短而质地细腻，展现多样性的角形，加之被毛细短且富有光泽，以紫红、红、浅红等色彩呈现。公牛颈部略显短小，背与腰部线条平直，连接紧凑，四肢粗壮有力，尻部长且略显斜度，睾丸对称。母牛则以头部清秀、体形较小为特点，腹部大而不下垂，乳房与乳腺的发育状况良好，肩部长而斜。膏甲较低且略显薄弱，也是母牛特有的一项特征，反映了其在繁殖与哺乳方面的生物学适应性。

3. 生产性能

郏县红牛体格大而健壮，肌肉发达，骨骼粗壮，显示出极强的役用能力。在山区农业生产中，郏县红牛成为不可或缺的动力来源。阉牛、公牛和母牛的最大挽力分别达到421.6千克、409千克和317.4千克，体现了其强大的体力和工作能力。一对中型成年阉牛在一天内能够耕作3～4亩（1亩≈666.667平方米，后文不再换算）地，挽车时速可达4千米，最大载重量可达2000千克，一日最长行程可达30千米，展现了其在农业劳作中的高效率。其肉质细嫩，大理石纹理明显，色泽鲜亮；熟肉率高达59.5%，20～23月龄阉牛经肥育后的平均胴体重为176.75千克，屠宰率为57.57%，净肉重为136.6千克，净肉率为44.82%。

4. 繁殖性能

郏县红牛展现了较为优异的繁殖性能。在标准的饲养管理条件下，该品种母牛的初情期一般为8～10月龄，而初配年龄为1.5～2岁，其使用年限通常能达到10岁。繁殖率方面，郏县红牛能够维持70%～90%。产后首次发情期通常在2～3个月，母牛能够在3年时间里成功产下两犊，且犊牛的初生重为20～28千克。母牛的配种活动不受季节的限制，主要集中在每年的2—8月。至于公牛，12月龄即达到性成熟，2岁开始参与配种工作，一头公牛能够服务50～60头母牛，极限情况下甚至可达150头。公牛一次射精量为3～10毫升，精子密度高达每毫升5亿个以上，且具备0.7以上的原精子活力，显示出精子的高耐冻性。

（七）蒙古牛

1. 产地及分布

蒙古牛，作为中国北方重要的牛种，其原产地为蒙古高原地区，如今广泛分布在国内多个省份和自治区，包括内蒙古自治区、黑龙江、新疆维吾尔自治区、河北、山西、陕西、宁夏回族自治区、甘肃、青海、吉林、辽宁等。该品种以适应性强、耐寒能力出众、肉乳役多用途而著称，是中国黄牛品种中分布最广、数量最多的一种。蒙古牛的主要产区特点为高原和山地，海拔一般在1000～1500米，处于大陆性气候带，年平均气温介于 0 ～ 6℃，年降水量为 150 ～ 450 毫米，无霜期为 80 ～ 150 天。这种独特的自然环境造就了蒙古牛出色的耐寒和适应性，使其能够在广泛的地理区域内生存和繁衍。在内蒙古自治区，蒙古牛主要集中在锡林郭勒、昭乌达、哲里木、兴安等盟湿润度超过 27% 的干草原地带。新疆维吾尔自治区的巴音郭楞蒙古自治州和阿克苏地区也是其重要分布区，显示出该品种对不同生态环境的高度适应。黑龙江的嫩江、绥化以及松花江的部分地区也见蒙古牛的身影。此外，甘肃、青海、宁夏回族自治区等省和自治区的分布情况进一步证明了其广泛的适应能力和分布范围。

2. 体形外貌

蒙古牛头部短宽且粗重，角长且向上前方弯曲，显示出蜡黄或青紫色，且角质致密并具有光泽。在角长方面，母牛平均为 25 厘米，而公牛则达到 40 厘米。角间线较短，角间中点向下的枕骨部存在凹陷且有明显的沟，显示出其特殊的头部构造。蒙古牛的肉垂不发达，胸部扁平而深，背腰部平直，后躯短窄，尻部呈现一定程度的倾斜。乳房基部宽大，显示出结缔组织的发达，但乳头较小。四肢短而蹄质坚实，与其生活环境相适应。蒙古牛的皮肤较厚，皮下结缔组织发达，毛色多样，以黑色或黄（红）色为主，也有褐色、烟熏色等。

3. 生产性能

蒙古牛作为中国特有的肉牛品种，其生产性能具有显著特点。成年公牛的主要体测指标为体高 120.9 厘米、体斜长 137.7 厘米、胸围 169.5 厘米、管围 17.8 厘米、胸深 70.1 厘米；而成年母牛的相应指标则分别为 110.8 厘米、127.6 厘米、154.3 厘米、15.4 厘米、60.2 厘米。在乳品生产方面，母牛的平均日产乳量为 6 千克，最高可达 8.16 千克。乳脂率的平均值为 5.22%，波动范围为 3.1% ～ 9.0%，体现出季节性变化，尤其是5 月以后乳脂率逐渐下降，6、7 月达到最低，8 月以后则有所回升。在肉品生产方面，中等营养水平下阉牛的平均宰前重为 376.9 千克（ ± 43.7

千克），屠宰率和净肉率分别为53.0%（±28%）和44.6%（±2.9%），骨肉比达到1：5.2（±0.5）。眼肌面积平均为56.0平方厘米（±7.9平方厘米），肌肉中粗脂肪含量高达43.0%。

4. 繁殖性能

在四季牧草营养极不均衡的条件下，蒙古牛表现出明显的季节性发情配种特性。在性成熟方面，公牛与母牛分别在16月龄和14月龄达到性成熟状态，而其开始配种的年龄则均为22月龄。繁殖季节主要集中在每年的4—10月，其间发情周期为18～22天，妊娠期大约为284天。

（八）渤海黑牛

1. 产地及分布

渤海黑牛，原称抓地虎牛或无棣黑牛，属于中国黑毛牛品种中的稀有类型。其起源地为山东省滨州市，而主要分布区域涵盖无棣县、沾化县、阳信县及滨城区，同时在山东省的东营、德州、潍坊三市及河北省的沧州市也能见到其踪影。蒙古草原的游牧民族在历史上曾多次向南迁移到滨州地区，因此渤海黑牛很可能是通过与蒙古牛的杂交和长期的选育过程而形成的。作为黄牛科的一员，渤海黑牛被认为是世界上三大黑毛黄牛品种之一。其特征在于全身覆盖着黑色的被毛，因此得名渤海黑牛。该品种是山东省环渤海地区经过长时间驯化和选育形成的优良品种。自2011年起，渤海黑牛开始受到农产品地理标志保护，成为地区内重要的农业遗产和经济资源。

2. 体形外貌

渤海黑牛体形中等，具备结实的体质和紧凑的结构，体态呈现低身广躯，轮廓略呈长方形。其被毛、鼻镜、蹄和角均呈黑色。头颈的长度和大小适中；背腰部分平直；四肢较短，但开阔坚实，肢势端正；蹄形类似碗状，蹄质结实有力；尾巴长度超过飞节。在性别特征方面，成年公牛和阉牛的体高约为133厘米，体重约为460千克，显示出良好的成长潜力。相比之下，母牛的体高通常在120厘米左右，体重大约为360

千克，体形相对较小但依然结实。公牛的额部平直，眼睛大而有神，颈部较短，肩峰明显；而母牛则显得俊秀，额部也是平直的。

3. 生产性能

渤海黑牛以其肉质细嫩、大理石花纹及营养丰富而闻名，肉品中氨基酸总量高达95.11%，自20世纪90年代以来，已经开始出口至日本、中国香港等地，获得"黑金刚"的美誉。该品种在未经过肥育的情况下，公牛和阉牛的屠宰率和净肉率分别为53%和44.7%。胴体产肉率达到82.8%，肉骨比为5.1∶1。在适宜的营养条件下，24月龄的公牛体重可达350千克，展现了渤海黑牛较强的生长潜力。在中等营养水平下，14～18月龄的公牛和阉牛通过育肥可实现平均日增重1千克，平均胴体重达203千克，屠宰率和净肉率分别为53.7%和44.4%。

4. 繁殖性能

渤海黑牛具有性成熟早的特点。公牛在10～12月龄、母牛在8～10月龄即可达到性成熟，而母牛的初配年龄多在1.5岁左右。在正常饲养管理条件下，渤海黑牛能够实现每年一胎的繁殖节奏，且在其生产周期内，可连续产下7～8胎。

二、引进肉牛品种

（一）日本和牛

1. 产地及分布

日本和牛，源于日本关西兵库县的但马地区，独特的地理环境为其品种特性提供了得天独厚的条件。该地区山野丰富，草药种类繁多，为和牛提供了优质的天然饲料。和牛在享受矿泉水和各种草药的同时，逐渐成长。这一特殊的成长环境，赋予了和牛肉质细腻、味道鲜美的特点。和牛最初是作为日本土种役用牛，随着1870年以来的品种改良，逐步转变为肉乳兼用品种。1900年之后，日本通过引入多种外来肉牛品种进行杂交改良，包括德温牛、瑞士褐牛、短角牛、西门塔尔牛、朝鲜牛、爱尔夏牛和荷斯坦牛等，旨在提升和牛的体格以及肉、乳的生产性能。这一系列的杂交改良计划，正式开始于 1912 年，为和牛的品种改良奠定了基础。1948 年，日本和牛登记协会的成立标志着对和牛品种纯度和品质的正式认证与保护。1957 年，和牛作为肉用品种正式被宣布育成，此举保证了和牛品质的一致性，也为其后的品种改良提供了坚实的基础。长期以来，日本对和牛的出口实施了严格的限制。然而，随着全球对高品质肉牛的需求增加，和牛已被引进到澳大利亚等国家，并在我国的一些养殖场成功饲养。日本和牛作为一种优质肉牛品种，在全球范围内享有极高的声誉。其独特的养殖环境、严格的品种改良历程以及对品质的高度重视，使和牛肉质细腻、口感独特，成为世界级的美食佳肴。

2. 外貌特征

日本和牛以黑色和褐色毛色为主，极少出现条纹或花斑等杂色，显示出其独特的遗传特性。其体躯构造紧凑，四肢较细，前躯部分发育较为完善，而后躯相对较弱。这种肉牛体形较小，成熟期较晚。成年公牛的体重约为 700 千克，而母牛则约为 400 千克，公牛的体高达到 137 厘米，母牛则为 124 厘米。

3. 生产性能和繁殖性能

日本和牛，作为全球公认的顶级肉牛品种，以其快速的生长速度、早熟的特性及卓越的肉质而著名。其第七、八肋间的眼肌面积可达 52 平方厘米，显示出该品种在肉牛中的优异表现。在 1 年或稍超 1 年的育肥周期后，屠宰率能够超过 60%，其中约 10% 的肉质足以作为高级涮牛肉。然而，日本和牛的产奶量相对较低，大约为 1100 千克，这一点与其作为肉用品种的定位相吻合。

通常，一头日本和牛能够生产 15 ～ 16 胎，但为了维持母牛及其后代的健康，实际上在产至 10 胎左右时便会停止配种。若母牛保持良好的健康状态，也有可能达到 13 ～ 14 胎。

（二）利木赞牛

1. 产地及分布

利木赞牛起源于法国中部的利木赞高原，最初作为役用牛种。自1950年起，进行有目的的培育；1986年，该品种的良种登记簿正式建立，标志着其育种工作进入系统化与规范化管理。自1920年起，经过一系列改良，该品种逐步转型为专门的肉牛品种，显著提高了其商业价值与生产效率。目前，利木赞牛已广泛分布于全球70余个国家和地区，其中包括中国的山东、河南、山西、辽宁、黑龙江、宁夏等地。

2. 外貌特征

利木赞牛，一种以红黄毛色为主的肉牛品种，其特征在于腹部、四肢内侧、眼睑、鼻周及会阴等部位的毛色较浅，通常呈现白色或草白色。该品种的头部较短，额头宽阔，嘴巴呈方形，角细长，蹄壳呈现独特的琥珀色。其体形长而肋骨弯曲呈圆弧形，背部和腰部肌肉发达，尾部宽阔但稍微倾斜，显示出良好的肌肉结构，尤其是前肢和后躯的肌肉块非常显著。在法国优质的饲养环境下，成年公牛的体重范围为1200～1500千克，体高达140厘米；而成年母牛体重介于600～800千克，体高为131厘米。新生犊牛亦显示出良好的成长起点，公犊与母犊的初生重分别为36千克与35千克。

3. 生产性能

利木赞牛的肉用性能表现突出。这种牛种的生长速度快，特别是在幼年期，8月龄的小牛即可生产出具有大理石纹理的优质牛肉。在适宜的饲养条件下，公牛在10月龄时体重可以增长至408千克，到达12月龄时，体重可达480千克。该牛种的牛肉品质上乘，肉质柔嫩，瘦肉比例高，颜色鲜红，纹理细腻而且富有弹性。其大理石花纹适中，脂肪色泽呈现为白色或淡黄色，具有较高的市场接受度。除了肉用性能，利木赞牛还展现了良好的泌乳能力。成年母牛的平均泌乳量约为1200千克，而在优异个体中，年泌乳量可达4000千克，乳脂率维持在5%左右。

（三）海福特牛

1. 产地及分布

海福特牛，源自英国西南部的威尔士地区，具体包括海福特县、牛津县及其邻近各县，是英国最古老的肉用牛品种之一。该品种属于中小型早熟肉牛，由威尔士本土牛种通过选育得到。育种工作采纳了近亲繁殖与严格淘汰的手段，旨在提升牛群的早熟性和肉质性能，最终于1790年形成海福特品种。海福特牛的特点体现在其早熟性，而且还具备优良的肉质，这一点在全球多个国家得到了认可。该品种在全球分布广泛，中国也曾在1913年和1965年两次从美国引进海福特牛。目前，该品种已在中国东北、西北等广大地区成功适应和发展。

2. 外貌特征

海福特牛体形较小，骨骼纤细，展现出典型肉用牛体形。头部短小，额头宽阔，角质结构向两侧平展，轻微向前下方弯曲，特别是母牛角尖还会向下弯曲。颈部粗壮而短，肌肉发达，躯干矩形，四肢短。毛色以不同浓淡的红色为主，具有"六白"特征，即头部、四肢下部、腹下部、颈部、鬐甲及尾帚部位呈现白色，角为蜡黄色。

3. 生产性能和繁殖性能

犊牛初生时，公牛重量约为34千克，而母牛约为32千克。到达12月龄时，体重可达400千克，日增重超过1千克。成年海福特牛的体重进一步证明了其作为优良肉牛品种的地位，公牛体重介于1000～1100千克，母牛体重则为600～750千克。在肉品质量方面，海福特牛同样表现突出。400天龄屠宰时，屠宰率为60%～65%，净肉率可达57%，肉质细腻而鲜美，其间脂肪丰富，形成的大理石花纹是高品质肉类的标志。海福特牛体质强健，且较耐粗饲，适合放牧饲养，显示了较高的产肉率，这在国内饲养环境中同样得到了良好的效果验证。在繁殖性能方面，海福特牛展现了高繁殖力的特性。小母牛6月龄开始发情，18～90月龄且体重达到600千克时可进行配种，其发情周期平均为21天，发情持续期为 12～36 小时，妊娠期平均为 277 天，展现了其良好的生殖能力。公牛虽体重较大，但其在种用性能上表现灵活，证明了其在肉牛品种改良上的优秀潜力。

（四）安格斯牛

1. 产地及分布

安格斯牛，原产于英国苏格兰北部，以阿伯丁、安格斯和金卡丁郡为主要分布区域，被誉为英国最古老的肉牛品种之一。该品种自 19 世纪起，便因其卓越的肉质特性而单独被识别，并作为优质肉牛种群进行专门饲养。育种工作始于 18 世纪末，注重早熟性、屠宰出肉率、肉质优异性、饲料转化效率及犊牛成活率等关键性状的改良，至 1862 年成功培育出改良后的品种。随着时间的推移，安格斯牛逐渐成为全球主要养牛国家普遍饲养的品种，展现了其广泛的适应性和经济价值。进入中国市场的几十年间，安格斯牛在东北及内蒙古自治区设立了生产基地，标志着该品种在中国的养殖起步与发展。

2. 外貌特征

安格斯牛通常无角，毛色以黑色为主，亦有红色或褐色个体出现，展现出多样性。体形上，安格斯牛低矮，构造紧凑且健壮。头部小巧方正，额部宽阔，颈部长度适中而较为厚实。背线平直，腰部和臀部丰满有力，体躯的宽度和深度较大，形态呈现圆筒状。四肢短小但结构端正，全身覆盖着丰满的肌肉。其皮肤质地松软且具有良好的弹性，被毛呈现出光泽感且分布均匀，部分个体腹下、脐部及乳房部位会有白色斑点。在体重方面，成年公牛体重为 700～750 千克，而母牛则约 500 千克，犊牛初生重量介于 25～32 千克，成年公牛体高达 130.8 厘米，母牛则为 118.9 厘米。

3. 生产性能和繁殖性能

该品种牛日增重能达到 1000 克，体现了其出色的增重性能。安格斯牛的早熟性和易肥性，使其在胴体品质和产肉性能上表现卓越，育肥牛的屠宰率通常为 60% ～ 65%。安格斯牛母牛的年平均泌乳量介于 1400 ～ 1700 千克，乳脂率为 3.8% ～ 4.0%，展现了良好的泌乳性能。在性成熟方面，安格斯牛于 12 月龄达到性成熟阶段，18 ～ 20 月龄即可进行初配，产犊间隔较短，大约为 12 个月，体现了其良好的繁殖能力和连产性。安格斯牛初生重较小，极少发生难产现象。在适应性方面，安格斯牛能够良好地适应环境变化，具有耐粗饲、耐寒的特性，性情温和，能抵抗某些疾病。在国际肉牛杂交体系中，安格斯牛因其多项优异的生产性能而被视为较好的母系品种。关于肉质，安格斯牛肉在 10℃ 以下冷藏 10 ～ 14 天，口感最佳，这归因于牛肉中蛋白质纤维在此期间的自然分解过程。未经冷藏的安格斯牛肉质地较韧，而冷藏过度则会导致肉质过老。

（五）夏洛莱牛

1. 产地及分布

夏洛莱牛，源于法国中西部至东南部的夏洛莱和涅夫勒地区，属于著名的大型肉牛品种。自 18 世纪开始，经过系统的选育工作，特别是 1920 年后，通过严格的品种改良，育种师成功育成了专门用于肉产的品种。中国于 1964 年和 1974 年两次从法国引进夏洛莱牛，目前广泛分布于东北、西北以及南方的部分地区。该品种与国内本地牛种的杂交改良，显著提高了本地牛种的肉质与产量，展现了优良的改良效果。

2. 外貌特征

夏洛莱牛以其高大强壮的体躯著称，毛色通常为乳白或浅乳黄，显现出其独特的外观特征。其头部小巧，呈短宽形态，嘴端宽广，角质呈中等粗细，向两侧或前方伸展，色泽蜡黄。颈部短而粗，胸部宽广深邃，肋骨呈弓形圆润，腰部宽阔背部厚实。臀部饱满，肌肉发达，体躯因而呈圆筒形，后腿部肌肉特别丰满，常展现"双肌"特质，四肢结构粗壮有力。公牛体现双鬐甲和凹背的特点，蹄色呈蜡黄，而鼻镜、眼睑等部位为白色。成年夏洛莱公牛的体高约为 142 厘米，平均体长达 180 厘米，胸围约为 244 厘米，管围约为 26.5 厘米，体重可达 1140 千克。而成年母牛在体高、体长、胸围、管围及体重方面分别约为 132 厘米、165 厘米、203 厘米、21 厘米及 735 千克。初生公犊和母犊的体重分别约为 45千克和 42 千克。[1]

3. 生产性能

夏洛莱牛是一种肉牛品种，因其快速的生长速度、高瘦肉产量、大体形及高饲料转化率而受到青睐。在适宜的饲养管理条件下，6 月龄的公犊体重可达 234 千克，而母犊体重约为 210.5 千克，日增重分别为 1000～1200 克与 1000 克。到达 12 月龄时，公犊和母犊的体重分别能增至 525 千克和 360 千克。此外，夏洛莱牛的屠宰率介于 65%～70%，胴体产肉率高达 80%～85%。在乳品方面，母牛年均产奶量为 1700～1800 千克，高产个体能达 2700 千克，乳脂率保持在 4.0%～4.7%。尽管如此，夏洛莱牛亦存在一些生产上的不利因素。例如，高达 13.7% 的难产率，这一问题在一定程度上限制了其更被广泛地推广；该品种的肌肉纤维较粗糙，导致肉质嫩度不佳，这也是其生产性能中的一个主要缺陷。

（六）西门塔尔牛

1. 产地及分布

西门塔尔牛起源于瑞士阿尔卑斯山区的西门河谷，在 19 世纪初期育成。该品种既能产乳也能提供优质肉品，同时具备良好的役用性能。自 20 世纪 50 年代起，中国通过苏联引入西门塔尔牛，而在 70—80 年代，又从瑞士、德国、奥地利等国进行了进一步引进。西门塔尔牛由此成为国内引入的最大兼用牛种之一。1981 年，中国成立了专门的西门塔尔牛育种委员会，标志着该品种在国内正式育种工作的开始。2006 年，中国在内蒙古自治区和山东省梁山县成功育成了适应当地生态环境的西门塔

---

① 李连任.肉牛生态养殖关键技术 [M].郑州：河南科学技术出版社，2015：75.

尔牛品种，因培育地点生态环境的差异，导致品种分化为平原、草原、山区3个不同的类群。

2. 外貌特征

西门塔尔牛，一种体格高大的肉牛品种，以其独特的外貌特征著称。该品种牛毛色以黄白花或淡红白花为主，特定部位如头部、胸部、腹部下方、四肢及尾梢呈现白色，显示出明显的种族特征。成年母牛体重范围为550～800千克，而公牛则更为庞大，体重可达1000～1200千克。犊牛出生时体重为30～45千克，早期生长速度快，展现出良好的生长潜力。西门塔尔牛体高也表现出性别差异，成年母牛的体高介于134～142厘米，公牛则为142～150厘米。其后躯较前躯更为发达，中躯呈现圆筒形，额部和颈部有显著的卷曲毛发。四肢强健，大腿肌肉发达，蹄部圆厚，适应于多种地形行走。在乳用特性方面，西门塔尔牛展现出中等程度的乳房发育，乳头粗大，乳静脉发育良好，虽主要作为肉用品种，但亦具备一定的乳用潜质。

3. 生产性能

西门塔尔牛的平均产乳量达到4700千克，乳脂率稳定在4%。在肉用方面，从出生～1周岁的平均日增重能够达到1.32千克，12～14月龄时的活重可以超过540千克，反映了其快速生长的特性。在屠宰率方面，西门塔尔牛在较好的养殖条件下可达55%～60%，经过育肥后的屠宰率能够提升至65%。西门塔尔牛的牛肉品质亦极为突出，肉质鲜红，纹理细腻，具有良好的弹性和适度的大理石花纹，其脂肪色泽白或呈淡黄，脂肪质地硬度较高，这些特点使其牛肉等级高于普通牛。西门塔尔牛的胴体体表脂肪覆盖率达到100%，耐粗饲，适应性强，具备良好的放牧性能，四肢坚实，具有较长的寿命和强劲的繁殖能力。

（七）皮埃蒙特牛

1. 产地及分布

皮埃蒙特牛源于意大利北部的皮埃蒙特地区，涵盖都灵、米兰等城市。该品种融合了欧洲原牛与短角瘤牛的特性，经过精心选育，专为肉用而培养。皮埃蒙特牛因其杰出的肉质表现，被誉为国际上优秀的终端父本牛种，被广泛用于跨品种杂交，以提高肉牛的品质。自 20 世纪 80 年代末和 90 年代初起，中国从意大利引进皮埃蒙特牛，致力于与本土黄牛进行杂交改良，旨在提高国内肉牛的品质和产量。此后，皮埃蒙特牛在中国的推广及应用逐步扩大到超过 10 个省市。

2. 外貌特征

皮埃蒙特牛，肉乳兼用品种，特征明显，被毛呈现白褐色，具有独特的体形和色彩分布。公牛性成熟时，颈部、眼圈及四肢下部转变为黑色，而母牛基本呈现全白，偶尔眼圈、耳郭周围可见黑色。该品种角形平直微前弯，角尖部分黑色，显示其遗传特性的稳定性。体形方面，皮埃蒙特牛体躯较大，圆筒形状，肌肉发达。

3. 生产性能

皮埃蒙特牛品种以其优良的肉用性能而闻名，早期生长速度快，0 ～ 4 月龄日增重可达 1.3 ～ 1.5 千克。该品种的饲料利用率较高，能够以较低的成本产出高质量的牛肉，从而体现其经济效益的优势。皮埃蒙特牛的肉质细腻，口感佳，是市场上受欢迎的高端牛肉品种之一。在体重增长方面，周岁的公牛体重可达 400 ～ 430 千克，而到了 12 ～ 15 月龄时，体重能够增至 400 ～ 500 千克。皮埃蒙特牛的饲料转化效率比较高，每增重 1 千克体重所消耗的精料量为 3.1 ～ 3.5 千克。皮埃蒙特牛的屠宰率达到 72.8%，净肉率为 66.2%，瘦肉率高达 84.1%，骨肉比为 1：7.35，这些数据均展现了皮埃蒙特牛优良的屠宰性能和肉质特性。[1]

---

① 陈幼春，王毓英 . 皮埃蒙特牛种性利用的研究 [J]. 中国牛业科学，1999（4）：26-28.

第二节　肉牛品种选择技术

一、育肥肉牛的品种选择

农业部于 2003 年和 2009 年分别发布的《肉牛肉羊优势区域发展规划（2003—2007 年）》与《全国肉牛优势区域布局规划（2008—2015 年）》，旨在加速优势区域肉牛产业发展，构筑现代化生产体系，提升市场供应及国际竞争力。据此，肉牛养殖产业的选择肉牛品种决策应依据区域布局规划，以确保产品能满足区域市场需求。区域布局规划为肉牛品种选择提供了重要参考，指导养殖户根据区域特性和资源优势选择合适品种，从而提高生产效率和市场竞争力。

（一）按区域特点选择

1. 南方区域

南方区域，以秦岭、淮河为界，涵盖湖北、湖南、广西、广东等省和自治区，是我国农作物副产品与青绿饲草资源丰富的地带。该地区肉牛产业基础尚待加强，地方品种多呈现个体较小、生产能力不高的特点。鉴于此，对于该区域内的养殖户而言，推荐采用婆罗门牛、西门塔尔牛等改良品种，以提高肉牛的生产效率及质量。安格斯牛和婆莫云牛亦是适宜该区域引进的品种，能够适应当地的气候和饲料资源条件。选用这些改良品种可以增强肉牛的体质，提高生长速度和肉质，从而为该区域的肉牛产业发展提供坚实的品种改良基础。

2. 中原区域

中原区域覆盖山西、河北、山东、河南等省份，该区域以农副产品资源和地方良种资源丰富著称，肉牛品种改良历史悠久，成效显著。对于该区域内的养殖户而言，推荐采用西门塔尔牛、安格斯牛、夏洛莱牛、利木赞牛及皮埃蒙特牛等改良牛品种，以提高肉牛养殖效益。同时，该区域的原生牛品种，包括鲁西黄牛、南阳牛、晋南牛、郏县红牛、渤海黑牛等，经过长期的驯化，形成了强大的适应性和较高的产肉率，成为养殖选择的优选品种。这些原生品种的特性，如抗逆性强、生长周期短、适应性广泛等，为区域内肉牛养殖业的发展提供了坚实基础。因此，中原区域的肉牛养殖应充分考虑地方品种资源的优势，结合改良品种的引入，既能有效提高养殖效率，又能促进地方经济的发展，实现农业可持续发展目标。

3. 东北区域

东北区域，包括黑龙江、吉林、辽宁以及内蒙古自治区东部地区，因其丰富的饲料资源和相对较低的饲料原料价格，肉牛生产效率高，该地区肉牛的平均胴体重普遍高于其他区域。对于该区域的养殖户而言，建议考虑西门塔尔牛、安格斯牛、夏洛莱牛、利木赞牛以及黑毛和牛等改良品种，以利于提高生产效率及肉质。同时，该区域的地方品种，如延边牛、蒙古牛、三河牛和草原红牛，由于其良好的繁殖性能和耐寒耐粗饲的特性，亦是合适的选择。这些地方品种既可以适应当地的环境条件，还能满足市场对肉牛质量的需求。

4. 西部区域

西部区域涵盖陕西、甘肃、宁夏回族自治区、青海、西藏自治区、新疆维吾尔自治区、内蒙古自治区西部及四川西北部，是中国重要的自然草原与草山草坡地带。在这一地理环境下，天然草场资源丰富，非常适合发展牛肉产业。近年来，通过引进美国褐牛、瑞士褐牛等国外优良肉牛品种，并与地方品种进行杂交改良，该区域肉牛的品质与产量已得到显著提高。为进一步促进该区域牛肉产业的发展，推荐养殖户选用安格斯牛、西门塔尔牛、利木赞牛、夏洛莱牛等改良牛品种。这些品种以其较高的肉质、适应性强和生长速度快等特点，在当地具有较好的经济效益。另外，考虑到新疆褐牛、秦川牛等国内品种的适应性和地方特色，也推荐其作为养殖的选择。特别是在四川西北地区，牦牛因其独特的生理特性和肉质特点，已成为该区域的优势品种。大通牦牛等本土牦牛品种，凭借其良好的高寒缺氧环境适应能力，维持了生态平衡，也为当地经济发展贡献了重要力量。

（二）按市场要求选择

1. 瘦肉市场

在瘦肉市场上，对低脂肪含量牛肉的需求促使了特定品种牛只的选育与引进。其中，皮埃蒙特牛、夏洛莱牛以及比利时蓝白花牛等引进品种及其改良杂种牛，因其肉质瘦而受到青睐。荷斯坦牛的公犊同样被视为是满足市场需求的有效选择。需要注意的是，这些杂种牛的生产性状与其改良代数成正比，即改良代数越高，其性状越接近原引进品种。然而，这种优异性状的充分表达依赖于饲养管理条件与品种特性的匹配。这些品种通常在农区通过圈养方式育成，而放牧方式，尤其是在牧草资源匮乏的山区或牧区，可能不会取得预期的效果。无论饲养环境如何，确保日粮中蛋白质含量满足生长需求，是获取理想日增重的关键。

2. 肥肉市场

市场对含脂肪较高的牛肉存在明显偏好。为满足此类需求，养殖户可选用多种牛肉品种。地方优良品种如晋南牛、秦川牛、南阳牛及鲁西黄牛等，由于其耐粗饲的特性，只需保证日粮能量水平较高，便能生产出脂肪含量较高的牛肉。引进品种如安格斯牛、海福特牛与短角牛等，经过改良后亦可作为良好的选择。特别是海福特牛，与其他引进品种相比，具有较好的耐粗饲特性，而其他品种则需要依赖优质饲料条件，才能达到市场对肥肉的要求。选择适合的牛肉品种除了要考虑其自身的生长特性，还需评估其对饲料的依赖程度。地方品种因其适应性强，对粗饲料的依赖度较低，因此在资源有限的条件下依旧能保持较高的肥肉产量。相反，引进品种虽然在饲养条件优越时能快速达到理想的肥肉标准，但其对高质量饲料的需求限制了其在资源受限环境下的普及。

3. 花肉市场

五花牛肉，又名"雪花"牛肉，因其肌肉纤维间沉积的脂肪形成红白相间的大理石花纹而得名。这种牛肉以其独特的香味、鲜美与嫩度，成为中西餐厅高档菜肴的优选材料。市场对此类牛肉的需求促进了对地方优良牛种与引进品种（如安格斯牛、利木赞牛、西门塔尔牛、短角牛）的改良与育种。通过高营养的饲养条件，这些牛种能够实现高日增重，还可以有效形成雪花牛肉特有的脂肪分布，进而满足市场对五花牛肉的高端需求。在生产实践中，合理的饲养管理与育种计划是实现高品质五花牛肉生产的关键。精心设计的饲料配方，旨在优化牛肉的质地与风味，同时通过科学的育种策略，选育出适应高营养饲养条件的牛种，以促进脂肪与肌肉的和谐沉积。

4. 白肉市场

白肉市场的特点和需求决定了犊牛育肥的方式和选种的标准。白肉，由于其色泽明亮、肉质细腻以及营养价值高，成为市场上的高端产品，价格远超普通牛肉。白牛肉分为小白牛肉与小牛肉两大类，根据喂养的饲料和屠宰的时间不同而区分。小白牛肉需喂牛奶直至 4～5 月龄，屠宰时体重约 150 千克；而小牛肉则以代乳料喂养至 7～8 月龄，屠宰体重大约 250 千克。选育犊牛的品种是生产高质量白肉的关键。乳用公犊由于其天然的肉质特性，是生产小白牛肉的理想选择，而肉用公犊则适合于生产小牛肉。在市场对白肉需求增加的背景下，从乳牛养殖业中淘汰的公牛犊成为一种经济高效的选择。此外，对优良品种如夏洛莱牛、利木赞牛、西门塔尔牛、皮埃蒙特牛等公犊的改良，能够进一步提升肉质，满足市场对高品质白肉的需求。

（三）按经济效益选择

1.考虑产销关系

对于高投入产业如"白肉"生产，市场需求的准确预测和规划成为确保经济效益的关键因素。生产中的盲目性扩张往往会导致资源的浪费和市场供过于求的情况，从而影响整体的经济效益。以"雪花牛肉"为例，其在餐饮行业中享有较广泛的市场需求，成为多种高端消费场景下的首选，但同时也伴随着较高的生产成本和市场风险。因此，牛肉生产需紧密跟随市场需求的动向，实施以销定产的策略。建议生产者建立或加入有效的供销体系，以确保产品能够顺畅地进入市场，满足消费者需求。在没有可靠的销售渠道支持时，生产者应谨慎考虑其生产策略，避免过度投资高风险的产品线，而应更多地考虑生产适应市场需求较为稳定的普通牛肉品种，以保障经济效益的最大化。

2.考虑杂种优势

引进国外优良品种与本土品种交配所得的后代，展现出生长速度快、抗病能力强以及更好的适应性。这些特性显著降低了饲养成本，同时提高了养殖效益。确立优良多元杂交体系及轮回体系，能够有效提升杂交后代的优势表现，进而提高生产效率与经济收益。此外，根据市场需求调整杂交策略，针对性改善牛肉品质，既可以满足消费者需求，又能实现更高的经济效益。

3.考虑性别特点

在选择肉牛品种以经济效益最大化时，个体的性别特征成为重要考虑因素。公牛因其生长发育速度较快，特别是在日粮充足的条件下，能够实现较高的日增重与瘦肉率，故在生产瘦肉型牛肉方面更为适宜。相对而言，母牛在生产高脂肪含量的牛肉如五花牛肉时，表现出更佳的适应性。然而，需要指出的是，与公牛相比，母牛在养殖过程中，额外增加了超过10%的精料消耗。阉牛作为一种介于公牛和母牛之间的选择，其生长特性和肉质表现也居中，成为某些情况下的一种折中方案。特别是当选择去势的架子牛进行养殖时，建议在 3 ~ 6 月龄执行去势操作，旨在降低应激反应，从而有效提高出肉率及肉质。

4. 考虑体质外貌

体质与外貌特征成为衡量架子牛潜在价值的重要标准。体格健壮、骨架宽大的牛只，通常预示着良好的生长潜力与肉质优势。在细节上，胸宽深、背腰长宽直是衡量肉牛体形优劣的关键指标。1.5 ~ 2.0 岁的牛，体重达到或超过 300 千克，以及体高和胸围均高于同月龄平均值，这些都是选择优良架子牛的重要依据。除了基本的体形，其他外貌特征也对评估架子牛的价值具有指导意义。例如，被毛的颜色，角的形状，蹄、背、腰的健壮程度以及肋骨的开张程度等，均可作为评价架子牛潜在生长能力和肉质的依据。特别是四肢与躯体较长、皮肤松弛柔软、被毛柔软密致的牛，往往具有更高的生长发育潜力和较好的肉质。然而，选择过程也需注意到发育良好但性情暴躁的牛只，其管理难度较大，可能影响到后期的饲养效率和安全性。此外，对于体质健康、年龄较大的牛，通过短期内的高营养水平育肥，同样可以实现良好的经济效益。但需注意，采用低营养水平延长育肥期的做法不仅会影响牛肉品质，还会增加饲料和人工成本，不利于经济效益的最大化。

（四）按资源条件选择

1. 农区

农区作为农业生产的主要区域，其资源条件独特，决定了农业生产的方向与特点。在这些区域内，种植业的发展居于核心地位，丰富的秸秆作物为畜牧业提供了良好的基础。利用草田轮作方式饲养西门塔尔等改良牛种，可以为产粮区供应架子牛，实现经济效益的最大化。特别是在酿酒业与淀粉业较为发达的地区，酒糟、粉渣等农副产品的充分利用，为购进架子牛的专业育肥提供了成本低廉的饲料资源，从而显著降低生产成本，实现经济收益的最大化。

2. 牧区

牧区因饲草资源丰富及养殖业发展成熟，故应优先发展西门塔尔牛、安格斯牛及海福特牛等引进品种的改良牛养殖，旨在为农区与城市郊区供应高质量的架子牛，满足日益增长的肉牛需求。山区虽然同样具备充足的饲草资源，但受地理及气候条件的限制，肉牛育肥过程面临较大挑战。因此，山区可参考牧区的养殖模式，专注于西门塔尔牛、安格斯牛及海福特牛等改良架子牛的培育，通过科学养殖技术提高牛肉品质与产量。

3. 乳业区

乳业区发展乳牛业，对于肉牛生产具有独特优势。此类地区利用乳公犊作为肉牛资源是资源循环利用的体现，同时，淘汰乳牛的利用也扩大了肉牛的生产基础。这种做法有助于提高资源的使用效率，还能有效降低肉牛生产的成本。这主要是因为这里大量的异常奶和乳品加工副产品可以作为肉牛的饲料来源，这样的资源循环利用策略大幅度减少了肉牛对传统饲料的依赖，进而降低了养殖成本。然而，由于这类肉牛主要来源于乳公犊和淘汰乳牛，其体形虽大且增重快，但肉质方面则相对较差。

（五）按气候条件选择

牛作为一种喜凉怕热的家畜，其育肥过程中的气候条件尤为关键。当气温超过30℃时，高温将直接限制其生长发育速度，因此采取有效的防暑措施尤为重要。在无法实现防暑降温的条件下，养殖户选择耐热品种成为一种可行的解决方案。圣格鲁迪、皮尔蒙特、抗旱王、婆罗福特、婆罗格斯、婆罗门等品种的改良牛，以其较强的耐热能力，适应了高温环境的挑战，保证了育肥效率。

二、育种肉牛的选择分析

（一）肉牛的外貌特征

肉用牛是经过人工精心选育，形成了专门适应于肉用生产的特定品种。这类牛种外观特征明显，从整体构造到具体形态，均展现出其为肉用性能优化的独特适应性。这主要体现在四肢短直、体躯低垂等特点上，显露出其肉用价值的外在表征。皮薄骨细而全身肌肉发达，肌肉的疏松度和匀称度是评价肉用牛品质的重要标准。细观其体躯构造，呈现短、宽、深的特征。无论是从前望、侧望、后望还是俯望的角度，其轮廓均呈现矩形结构。这种结构的形成主要得益于胸部的宽阔和深厚、颈部的短而宽以及尻部的平宽等因素的共同作用。特别是胸部的宽阔和深厚，影响到前望轮廓的形成，也是构成侧望矩形结构的重要因素。而尻部的平宽，则直接关系到后望视角下轮廓的矩形展现。鬐甲的宽厚与背腰及尻部的广阔，共同构成俯望视角下的矩形轮廓。这种体形的方整在比例上展现出前躯和后躯的高度发达，使中躯相对较短，进而全身显得粗短而紧凑。肉用牛的皮肤细薄而松软，皮下脂肪层发达，特别是在早熟品种中，这一特征尤为明显。被毛的细密与光泽以及呈现卷曲状态的毛发，是评判优良肉用牛的外观标准之一。

肉牛体形的评价，通常集中于几个与产肉性能紧密相关的部位：鬐甲、背腰、前胸、尻部等。其中，尻部的形状和肉质是评价的重中之重。鬐甲部位宽厚并丰满，显示出良好的肉质潜能，其与背腰的连接应平直无折断，体现了肉牛良好的体形结构。前胸的饱满和突出，反映了其良好的心肺功能，垂肉的细软程度则间接反映了肉质的细腻度。肋骨的弯曲度和肋间隙的狭窄，更是体现了肉牛良好的骨架结构和充足的肌肉附着空间。背腰部位的宽广，与鬐甲及尾根连成一条直线，这种"双背复腰"的特征，是高产肉牛的典型体形标志。腰部的宽度和线条的平直，进一步体现了其肌肉质量和数量的优越性。尻部的宽、长、平、直以及富有肌肉的特点，是评价肉牛肉质的关键指标。它关系到肉牛的美观度，更直接关联肉用价值。两腿的宽度和深厚度，以及腰角与坐骨的距离和丰满程度，共同构成了优质肉牛所特有的"肉三角形"，这是评价其肉质优劣的重要参考。

将肉牛的外貌特征概括为"五宽五厚"，即额宽颊厚、颈宽垂厚、胸宽肩厚、背宽肋厚、尻宽臀厚，这是对肉牛体形外貌特征的精确描述，也是肉牛选择和育种过程中的重要指导原则。对这些关键部位的观察和评价，可以有效地筛选和培育出高肉质性能的肉牛，从而提高肉牛养殖的经济效益和市场竞争力。

（二）肉牛的选择要求

体形的差异主要由躯干与骨骼的大小所决定。宽厚的颈部通常被视为肉牛的显著特征，与之形成鲜明对比的是，乳用牛则需要较细的颈部。肉牛的肩峰应该平整并向后延伸，直至腰部与后躯，确保这些部位保持宽厚，这样的体形结构有助于生产出高比例的优质肉。

犊牛的体形可分为不同的类型，早期沉积于后肋、阴囊等部位的脂肪表明犊牛不太可能发育成为大型肉用牛。体形丰满而肌肉发展不明显的犊牛，往往属于早熟品种，这对于生产高瘦肉率并不利。较大的骨架有利于肌肉的着生，但在选拔过程中经常被忽视。青年时期体格较大而肌肉较薄的牛，通常属于晚熟型的大型牛，随着年龄增长，其肌肉发展程度会逐渐加强，最终超越骨骼生长，展现出较为理想的肉牛特质。相比之下，体形较小而肌肉较厚的牛虽然早期显示出较好的肌肉发展，但其生长潜力相对有限。

在评价肉牛的潜力时，体躯的骨架大小、肌肉与脂肪的沉积程度是关键因素，这些因素共同影响牛的外观厚度、深度与平滑度。在生长过程中，牛的肩胛、颈部、前胸、后肋及尾根等部位的形态，如若展现出清晰而宽广的特征，且不过于丰满，则表明该牛具有较好的发育潜力。反之，若牛的外貌丰满但骨架较小，则其成长空间有限。不同的牛种在体形和肌肉发展上各有特点，对各部位的评价标准也会有所区别。肉牛的选择与评价过程都应重视综合性状的考量。

（三）育种肉牛的选择方法

育种肉牛的选择涵盖单项选择、独立淘汰及指数选择 3 种主要方法。

1. 单项选择法

单项选择，亦称纵列选择或衔接选择，是依照特定顺序挑选需改良性状的过程。即选育者在第一性状达成改良目标后，才能转向第二性状，依此顺序继续，直至所有性状均得到提升。此法操作简便，对于单一性状改良效果显著。然而，其局限性在于，当聚焦于某一性状选择时，可能导致其他性状较弱的个体继续留在群体中，进而影响群体整体品质。

2. 独立淘汰法

独立淘汰法的核心在于对多个性状设立最低标准，任一性状未达标准即淘汰。该方法操作简便，能够实现对肉牛群体性状的全面提升。然而，该方法也存在明显的不足，特别是在处理多个性状时，容易导致某些在大多数性状上表现优异，但偶有单一性状未达标准的个体被误淘汰。此外，此法未充分考虑各性状对经济价值的贡献差异及其遗传力大小，从而可能导致选育结果偏向于多个性状平均水平的个体，而忽略了在特定经济性状上表现出色的个体。

3. 指数选择法

该指数利用数量遗传学的原理，针对若干关键性状，通过考虑每个性状的遗传力、经济价值以及性状间的表型和遗传相关性，赋予不同的权重，从而形成一个能够量化个体差异的数值。该方法使肉牛之间能够依据一个统一的标准进行比较，进而实现有效选择。

每个性状的权重设定是指数选择法的核心，影响其效果。这些权重的确定，须综合考虑性状的经济影响力和遗传参数。为实现简便比较，将牛群中各性状平均值对应的个体指数设定为 100，以此为基准，超过100 的个体视为优良，应予以保留，而低于 100 的则被淘汰。这一做法旨在确保选育过程中优质个体的挑选与劣质个体的淘汰，从而提高肉牛群的整体遗传潜力。然而，指数选择法的成效依赖于对各性状权重制定的合理性。权重的确定要基于对性状经济价值的准确评估，还要充分考虑性状的遗传力及其与其他性状的遗传关系。

（四）育种肉牛的选择途径

在肉牛育种过程中，选育方案的制定需要基于明确的优化原则，即通过精细筛选优质个体，淘汰低质个体，从而持续提升牛群整体性能。种公牛与种母牛的选拔，强调在优质基因个体中进一步筛选出极优个体，体现为"优中选优"；同时，广泛开展种母牛的普查鉴定与等级评定，旨在识别并淘汰性能不佳的个体，符合"选优去劣"的过程。

种公牛的选拔是牛群改良的关键环节。此过程起始于对公牛系谱的详细审查，旨在确保其优良遗传背景。继而，对公牛的外观形态及其发育状况进行评估，判断其生长发育潜力。最终，通过分析种公牛后裔的测定成绩来评估其遗传性能的稳定性，确保所选个体能够可靠传递其优良性状。对于种母牛的选拔，则侧重于评估其个体的生产性能及相关性状。这一过程不仅涉及对母牛直接生产能力的考察，还包括对其系谱信息、后裔表现以及旁系亲属性能的综合评估，旨在全面把握其遗传潜力与生产价值。整体而言，肉牛育种中的选育是一个多层次、综合性的评估过程，旨在系统地识别并选拔具有最佳遗传潜力的种公牛与种母牛，以实现牛群性能的持续优化与提升。此过程的成功实施，依赖于对系谱信息的准确解读、外观与生产性能的细致评价，以及后裔表现的科学分析。这些共同构成了肉牛育种工作的科学基础与实践指南。

1. 系谱选择

系谱记录，即对牛只祖辈的性能成绩进行详尽记录，为评估牛只潜在的遗传价值提供了可靠依据。对小牛的父母、祖父母及外祖父母性能成绩的考察，能显著提高选种的准确性。种公牛后裔测定成绩与父系后裔测定成绩之间的相关系数为 0.43，表明父系遗传信息对育种价值的估算具有较高的影响力。相较之下，种公牛后裔测定成绩与外祖父后裔测定成绩的相关系数仅为 0.24，而与母亲 1～5 个泌乳期产奶量的相关系数更是低至 0.21、0.16、0.16、0.28、0.08，揭示了母系遗传信息在育种价值估算中的相对较低影响力。因此，在育种肉牛的选择途径中，针对遗传信息的评估不能简单地将父母双方的遗传贡献视为等同，而应对父系遗传信息给予更高的重视。这种差异化的重视程度有助于精确地估算种公牛的育种价值，进而指导肉牛育种工作的高效开展。

2. 本身选择（个体成绩选择）

本身选择或个体成绩选择是一种常见的方法。该方法基于种牛个体的表型值，如体重、肥育期增重效率等一种或多种性状，判断其种用价值。在环境条件一致且有准确记录的前提下，种牛个体可以与牛群中其他个体或牛群平均水平进行比较，甚至与特定的鉴定标准对照，以确定是否选留。

在实践中，当肉牛小牛成长至 1 岁以上时，育种师可以直接测量其经济性状，例如 1 岁时的活体重量、肥育期内的增重效率等，作为选择的依据。胴体性状的评估则需要借助先进的技术手段（如超声波测定仪），以准确测量并比较不同个体之间的差异。此种选择方法的优势在于其直接性和实用性。对个体经济性状的直接测量和比较，可以较为客观地评估肉牛的种用价值。那些遗传力较高的性状，尤为适宜采用本身选择途径，因其可以有效地识别并选育出优良的种牛，促进肉牛群体的遗传改良。

肉用种公牛的体形外观评估包含多个方面，例如体形、全身结构的均衡性、外形及毛色的品种典型性、雄性特征的明显度以及外观上的缺陷等。典型的肉用牛应呈现出明显的长方形或圆筒状体躯。任何腿部位置不正、背线不平、颈部过细、胸部狭窄配合腹部下垂、尾部尖锐且斜向的表现均视为不良特征。相反，具有良好发育的生殖器官、睾丸大小正常并具有一定弹性的个体，展现出其性能上的优越性。若个体展现出

明显的外观缺陷、生殖器官畸形或睾丸大小不一致等特征，则不适合作
为育种之用。在评估过程中，除了要对肉用种公牛的外观进行审查，还
需对其体尺和体重进行测量，并根据品种标准进行等级划分。种公牛的
精液质量也是选择育种牛的重要标准之一。在正常情况下，精子的活力
应不低于 0.7，死精和畸形精子的比例不得高于 20%，超出此范围的个体
不适宜用于育种。肉用种公牛的外观评分是其选择过程中的重要指标，
任何个体的外观评分不得低于一级标准。特别是对于核心公牛，其外观
评分应达到特级。

3. 后裔测验（成绩或性能试验）

后裔测验作为评价育种肉牛种公牛优劣的重要手段，其科学性和准
确性得到广泛认可。该方法通过评估种公牛与特定数量母牛配种后所产
犊牛的表现来判定种公牛的质量，有效地指导肉牛育种工作。后裔测验
能够全面考察犊牛在生长发育、生产性能等多方面的表现，为肉牛品种
改良提供科学依据。但是，后裔测验方法却存在一定的局限性，尤其是
在时间成本方面。由于需要等待后裔的成长和性能表现，此方法的周期
较长，可能导致种公牛老化，降低了其种用价值的利用效率。为克服这
一不足，业内提出了利用现代生物技术手段，如精液冷冻与液氮保存技
术，以期缩短评定周期。在后裔成绩出炉前对公牛进行精液采集和冷冻
保存，一旦其后裔表现突出，即可迅速扩大其优良遗传因素的传播。后
裔测验不局限于对种公牛的评估，同样适用于母牛的种用价值鉴定。这
种方法可以精准选择具有优良生产性状的肉牛，无论是在数量性状还是
质量性状上均能作出科学选择。但在具体的实践中，后裔测验主要应用
于种公牛的选择，其目的是确保肉牛种群的遗传优势，促进育种目标的
实现。

4. 旁系选择（同胞或半同胞牛选择）

旁系选择指的是对肉牛的兄弟姐妹、堂表兄妹等近亲个体进行选择，
旨在通过这些近亲个体的性能，间接评估目标个体的遗传价值。由于兄

弟姐妹之间共享一定比例的遗传材料，它们的表现能在一定程度上反映家族遗传潜力和特质。应用旁系材料进行选择的优势，在于其能够显著缩短遗传评估所需的时间。传统的后裔测定方法虽然准确性高，但需要等待后裔成熟才能完成评估，这一过程可能长达数年。相比之下，旁系选择通过分析半同胞等近亲材料，能够更早地对后备公牛的育种价值进行估计，大大缩短了评估周期，从而加速遗传改良的步伐。在实践中，半同胞材料的应用比较重要，尤其是在评定肉用种公牛的性状时。分析半同胞间的遗传差异和表现一致性，可以较为准确地预测肉牛的遗传潜力，包括其生长速度、肉质和繁殖能力等关键性状。旁系选择还可以揭示一些个体表现中无法直接观察到的遗传信息，如泌乳力和配种能力等，为肉牛育种提供更全面的遗传信息。

第三节　肉牛的繁殖力

一、肉牛繁殖力概述

（一）肉牛繁殖力的概念

繁殖力指的是肉牛个体能够维持正常繁殖功能并生育后代的能力，涵盖了性成熟的早晚、繁殖周期的长短、每次发情排卵的数量、卵子受精能力以及妊娠状况等多个方面。对于肉用公牛，繁殖力还包括每次配种时能排出的精液量和精子活力，这直接关系到其授精能力的发挥。

在肉牛繁殖力的考量中，性成熟的早晚是基础性指标，决定了牛只能够进入繁殖周期的时间。繁殖周期，尤其是产犊间隔的时间，直接影响牛群的增殖速率和生产效率。而每次发情时排卵的数量，对于多胎家畜尤为重要，虽然牛通常为单胎哺乳动物，但双犊率的微小提升也能显著增加繁殖效果。此外，卵子受精能力及妊娠情况（如胚胎发育和流产等）是影响繁殖结果的关键因素。肉牛品种间的双犊率差异，普遍低于1%，少数可接近3%，显示了繁殖效率的品种特异性，强调了对肉牛繁殖力的精准测定和管理的重要性。利用科学的技术手段监测和评估牛群的繁殖力，可以及时反映技术措施的效果，发现并解决繁殖障碍，从而有效提升牛群的数量和质量。

（二）肉牛繁殖力的主要指标

肉牛的繁殖力是衡量其生产效率的关键指标之一，通过繁殖率来量化。繁殖率反映在一定时间内（例如年度），断奶并存活的犊牛数量占全群适繁母牛数量的百分比。适繁母牛指的是那些适配年龄直至丧失繁殖能力的母牛。繁殖力不局限于繁殖率的直接测量，还涵盖了母牛繁殖过程中的多个环节，包括受配率、受胎率、分娩率、产犊率以及犊牛成活率。这些指标共同构成了对肉牛繁殖力的全面评估，反映了母牛及其后代的健康状况和生产能力。计算公式为：

$$繁殖率 = \frac{断奶成活犊牛数}{适繁母牛数} \times 100\%。$$

1. 受配率

受配率作为一项关键指标，用于衡量在一定时期内，参与配种活动的母牛数量与整个群体中适宜繁殖母牛数量的比例。该指标不计算因妊娠、哺乳或是患有各种卵巢疾病而未能参与配种的母牛。计算公式为：

$$受配率 = \frac{配种母牛数}{适繁母牛数} \times 100\%。$$

2. 受胎率及其他指标

受胎率作为评定母牛受胎力和公牛授精力的主要指标之一，对于精液保存、人工授精技术的改进等领域具有重要的参考价值。受胎率被定义为在一定时期内，妊娠母牛数量与参与配种母牛数量的比例，以百分比形式表示，从而直观反映牛群的繁殖效率。在具体的应用中，受胎率细分为总受胎率、情期受胎率、第一情期受胎率以及不返情率等多个指标，以全面评估牛群的繁殖性能。

（1）总受胎率

总受胎率指的是在统计年度末，成功妊娠的母牛数量占该年度参与配种母牛总数的比例。该指标重点关注牛群中能够成功受孕的母牛占比，是评价牛群整体繁殖效果的重要参数。计算公式为：

$$总受胎率 = \frac{受胎母牛数}{配种母牛数} \times 100\%。$$

（2）情期受胎率

情期受胎率反映的是妊娠母牛数占情期配种数的百分比，用于衡量受胎效果与配种水平，通常低于总受胎率。计算公式为：

$$情期受胎率 = \frac{妊娠母牛数}{情期配种数} \times 100\%。$$

（3）第一情期受胎率

第一情期受胎率特指第一情期配种成功的母牛比例。计算公式为：

$$第一情期受胎率 = \frac{第一情期配种受胎母牛数}{第一情期配种母牛数} \times 100\%。$$

（4）不返情率

不返情率反映了母牛配种后在特定时间内未出现发情迹象的比例，是衡量繁殖效率的重要参数。该指标随配种后时间增长而趋近实际受胎率。计算公式为：

$$不返情率 = \frac{不返情母牛数}{配种母牛数} \times 100\%。$$

3. 分娩率

分娩率指的是在特定年度内，能够成功分娩的母牛所占妊娠母牛的比例，该指标能够指示妊娠期间母牛保持妊娠状态的能力。计算公式为：

$$分娩率 = \frac{分娩母牛数}{妊娠母牛数} \times 100\%。$$

4. 产犊率

产犊率衡量的是分娩母畜的产仔数量与分娩母畜总数的比例。对于多胎家畜而言，产犊率是一个重要的衡量指标。然而，在单胎家畜中，分娩率与产犊率通常相同，故不需单独考虑产犊率。计算公式为：

$$产犊率 = \frac{产出犊牛数}{分娩母牛数} \times 100\%。$$

5. 犊牛成活率

犊牛成活率指的是断奶后存活的犊牛占总产出犊牛数的比例，该指标能够反映牛群中犊牛的哺育状况及幼年生存能力。计算公式为：

$$断奶成活率 = \frac{成活犊牛数}{产出犊牛数} \times 100\%。$$

（三）肉牛的正常繁殖力

正常繁殖力是指在标准的饲养管理和自然环境条件下，肉牛所能达到的最经济的繁殖效率。不同家畜的正常繁殖力各不相同，肉牛也不例外。由于饲养管理环境的差异，肉牛的繁殖率很少能达到100%。对于肉用母牛而言，其繁殖力通常通过配种后不返情的比率来衡量。母牛受精后1个月内不返情的比率可高达75%，然而最终的产犊率通常不超过64%，多数情况下介于50%～60%。这说明虽然母牛有较高的受胎初期成功率，但最终成功繁殖的比例却相对较低。

二、肉牛的繁殖技术

（一）性成熟与使用年限

1. 性成熟与体成熟

性的成熟是哺乳动物成长发展过程中的重要阶段，涉及生殖系统的成熟，使动物能够进行繁殖活动。在牛这一物种中，性成熟的到来标志着个体已能产生成熟的生殖细胞，母牛能够发情并排卵，公牛则能产生成熟的精子。性成熟的具体时间受多种因素影响，包括种类、品种、性别、气候、营养状况以及个体差异。不同品种在性成熟时间上有明显差异，培育品种的公牛通常在 9 个月左右性成熟，而母牛在 8 ～ 14 个月达到性成熟。相比之下，原始品种的肉牛及杂交肉牛的性成熟时间稍晚，分别在出生后的 10 ～ 12 个月和 12 ～ 15 个月。性成熟时间也受到气候条件和营养供给的影响。一般而言，寒冷气候条件下的牛性成熟较晚，而营养充足的环境有助于提前性成熟。

体成熟指的是肉牛体形达到成年标准的阶段，不同品种和饲养管理条件下的肉牛体成熟时间有所不同。一般肉牛在 1.5 ～ 2.0 岁体成熟，而杂交肉牛则需至 2.5 岁。乳牛的体成熟时间则相对较早，在 15 ～ 22 个月龄。气候条件和饲养管理措施对肉牛体成熟的时间有明显影响，可能促进或延迟其成熟过程。

2. 初配适龄

合理的配种年龄是确保健康后代和提高母牛生产性能的关键。在牛达到性成熟后，尽管其生殖器官已完全发育，具备了繁殖能力，但身体的生长发育仍未完成。因此，过早进行配种会对牛只本身及其后代的健康和发育带来不利影响，导致所生犊牛体质弱，初生体重轻，饲养困难。母牛的产奶量也可能受到影响，而对公牛而言，过早配种会导致性机能提前衰退，缩短其作为种牛的使用寿命。而配种过晚则会增加饲养成本，降低繁殖效率。过肥的母牛不易受胎，而公牛可能因此引发自淫、阳痿等问题，影响配种效果。

初配适龄的确定应综合考虑牛的品种和具体的生长发育情况。一般而言，初配适龄应在性成熟之后，当牛只体重达到成年体重的 70% 左右时最为适宜。如果年龄已达标但体重未达要求，则应推迟配种时间；反之，如果体重达到要求但年龄略小，可以适当提前配种。对于肉牛而言，早熟品种公牛和母牛的初配适龄分别为 15 ～ 18 月龄和 16 ～ 18 月龄，晚熟品种则分别为 18 ～ 20 月龄和 18 ～ 22 月龄。

3. 使用年限

肉牛的繁殖能力受到种类、饲养管理及健康状态的影响，存在一定的年限。一般而言，母牛的配种使用年限为9～11年，而公牛则为5～6年。超出这一繁殖年限后，牛的繁殖效率会逐渐下降，从而降低其饲养价值。因此，对于超龄的公母牛，养殖户应考虑淘汰，以保持种群的生产效率和遗传质量。繁殖年限的制定应基于生物学和生产实践的考量，以优化资源利用，提高肉牛养殖的经济效益。

（二）发情与发情周期

1. 发情

母畜达到一定年龄后，会周期性地进入发情状态，这是其生殖生理中的一个关键阶段。在此期间，卵巢内的卵泡迅速增长并成熟，产生大量的雌激素，对生殖系统产生显著影响。雌激素的作用不仅限于促进生殖道的物理和化学环境变化，以便为受精创造最佳条件，还激发母畜的性欲和性兴奋，导致其显示出一系列行为上的改变，如允许雄性进行交配等。发情反映了母畜体内激素水平的波动，是自然界中生殖行为正常进行的前提。

2. 发情周期

母畜进入初情期标志着生殖系统及整体生理状态的周期性变化，表现为一种规律性的性行为活动，直至性功能衰退。此周期性变化被称为发情周期，反映从一次发情起始至下一次的间隔期。肉牛的发情周期约21天，但受个体差异影响。年龄健壮且营养状况良好的母牛显示更加规律的发情周期，相反，年老或营养状态不佳者周期延长。相比之下，青年母牛的周期较成年母牛短约1天。发情周期的形成与卵巢周期变化紧密相关，后者由复杂的内分泌调节系统控制。该系统涵盖丘脑下部、垂体、卵巢及子宫等，通过它们分泌的激素互相作用实现调控。根据动物的性行为及相应的生殖器官和机体变化，我们可将发情周期细分为四个阶段：发情前期、发情期、发情后期以及休情期。从卵巢活动角度来看，发情周期可划分为卵泡期和黄体期两部分。卵泡期涵盖了卵泡从开始发育至排卵的过程，对应发情前期和发情期；黄体期则描述了卵泡排卵后黄体的形成至开始退化的过程，对应发情后期和休情期。卵泡期的主要特征是卵泡的成熟与排卵，此时母牛展现出强烈的性行为，为交配及受精创造条件。随后，黄体期开始，黄体形成并分泌黄体酮，促使子宫环境准备好可能的妊娠。若未发生受精，则黄体退化，黄体酮水平下降，母牛重新进入发情周期的卵泡期，准备下一次的发情和排卵。

肉牛作为全年多次周期发情的动物，在不同季节表现出不同的发情周期特征。在温暖季节，肉牛的发情周期表现正常且发情行为显著。相反，在寒冷地区或粗放饲养条件下，其发情周期可能会暂停。尽管牛的发情周期并不像马、羊及其他野生动物那样有明显的季节性，但季节变化仍会对其产生影响。对于非当年产犊的干奶期母牛，发情活动多集中于 7～8 月。而初配母牛则多在 8～9 月发情，当年产犊哺乳母牛的发情高峰则出现在 9～11 月。这种发情的季节性变化，在很大程度上受到气候、牧草质量及母牛营养状况的共同影响。一般而言，发情周期的这种季节性分布，反映了母牛在当地自然气候及草场条件最佳时期的生理适应。在海拔 4500 米以上的地区，母牛发情的情况更为特殊，仅在 7 月初有少数母牛开始发情。

（三）发情鉴定

母牛在生命早期阶段经历了两个显著的生殖发展时期，分别为初情期和性成熟期。初情期大致出现在 6～12 月龄。此时，虽然母牛开始展现发情行为，但由于生殖器官及生殖功能尚处于成长发育状态，导致发情持续的时间较短，且发情周期不稳定。随后，母牛进入 8～14 月龄的性成熟期。在这一阶段，母牛的生殖器官基本完成发育，获得了正常的生殖能力。尽管如此，由于身体仍在快速成长，此时若进行配种，可能会对其生长发育以及未来的繁殖能力产生不利影响，同时可能缩短母牛的使用寿命，且对后代的生产活力与生产性能造成负面影响。肉牛的发情周期是其生殖周期的重要组成部分，指从一次发情开始到下一次发情开始之间的间隔天数，一般范围在 18 ～ 24 天，平均为 21 天。值得注意的是，处女牛的发情周期通常比经产牛短。

母牛发情周期是牛繁殖管理中的关键环节，其周期性的生理变化直接影响到繁殖效率。发情周期可细分为四个阶段：发情前期、发情期、发情后期以及休情期，每个阶段的生理和行为特征为繁殖管理提供了重要依据。在发情前期，随着卵巢黄体的退化，卵泡开始成熟。此时，阴道分泌物增多，生殖器官充血现象明显，持续时间为 4 ～ 7 天。这一阶段为接下来的发情期做准备，通过生殖器官的变化，为卵泡的成熟和即将到来的排卵过程创造条件。发情期则是整个周期中最为关键的时刻，卵泡成熟并进入排卵过程，母牛表现出明显的发情行为，如兴奋、食欲下降以及外阴部的充血和肿胀，子宫颈口松弛，阴道分泌黏液增多。这些征兆集中出现，持续 13 ～ 30 小时。这一阶段是进行人工授精或自然交配的最佳时期，因为此时卵子的排放为受精创造了条件。进入发情后期，排卵已经完成，黄体开始形成，发情的明显征兆逐渐消退，母牛从性兴奋状态逐步回归至平静。在排卵后的 24 小时内，部分母牛可能会有少量血液从阴道排出，持续时间为 5 ～ 7 天。这一阶段的生理变化反映了母牛体内激素水平的调整，为下一个周期的开始做准备。在最后的休情期，黄体继续萎缩，新的卵泡开始发育，母牛的性欲暂时消失，精神状态恢复正常，持续时间为 12 ～ 15 天。若母牛已经妊娠，此时的周期黄体会转变为妊娠黄体，维持至妊娠结束。这一阶段的生理静息为母牛提供了恢复和准备下一次发情的必要条件。

发情鉴定是识别发情母牛以确保正确的配种时间，避免配种失误，从而提高受胎率的重要手段。方法包括外部观察法、试情法、阴道检查法和直肠检查法等。

1. 外部观察法

外部观察法作为判定母牛发情状态的主要手段，依据的是母牛在发情期间表现出的一系列外部行为和生理变化。发情期间的母牛会表现出明显的不安、兴奋的行为模式，如频繁哞叫、眼球充血和对周围环境的敏感反应。这一时期，母牛的食欲会有所下降，反刍活动减少或完全停止，这可以视为发情的一种明显信号。观察母牛的排尿频率和方式也是判断发情的重要依据。在发情期，母牛会频繁排尿，其站姿也会有所变化，如拉开后腿的动作更加频繁。此外，母牛的外阴部会出现红肿现象，伴随大量透明、牵缕性的黏液排出。这种黏液在发情初期较为清亮，到发情末期则变得浑浊而黏稠。在母牛的尾部和外阴周围能够观察到这种分泌物的结痂，这也是发情期的一个重要标志。发情母牛的社交行为也会发生变化。在放牧或活动时，它们会表现出游荡和寻找交配伴侣的行为，包括爬跨和接受其他牛爬跨。值得注意的是，发情母牛在爬跨时会展现出类似于公牛交配时的动作，如阴门搐动和滴尿。此外，发情期的母牛通常会站立不动并举尾迎合爬跨，而非发情期的母牛则会弓背逃避。然而，母牛的发情表现受到多种内外因素的影响，可能并不总是明显或规律的。因此，判断母牛处于适合输精的发情期，需依靠对上述行为和生理信号的综合观察与分析。精确识别母牛的发情状态对于安排适当的繁殖时间和提高繁殖成功率至关重要。

2. 试情法

试情法作为一种有效的发情鉴定手段，依据母牛对公牛爬跨行为的反应，判定母牛的发情状态。该方法具有操作简便、识别效率高的特点，特别适合于规模化牧场的群体管理。试情法主要包括结扎公牛法、试情公牛法和下腭标记法三种操作模式。

结扎公牛法通过将结扎的公牛引入母牛群，依据公牛对母牛的追逐与爬跨行为及母牛对此行为的接受程度，辨别母牛的发情状态。该方法利用公牛的自然行为，有效触发并辨认发情母牛，但需注意夜间将公牛与母牛分离，以免造成不必要的伤害或压迫。

试情公牛法则是直接观察母牛对试情公牛接近行为的反应，母牛在发情期间往往表现出喜欢靠近公牛，并采取弯腰弓背的姿势，此行为是母牛发情的直观表现。该方法的实施较为简单，可快速识别发情母牛，但需经验丰富的饲养员准确判断。

下腭标记法则是一种较为科技化的试情手段，通过在试情公牛的下颌固定带有液体油剂染料的壶状物，利用公牛爬跨时下颌摩擦母牛背部留下色线的方式来标记发情母牛。该方法的标记清晰，便于鉴定，且染料易于添加，为牧场提供了一种高效率的发情监测手段。当母牛与试情公牛的比例适宜时，该方法的发情鉴定率极高，可达95%。[①]

3. 阴道检查法

阴道检查法是评估母牛发情状态的一种常用方法，通过使用开膣器观察阴道黏膜、分泌物和子宫颈口的变化来进行判断。在母牛发情期间，阴道黏膜会出现充血潮红现象，表面变得光滑湿润，子宫颈外口同样出现充血现象，变得松弛、柔软并开张，会排出大量的透明黏液。这些黏液呈现玻棒状，具有较强的黏性且不易折断。随着发情周期的持续增进，这些黏液从最初的稀薄状态逐渐变得更加浓稠，量也相应增多；而到了发情周期的后期，黏液的数量开始减少，黏性降低，颜色变得不再透明，有时甚至会出现淡黄色的细胞碎片或是微量的血液。

对于不处于发情期的母牛，其阴道表现为苍白和干燥，子宫颈口紧闭，不会有黏液流出。这种状态的显著差异为判断母牛的发情期提供了明确的生理指标。黏液的物理特性如流动性和黏度，与其酸碱度有直接关系。在发情期间，阴道黏液的碱性相对更强，因此黏性增大；随着发情周期的推进，黏液的碱性逐渐增高，黏性达到最强，表现出显著的牵缕性，能够被拉长。相比之下，在阴道壁上的黏液比取出来测量的黏液要酸，说明阴道内部环境与外部环境的pH值有所不同。例如，发情期

---

① 汤喜林，施力光，陈秋菊.肉牛健康养殖与疾病防治[M].北京：中国农业科学技术出版社，2022：28-29.

间阴道内的黏液 pH 值为 6.57，而外部环境下测试的黏液 pH 值则为 7.45。通常情况下，子宫颈的黏液相对于阴道黏液会稍微酸一些。尽管阴道检查法提供了直接观察母牛生理状态的途径，但这种方法应被视为辅助诊断工具。在执行检查过程中，医师必须严格遵守消毒程序，避免采取粗暴的操作手法，以防给母牛造成不必要的伤害或引发感染。

4. 直肠检查法

直肠检查法主要是通过手工触摸，评估母牛子宫和卵巢的生理变化。具体而言，医师通过伸入母牛直肠，用手感知子宫的形状、粗细、大小及反应性，同时检查卵巢上卵泡的发育情况。在发情期，母牛子宫颈略显增大，质地较软，子宫角体积轻微增大，子宫的收缩反应较为明显，子宫角触感坚实。卵巢中的卵泡在触摸下呈现出圆润光滑的外观，轻微的波动感指示了其发情的生理状态。

卵泡的直径随发育进程而变化，初期直径范围为 1.2 ～ 1.5 厘米，发育至最大时可达 2.0 ～ 2.5 厘米。排卵前 6 ～ 12 小时，随着卵泡液的积累，卵泡及卵巢体积增大，紧张度提升。卵泡破裂前，其质地变得柔软，波动感增强，是发情高峰的明显标志。排卵后，卵泡所在位置形成的不光滑小凹陷，逐渐转变为黄体，标志着排卵的完成。

（四）妊娠诊断

有效的妊娠诊断可以实现多项生产目标，包括保胎、减少空怀期、增加产奶量及提高繁殖效率。确定已怀孕的母牛后，饲养者需对其采取加强的饲养管理措施，以确保胎儿健康成长。对于检测结果显示未怀孕的母牛，应关注其再次发情周期并进行配种，同时分析未孕的潜在原因。妊娠诊断亦可能发现生殖系统存在的疾病，这为及时采取治疗措施提供了可能。针对反复配种未能怀孕的母牛，应考虑淘汰，以优化整体繁殖群体的质量。

1. 外部观察法

外部观察法作为一种传统的手段，依赖于对母牛体态和行为的细致观察。妊娠的母牛会表现出一系列的生理和行为变化，如发情行为的停止、食欲和饮水量的增加、毛色的润泽和膘情的改善等。此外，母牛的性情也会变得更加安静和温顺，其运动速度减慢，常表现出对角斗或追逐的回避。

在妊娠的中后期，特别是对于育成牛而言，乳房的发育速度会明显加快，体积增大，特别是在妊娠 5 个月之后。到了妊娠 8 个月，右侧腹壁甚至可以见到胎动。而对于经产牛来说，乳房的显著肿胀往往出现在妊娠的最后 1～4 周。这一时期，外部观察可以较为明显地看到乳房的变化。尽管外部观察法是一种无侵入性的妊娠诊断手段，但其最大的局限性在于无法早期准确地确认妊娠状态。这一缺点使外部观察法不能单独用于妊娠的早期诊断，而应作为其他诊断方法的辅助。

2. 直肠检查法

直肠检查法是评估母牛妊娠状态及妊娠时间的重要手段，在妊娠早期，约 2 个月时，直肠检查法可以提供准确的诊断结果。它的可靠性基于母牛生殖器官在妊娠期间发生的变化。在妊娠不同阶段，直肠检查的重点也有所不同。例如，在妊娠初期，检查的焦点是子宫角的形态与质地的变化，这些变化对于妊娠的早期诊断至关重要。随着妊娠期的延伸，30 天之后，胚泡的大小成为判断的关键指标。而在妊娠的中后期，卵巢和子宫的位置变化以及子宫动脉的特异搏动，成为重要的诊断依据。这些具体的变化指标为临床诊断提供了科学依据，确保了直肠检查法在动物生殖管理中的准确性和实用性。

3. 阴道检查法

在多种妊娠诊断方法中，阴道检查法因其直观、操作简便而被广泛应用。该方法依据母牛阴道黏膜的色泽、黏液特性及子宫颈的变化来判定妊娠状态。

母牛妊娠后，阴道黏膜的色泽会发生显著变化，由未孕时的淡粉红色转变为苍白色，并失去光泽，表面呈现干燥状态。此外，阴道的收缩性增强，使医师插入开膣器时的阻力增加。这些变化从妊娠 3 周后开始变得明显，为诊断提供了早期指标。随着妊娠期的延长，子宫颈口附近会出现黏稠的黏液，最初量会比较少，后来逐渐变得浓稠，颜色也会呈灰白或灰黄，质地类似糨糊。这种黏液的出现，尤其是在妊娠 1.5～2 个月出现，为诊断提供了重要依据。妊娠进入 3～4 个月，黏液量的增多和质地的变化更是明显，为妊娠中期的诊断提供了可靠信息。子宫颈的变化也是诊断妊娠的关键因素之一。在妊娠期间，子宫颈紧缩并闭合，形成子宫颈塞。其主要功能是防止外界病原体侵入，保护胎儿的健康发育。这种子宫颈塞的形成是妊娠的直接标志之一。而在分娩或流产前，子宫颈会开始扩张，子宫颈塞溶解并流出，这一过程的诊断有助于预防和及时处理分娩或流产。

（五）分娩助产

1. 分娩的征候

母牛分娩前的生理及行为变化是较为复杂且系统的过程，通过对这些变化的观察与分析，可以有效预测分娩时间。在分娩前半个月的时间里，乳房迅速发育膨大、腺体充实、乳头膨胀等现象显著；且在临产前一周，初乳的滴出更是明显的征兆。阴唇的逐渐松弛与变软，以及水肿的出现，都预示着分娩的即将临近。阴道黏膜的潮红、子宫颈的肿胀与松软以及子宫颈栓的溶化与排出，更是分娩前的关键生理变化。同样，骨盆韧带的柔软与松弛、耻骨缝隙的扩大、尾根两侧的凹陷等变化，都是为了适应胎儿通过的需要。在行为上，母牛会出现活动困难，不安地起立，高声哞叫，常常回顾腹部，并做出排粪或排尿的姿势，其食欲也会减少或完全停止。这些行为变化是母牛体内激素水平变化的外在表现，反映了其身体正处于为分娩做准备的状态。

2. 分娩的过程

（1）开口期

开口期的主要特点是子宫颈的扩张，伴随着子宫肌肉的有节律收缩。子宫壁的纵向肌肉和环形肌肉协同工作，从子宫的上部向下部逐渐推动，促使子宫颈逐步开启。随着子宫收缩力度的增强以及收缩持续时间的延长，子宫颈得以完全开放，消除与阴道之间的界限。这一过程便于胎儿的前置部分进入子宫颈。在开口期间，子宫的间歇性收缩对羊水及胎膜产生压迫，进一步促进了分娩进程。在此期间，母牛会表现出显著的不安行为，包括频繁起立和卧下、进食和反刍活动的不规律、尾巴抬起以及频繁排便姿势，伴随着不时的哞叫声。开口期的持续时间大约为6小时，不过这一时间长度在初产母牛和经产母牛之间存在差异。经产母牛由于之前的分娩经验，其开口期往往较初产母牛短。这一差异可能与生理条件、肌肉记忆以及子宫颈扩张能力的差异有关。

（2）胎儿产出期

在分娩过程中，胎儿产出期的特征表现为子宫颈的完全扩张与胎儿进入子宫颈及阴道。在此期间，子宫平滑肌的收缩时间明显延长，而松弛期则相应缩短。在助产过程中，母体需经历强烈的努责和阵缩，胎囊首先在阴道口露出，标志着分娩的开始。通常，尿膜囊最先出现，其破裂后，黄褐色的羊水随之流出，之后羊膜囊包裹的胎儿部分开始出现在阴道口。胎头和肩部由于有较大的宽度，使娩出过程极为费力，此时努责和阵缩达到最强烈。每一次阵缩都能推动胎头向外排出一定距离，但在阵缩间歇，胎儿可能会有所回缩。通过多次重复此过程，直至羊膜最终破裂，白色混浊的羊水流出，母牛在短暂休息后继续强烈努责和阵缩，直至整个胎儿完全娩出体外。这一过程通常持续0.5～2.0小时。值得注意的是，如果在羊膜破裂半小时后胎儿仍未能自行娩出，便需考虑采取人工助产措施。在双胎分娩的情况下，第一个胎儿娩出后，第二个胎儿通常会在20～120分钟随之产出。

（3）胎衣排出期

在牛的分娩过程中，胎衣排出期为一个关键阶段。该时期发生在胎儿完全排出体外后，由于牛的胎盘为子叶型，母子间的连接极为紧密，子宫需通过持续的收缩作用来促使胎衣脱落。正常情况下，胎衣排出的时间范围为 2～8 小时。然而，若超过 12 小时胎衣仍未排出，则需采取人工干预措施，包括手工剥离胎衣并对子宫内部进行药物灌注，以预防感染并促进恢复。

3. 科学助产

牛因骨盆结构特殊，较之其他动物更易发生难产。胎位不正、胎儿体积过大或母牛分娩力量不足等情况，均可导致自然分娩困难，此时科学助产便显得尤为重要。科学助产的核心目标在于确保母牛与新生犊牛的安全，同时保护母牛的生殖健康，避免由于助产操作不当而引发的产科疾病，这些疾病可能严重影响母牛的繁殖潜力。

（1）产前准备

产房的环境要求宽敞明亮、平整无障碍、洁净无尘，并保持适宜的温度，以确保母牛及新生犊牛的舒适与健康；器械与药品的准备必须齐全，包括但不限于催产药、止血药、消毒灭菌剂、强心补液药物以及各类助产与手术所需的专用器械；助产团队的人员配置要求专业且固定，确保产房内无论昼夜都有专人值守。助产人员在进行助产前需做好个人卫生准备，如穿戴规定的工作服、剪短指甲，准备充足的酒精、碘酒、剪刀、镊子、药棉及产科绳等物资，以备不时之需；在母牛即将分娩时，有必要对产房环境进行消毒工作。采用 0.1%～0.2% 的高锰酸钾温水或 1%～2% 的煤酚皂溶液对母牛的外阴部或臀部附近进行洗涤和消毒，有助于减少感染风险。消毒工作完成后，工作人员应使用毛巾将处理区域擦干，同时铺设清洁的垫草，为母牛提供一个安静及卫生的分娩环境；助产人员的手及使用的工具和器械均需要消毒，严格的消毒流程能有效防止病原体进入子宫，降低生殖系统疾病的发生率。

（2）科学助产

母牛难产问题相较于其他家畜而言，发生频率较高，因而科学助产尤为关键。特别是对于初产母牛、倒生或产程过长的个体，采取适当的助产措施至关重要。科学的助产方法可以有效保障胎儿的成活率，缩短产程，同时加速母牛产后恢复的进程，有利于提高繁殖效率，还能减少母牛产后可能出现的健康问题。

当胎膜露出而未能及时产出时，助产人员需立即评估胎儿的方向、位置与姿势，以判断其是否处于正常状态。若胎儿前肢及头部已经出现于阴门，而羊膜尚未破裂，助产人员应手动撕破羊膜，并清除胎儿口腔及鼻腔内的黏液，确保其呼吸通畅。面对胎位异常的情况，将胎儿轻柔推回子宫，并进行位置校正至关重要。倒生胎儿的助产则需要在后肢出现时配合母牛的努责，适时拉出胎儿。对于努责无力的母牛，助产人员应采用产科绳绑住胎儿前肢掌部，并在母牛努责时交替用力，保护胎儿头部，并沿产道方向拉出胎儿。在胎儿头部通过阴门的过程中，保护阴门及会阴部是防止损伤的重要措施。尤其当阴门与会阴部紧张过度时，应由专业人员用手保护阴门，避免撑伤。

分娩结束后，助产人员需要对母牛和新生犊牛进行必要的护理。对母牛而言，足量温暖的盐水麦麸粥能够有效提高腹压、保持体温、缓解饥饿感及恢复体力，这对于母牛在分娩后的快速恢复具有显著效果。新生犊牛需要及时清理口鼻处的黏液，进行母子分离以及正确处理脐带，以保证其健康成长。尤其是脐带的处理，既要注意技术的正确性，还要重视消毒工作，以预防感染的发生。在分娩过程中，助产时机的准确把握至关重要。助产操作应在子宫颈充分扩张后进行，以避免对犊牛及母牛造成不必要的伤害。因此，细致的观察和耐心的等待成为确保分娩顺利进行的前提条件。过早的助产介入可能导致子宫颈开张不足，从而增加犊牛受伤的风险，甚至可能因操作不当导致犊牛在分娩过程中受到重伤。

（3）产后处理

在产后的首个 3 小时内，必须密切监测母牛产道的状况，以便发现任何损伤及出血情况，从而及时采取相应措施。在随后的 6 小时内，需对母牛努责情况进行观察，若努责仍显著，须检查子宫内是否遗留胎儿，同时警惕子宫脱出的可能。在产后的 12 小时内，需侧重于观察胎衣是否顺利排出，若未能顺利排出胎衣，可能预示着有后续并发症的风险。在产后 24 小时，依据恶露排出的量与性状可以判断母牛的健康状态，暗红色恶露的排出量多意味着正常恢复过程。产后 3 天内，需警惕生产瘫痪的征兆，这一时期对母牛的监测不可或缺。至第 7 天，观察恶露的排尽程度可以为评估恢复状况提供依据。当到达产后第 15 天时，子宫分泌物的状况则反映了子宫的恢复情况，异常分泌物可能指示感染或其他并发症的存在。在产后约 30 天，通过直肠检查评估子宫的恢复情况，可以为后续繁殖管理提供依据。而在产后 40～60 天，监测产后首次发情情况，便于评估母牛恢复状态及制订后续繁殖计划。

三、肉牛繁殖新技术

（一）人工授精技术

牛的配种技术经历了从自由交配到人工辅助交配，再到人工授精的发展过程。在现代畜牧业中，人工授精技术已成为主要的配种方式之一，特别是采用冷冻精液的人工授精，为牛的繁殖提供了新的可能性。该技术通过使用经过筛选和检验的精液，能够有效地提高受胎率，并解决由母牛生殖道异常等导致不易受孕的问题。人工授精技术的应用使配种记录更为完整，便于对母牛不孕原因进行分析，而且由于精液可长时间保存，特别是冷冻精液，使精液的运输跨越了地域的限制。这一点对于解决种公牛质量不佳地区的配种问题尤为重要，因为优秀种公牛的精液能被输送到远距离地区，提高了遗传材料的利用率，从而促进了畜牧业的发展。人工授精技术还具有减少疾病传播风险的优点。精液的筛选和处理可以有效地减少通过自然交配可能引起的传染病传播，保障了牛群的健康。

人工授精技术在畜牧业中发挥着重要作用，极大地提高了种公牛的配种效率。在传统的自然交配方式下，一头公牛一年能够服务的母牛数量为 40～100 头。然而，通过人工授精，这一数字可以显著增加至 3000 头甚至更多。这种技术的运用提高了配种的效率，而且还使选用优秀种公牛进行配种成为可能，进而快速提升牛群的品质。冷冻精液的使用为人工授精技术的普及提供了强有力的支持。通过冷冻保存，优秀种公牛的精液可以在更广泛的地域内使用，打破了地理位置的限制。此外，该技术还减少了种公牛的养殖数量，从而有效降低了饲养成本。人工授精还具有防疫功能。自然交配易于通过生殖器官传播疾病，而人工授精则能有效避免此类问题。每次配种前对母牛进行发情鉴定和生殖器官检查，能够及时发现并治疗阴道炎、子宫内膜炎及卵巢囊肿等疾病，从而保障牛群的健康。相较于自然交配，直接将精液输送至子宫颈内，大幅度提高了受胎率。这一点在肉牛改良上尤为重要。体形较大的肉牛与体形较小的肉牛在自然交配时，由于体形差异过大而难以完成配种。人工授精技术的应用彻底解决了这一难题，使肉牛改良变得更为简单和高效。

1. 人工授精的方法

（1）输精技术

人工授精技术主要分为冷冻精液与液态精液两大类。冷冻精液人工授精通过冷冻保存精液，使之在需要时可随时使用，延长了精液的使用周期，增强了其应用的灵活性。液态精液人工授精技术则根据精液稀释倍数的不同，分为两种不同的方法。一种是鲜精或低倍稀释精液技术，该方法通过少量或不稀释精液的方式进行授精，适用于季节性发情明显且数量众多的母牛群体，能显著提高配种的效率，一头公牛一年内可配种 500 头以上母牛，配种效率相较于自然交配提高了 10 ～ 20 倍。另一种方法是高倍稀释精液技术，通过大幅度稀释精液，一头公牛一年可配种 10000 头以上，其配种效率较自然交配提高了 200 倍以上。该方法大幅度提高了一头公牛的利用率，为肉牛繁殖提供了更为高效、经济的解决方案。

（2）输精时间

初次输精的适龄为 18 个月龄或达到成年母牛体重的 70%。产后输精则需在产后 60 天左右开始观察母牛的发情表现，通常母牛正常发情后即可进行配种，但有时产后 35 ～ 40 天就可发情，此时也可进行配种以缩短产犊间隔时间，提高繁殖效率。

适时的输精时间选择可以提高成功率。由于母牛正常排卵发生在发情结束后 12 ~ 15 小时，因此输精时间安排在发情中期至末期阶段较为适宜。具体而言，上午 8：00 以前发情的母牛可在当日下午进行输精，8：00 ~ 14：00 发情的母牛可在当日晚上输精，而 14：00 以后发情的母牛则可在次日早晨进行输精。此外，第一次输精后还需间隔 8 ~ 12 小时进行第二次输精，以增加受精机会。

2. 操作步骤

（1）输精技术

在输精术的操作中，阴道开张法和直肠把握法是两种常用的技术路径。阴道开张法是传统的输精技术之一，其操作相对简单，但受胎率较低，因而在现代生产中已逐渐被淘汰。取而代之的是直肠把握法，该方法操作技术较为复杂，但能够提高受胎率，成为当前主要采用的输精技术。在直肠把握法中，首先需将母牛安置在配种架内，确保其身体稳定。操作者需戴上产科手套，并在涂抹皂液后伸入母牛的直肠内，掏出粪便以便后续操作；随后清洁和消毒外阴部，并将子宫颈外口握于手中，为输精操作做好准备。在输精器已装载好精液的情况下，操作者将其插入母牛的直肠内，并沿着子宫颈口外缓慢前行，直至输精器达到子宫颈深部。在此过程中，操作者需特别注意动作要轻柔，以免损伤子宫颈和子宫体。一旦输精器到达目标位置，便可缓慢注入精液，完成输精操作。值得注意的是，在进行输精操作前，需确保母牛是空怀发情的，否则可能导致流产等意外情况。因此，在操作前对母牛进行仔细的检查十分必要。而输精结束后，也需要谨慎地将输精器取出，并对子宫颈进行轻柔按摩，以促进精液在子宫内的均匀分布。

（2）输精深度

在不同部位进行输精，如子宫颈深部、子宫体和子宫角，并未显示出显著的受孕率差异。子宫颈深部输精的受孕率为 62.4% ~ 66.2%，子宫体为 64.6% ～ 65.7%，子宫角为 62.6% ～ 67.0%。这表明输精部位并非决定性因素，而应综合考虑其他因素。然而，需要注意的是，输精深度不应被误解为越深越好。事实上，过深的输精可能增加子宫感染或损伤的风险。因此，在选择输精深度时，应当权衡利弊，选择安全可靠的方法。在这方面，采取子宫颈深部输精是一种较为安全的选择。

（3）输精数量

通常而言，每次输精约 1 毫升，其中包含 1 亿个以上的精子。对于冷冻精液而言，输精量则因容器不同而异，如安瓿和颗粒为 1 毫升，而塑料细管则为 0.5 毫升或 0.25 毫升。在精液中，前进运动的精子数量是非常重要的，一般要求为 1500 万～ 3000 万个。

3. 正确解冻

冷冻精液通常存放于液氮罐中，其温度维持在极低的 −196℃，以确保精子的长期保存。取出冷冻精液后，操作者应迅速进行解冻步骤，以最大限度地保留精子的活力。需将 38℃的热水准备好，并通过合适的工具，如预先冷却的镊子，迅速取出冷冻精液。将冷冻精液置于 38℃的热水中，轻轻摇晃以促进溶解。这一步骤的关键在于迅速完成，通常约需30 秒，以避免精子受到过度暴露或温度波动而受损。解冻后，需用消毒剪刀剪去封口端，并进行活力镜检以确保精子质量符合要求。

在整个过程中，需注意液氮罐的管理和操作规范。液氮罐应放置于阴凉通风处，以确保稳定的温度和通风环境。同时，要保持液氮的充足，并定期补充以保证冷冻精液的良好保存状态。取出冷冻精液后，要及时盖好罐塞，并采取措施减少液氮的消耗，如使用毛巾围住罐口。此外，为了保证操作的安全性和有效性，取冻精的金属镊子应提前插入液氮罐颈口内进行预冷，以避免温度变化对精子的影响。

（二）同期发情技术

同期发情技术是一种在人为干预下对母牛生殖周期进行调节的方法，旨在实现群体性的同步发情排卵。该技术的实施使养殖场能够在特定时间内集中进行配种和繁殖管理，从而提高生产效率、降低成本、统一生产周期。

1. 孕激素处理法

孕激素处理技术的核心在于模拟自然生理过程，通过人为介入使动物处于黄体期，从而抑制发情并实现生殖控制。常用的孕激素包括黄体酮及其合成类似物，如甲羟孕酮、炔诺酮、氯地孕酮以及 18-甲基炔诺酮等。操作者可以通过不同的途径投药，如皮下埋植或阴道栓塞等方式。

（1）皮下埋置法

皮下埋置法是指将孕激素制剂装入具有小孔的塑料细管中，然后通过皮下埋置的方式投放到母牛的体内。这种埋置操作可以使用套管针或专门的埋植器完成，确保药管被准确地置入皮下。随着时间的推移，药物逐渐释放，对母牛的生理产生影响。在孕激素处理法中，除了埋置药管，还需要注射孕马血清促性腺激素（pregnant mare serum gonadotropin，PMSG）。这种激素的注射有助于进一步促进发情。药物的种类和用量取决于具体情况，但一般而言，18-甲基炔诺酮的用量为 15 ～ 25 毫克。治疗周期通常为 16 ～ 20 天，这段时间足以使药物产生理想的效果。经过孕激素处理后，牛群通常在接下来的 4 ～ 5 天出现发情的迹象。

（2）阴道栓塞法

在阴道栓塞法中，栓塞物通常采用泡沫塑料块或硅橡胶环。其中，硅橡胶环内含有一定量的孕激素制剂，如雌二醇和黄体酮，这些孕激素可以缓慢释放到动物体内，对其生理产生调节作用。将栓塞物置于子宫颈外口处，孕激素便开始缓慢渗出，影响母牛的生理状态。处理结束后，可将栓塞物取出，或者辅以注射 PMSG，以促进动物发情。

这种处理法可以分为短期处理和长期处理两种方式。长期处理（16 ～ 18 天）会导致较高的发情同期率，但受胎率相对较低；而短期处理（9 ～ 12 天）则发情同期率较低，但受胎率接近或等同于正常水平。在短期处理中，通常采用肌内注射雌二醇和黄体酮的方式，以提高发情同期化的效果。雌二醇的作用是促使黄体提前消退和抑制新黄体的形成，而黄体酮则能够阻止即将发生的排卵。这些药物的使用使在投药后的数日内母牛出现发情表现，但这并非真正的发情，因此不应在此时进行授精。硅橡胶环是一种常用的栓塞物，其内部附有一胶囊，内含适量的雌二醇和黄体酮，代替了注射的方式。处理结束后，大多数母牛在接下来的2～4天会有卵泡的发育并排卵。

2. 前列腺素（prostaglandin，PG）及其类似物处理法

前列腺素及其类似物处理法是一种常用的同期发情技术，通过溶解卵巢上的黄体来中断周期黄体的发育，从而促使母牛群在相近时间内发情。这项技术的关键在于前列腺素对于周期第5～18天的功能性黄体的作用。在这个时间段内，前列腺素能够有效地溶解黄体，引发母牛的发情反应。然而，在周期第5天以前形成的黄体不受前列腺素的影响，因此需要在此后的时间段内使用，才能实现同期发情。尽管前列腺素处理法可以在一定程度上实现同期发情，但并非所有母牛都能在第一次处理后立即发情。有时会出现部分母牛无反应的情况，需要进行二次处理。为了提高同期发情率，操作者可以采取对于表现发情的母牛延迟配种的策略，并在10～12天对整个群体进行第二次处理。这样一来，所有母牛都处于周期第5～18天，同期发情率得以显著提高。

在投药方式上，前列腺素可以通过肌内注射或宫腔注入进行应用。宫腔注入时，前列腺素的推荐用量为0.5～1.0毫克，每天1次，连续用药2天；而肌内注射则需要使用更大剂量。此外，在用药后，还可以注射100微克的促性腺激素释放激素（gonadotropin releasing hormone，GnRH），以增强前列腺素的效果。

（三）超数排卵技术

超数排卵技术，通称"超排"，通过在发情周期关键时刻注射外源性促性腺激素，促进母牛卵巢多个卵泡的同时发育，进而使多个具备受精能力的卵子同时或按时排出。该技术的核心价值在于触发母牛产下双

胎，从而最大限度地利用优质母牛资源，加快牛群的改良速度。在自然情况下，肉牛每个发情周期通常仅有一个卵泡发育成熟并排卵，结果是一次配种只能产生一头小牛。[①] 而超排技术可以激发多个卵泡发育，显著提高受胎率及繁殖效率。超排技术还为胚胎的冷冻保存和跨地区、跨时间的胚胎移植提供了条件，极大地降低了购买及运输活体牛的成本，还有助于犊牛从养母处获得免疫能力，更好地适应当地的生态环境。在胚胎移植技术的整个过程中，超数排卵作为一个关键步骤，其重要性不言而喻。

1. 超数排卵的方法

超数排卵涉及两大类激素的使用。一方面，PMSG 和促卵泡激素（follicle stimulating hormone，FSH）能有效促进卵泡的生长发育，为排卵创造必要的生理条件。PMSG 具有长效的特点，能持续作用于卵巢，促进卵泡成熟。FSH 则直接作用于卵泡，促进其快速生长。另一方面，人绒毛膜促性腺激素（human chorionic gonadotropin，HCG）和促黄体素主要负责触发排卵过程。HCG 能模拟促黄体素的效果，诱导卵泡裂解，从而实现排卵。而促黄体素是自然排卵的关键激素，其外源性应用加速了排卵的发生。此外，为优化排卵效果，常常辅以其他激素，如前列腺素 F2α（PGF2α）、GnRH、促排卵素（lutein releasing hormone，LRH）等。这些激素在调节生殖周期、提高排卵质量和数量方面起着辅助作用。

（1）PMSG+PGF2α 法

PMSG 和 PGF2α 的联合应用，可以显著提高排卵率。在性周期的第 8～12 天，通过肌内注射 2000～3000 国际单位的 PMSG，可以促进卵泡的成熟。48 小时后，再通过肌内注射 15～25 毫克的 PGF2α 或子宫灌注 2～3 毫克的方式，促使卵泡裂解，从而诱导发情。这种方法在接下来的 2～4 天，能够让大多数母牛发情并排卵。值得注意的是，PMSG

---

① 侯放亮. 牛繁殖与改良新技术 [M]. 北京：中国农业出版社，2005：166.

和 PGF2α 不应同时注射，因为这样会降低排卵率。此外，对于老年牛，PMSG 的剂量可以适当增加，以适应其生理特点，从而提高排卵率和繁殖效率。①

（2）FSH+PGF2α 法

在性周期第 8 ～ 12 天，通过肌内注射 FSH 实现，每日两次，连续注射 3 ～ 4 天，总剂量为 30 ～ 40 毫克。其中，第一次用量较多，随后逐日减少。在第 5 次 FSH 注射同时，再注射 PGF2α 15 ～ 25 毫克。必要时，可在牛发情后，通过肌内注射 GnRH（可选用 LRH-A2 或 LRH-A3）200 ～ 300 微克，以进一步促进排卵。

2. 怎样让牛产双胎

牛通常是单胎动物，每次繁殖仅产生一头牛犊。在自然条件下，母牛生双胞胎的概率极低，约为十万分之一。这一现象限制了肉牛产业的发展速度，因为牛的繁殖效率直接影响到肉牛的供应量。为了提高繁殖效率，科研人员通过实验研究，开发出一系列繁殖技术，旨在增加母牛产双胎的可能性。这些技术主要涉及激素治疗，通过调节母牛体内的激素水平，促使其在一次繁殖周期内产生多个胚胎。然而，由于牛之间的个体差异较大，相同的激素剂量在不同的母牛体内可能引发不同的反应，导致这些技术的效果并不一致。

（1）LRH 法

具体操作时，可选用 LRH3 号或 LRH2 号，于母牛发情期输精前或输精后，通过肌内注射 20 ～ 40 微克，完成一次注射即可。

（2）HCG 法

在母牛体内肌内注射 2000 ～ 5000 微克 HCG；隔 7 天后再进行一次注射，用量为 2000 ～ 4000 微克；至第 11 天时，注射 2000 微克 HCG。

---

① 杨鸿斌、李世满.肉牛标准化生态养殖与保健新技术 [M].银川：宁夏人民出版社，2020：63.

在母牛出现发情现象的第二天上午进行第一次输精，之后间隔 8～10 小时进行第二次输精。

（3）PMSG 法

在母牛发情周期的第 11 天，通过肌内注射 PMSG 1200～1500 国际单位进行干预。继而，在第 13 天，即 PMSG 注射后的第 2 天，肌内注射氯前列烯醇 4 毫升，以诱导发情。发情期间，在第一次输精的同时，进行与之前相同量的抗 PMSG 肌内注射，12 小时后进行第二次输精。

（四）胚胎移植技术

胚胎移植技术涉及将供体母牛经超数排卵后获得的早期胚胎，移植至另一组受体母牛的相应位置。此过程要求受体母牛经过同期发情处理，以确保胚胎能成功着床并发展。胚胎移植技术的目的在于促进特定遗传特征的供体牛后代的产生，通过这种方法可以有效提高遗传优势的传递和繁殖效率。[1]

1. 选择供体牛

选择合适的供体牛是实施胚胎移植技术的前提条件之一，直接关系到胚胎移植成功率和后代品质的优劣。供体牛的选取需遵循一系列科学标准，其中包括遗传优势和育种价值的考量，以确保所选母牛具备高产肉量及良好肉质的特性。此外，供体牛的繁殖能力亦是重要的选择指标，包括良好的繁殖历史、顺畅的分娩经验及正常的发情周期等。

年龄和生育次数也是选择供体牛的关键考虑因素，一般认为 4～7 岁、经产 2～5 胎的母牛最为适宜。这一年龄段牛只的生殖系统已充分成熟，同时又保持着较高的生殖活力。营养状况和体质健康亦不能忽视，健康的生殖器官和良好的营养状况是确保胚胎发育和移植成功的重要保障。供体牛的卵巢活性、质地以及黄体功能等生理指标也需纳入考量范

---

① 宣小龙，王建龙，吴潇. 肉牛生殖生理调控及繁殖技术 [M]. 银川：阳光出版社，2021：99-100.

畴，通过具体的生化指标，如血清孕酮和总胆固醇含量，来进一步筛选合适的供体牛。

2. 选择受体牛

对受体牛的选择直接关系到移植成功率与繁殖效率。选择合适的受体牛需遵循一系列标准，以保证移植过程的顺利进行及最终的成功率。

观察发情行为和周期的正常性是选择受体牛的初步步骤，确保选定的母牛生殖周期稳定，无明显的生殖系统异常。通过直肠检查排除生殖器官疾病，如输卵管和子宫的炎症，是确保受体母牛适宜进行胚胎接收的前提条件。健康状况不局限于生殖系统，而是全面体现母牛的整体健康水平，包括无任何影响繁殖性能的疾病。膘情的管理也是选择受体牛过程中的重要考虑因素。膘情较差的母牛需要通过补饲提升其体质，而肥胖的母牛则需通过调整饲料量进行减膘，以达到适宜繁殖的体况。体形和体格同样重要，尤其是体形较小的黄牛，后躯狭窄，容易导致难产，因此一般不选择作为受体牛。为了提高胚胎移植的成功率，受体牛与供体牛的发情周期同步是必要条件，要求二者的发情时间相差不超过24小时。这有助于胚胎移植后的顺利着床和发展。年龄和胎次也是选择标准之一，一般认为3～5岁、1～3胎的母牛最为适宜。这一年龄段母牛的生殖系统处于最佳状态，有助于提高受胎率。胚胎移植的实验研究和实践应用如果严格遵守上述选择标准，可以显著提高受胎率，经严格筛选的受体牛的胚胎移植受胎率可达55%以上。

3. 胚胎移植的操作过程

（1）采集胚胎

供体牛在超排发情后第7天，采用2路或3路式采卵管进行非手术采卵。采卵管插入需满足特定的深度要求，以确保气囊位于小弯附近且距离子宫角底部约10厘米，以此来优化采卵效率。在采卵过程中，气囊的充气量控制在18～20毫升，总的冲卵液量为1000毫升，分别向每侧子宫角注入500毫升。操作时，操作员要先对超排效果较好的子宫角进行冲洗，然后是另一侧，以提高收集胚胎的成功率。冲洗液的进出速度管理对胚胎采集的成功至关重要，进液速度需慢，出液速度要快，以减少胚胎的损失。每次进液量为 30 ～ 50 毫升，逐渐增加，确保冲卵液的有效使用。为降低供体牛的应激反应，促进操作的顺利进行，采卵前需要注射静松灵 1.0 ～ 1.5 毫升。采卵过程需采取措施避免污染。尤其是采卵管的前部不应接触手或阴门外部，以防微生物污染。采卵后，为预防感染并促进子宫恢复，供体牛应接受氯前列烯醇（PG）0.4 ～ 0.6 毫克的肌内注射，并对子宫进行抗生素灌注。

（2）胚胎检查

第一，处理集卵杯。集卵杯内回收液的静置旨在利用重力分离技术，通过在 18 ～ 22℃下静置 20 ～ 30 分钟，来实现固液分离。此环节对于随后的细胞回收至关重要，因为它确保了较大密度的细胞可以沉积于集卵杯底部，而较轻的杂质则留在上清液中。随后是上清液的去除，该过程需要缓慢且精细地进行，以避免扰动底部沉积的细胞。这一步骤的关键在于维持集卵杯内一定量的回收液，即 30 ～ 50 毫升，以保证细胞不会因为液体的完全移除而受损。用磷酸盐缓冲液（phosphate buffer saline，PBS）冲洗集卵杯 2 ～ 3 次。操作的最后阶段，即将集卵漏斗内保留的液体倒入培养皿，为细胞的后续培养及实验分析提供了物质基础。

第二，观察胚胎。显微镜下细胞的紧密程度和完整性是评估胚胎质量的基本因素。存在游离细胞或细胞间隙过大通常标志着胚胎发育可能存在异常。胚胎透明度的正常与否亦是判断细胞是否发生变性的重要指标，透明度减少往往预示着细胞功能受损。此外，细胞大小的一致性对于胚胎的健康发展至关重要，大小不一可能影响胚胎后期的分化与成长。

第三，胚胎分级标准。根据胚胎的细胞紧密度、透明度及细胞大小一致性，将胚胎分为 A、B、C、D 四个等级。A ～ C 级胚胎被认为是质量较高的，可用于后续的研究或应用，而 D 级胚胎则因质量问题被判定为不可用。[①]

（3）移植胚胎

胚胎的移植通常在母牛发情周期的第 6 ～ 8 天执行。执行之前，必须进行麻醉，以减轻母牛不适，常见的麻醉药包括 2% 普鲁卡因或 5 毫升利多卡因，注射点位于荐椎与第一尾椎或第一、二尾椎结合部。操作时，需将含有胚胎的吸管置于移植枪，通过直肠操作法，经由子宫颈引导移植枪至子宫角深处，完成胚胎注入过程。

（五）其他新技术

1. 胚胎体外生产技术

相较于超数排卵体内生产胚胎的方法，胚胎体外生产技术展现了现代生殖科技的进步。该技术通过在体外环境下促使卵母细胞成熟，与获能精子相结合受精，继而分裂发育至桑葚胚或囊胚期（5 ～ 7 天），涵盖了卵母细胞体外成熟（in vitro maturation，IVM）、体外受精（in vitro fertilization，IVF）及体外培养（in vitro culture，IVC）三大步骤。体外生产的胚胎，简称 IVF 胚胎，已在 20 余种哺乳动物中获得应用并成功，尤其是在牛这一物种中产出了正常后代，证实了其有效性与可行性。

体外授精技术能够有效利用卵巢内的卵子资源，为肉牛业提供了大量低成本的胚胎。同时，IVF 胚胎能够被冷冻保存，为未来的利用提供了便利。这一技术的应用不仅可以提高遗传优良种的繁殖效率，还有助于遗传病的控制与管理。然而，尽管 IVF 胚胎技术在理论与实践中均取得了显著进步，但其在实际生产应用中仍面临着一定的挑战。目前，IVF 胚胎移植的妊娠率较低，特别是冷冻胚胎移植的成功率更为有限，成为限制其广泛应用的主要因素。

---

① 王聪，刘强，白元生.优质牛肉生产技术 [M].北京：中国农业大学出版社，2015：209.

2. 精子分离技术

精子分离技术通过人工干预,实现了高效率控制家畜的性别,极大地提高了特定性别家畜的出生率。XY 精子的分离成功率高达 93%,而经过分离的 X 精子用于受精后,母牛的出生率可达 90% 以上。此外,XY 精子的受精成活率也达到了 65%,这对于精确控制家畜种群结构具有深远的意义。家畜的精子按性染色体的不同分为 X 和 Y 两类,其中 X 精子的体积和重量均大于 Y 精子。通过详细的测量发现,牛的 X 染色体面积约为 7.85 平方微米,而 Y 染色体面积约为 3.47 平方微米,两者之间的脱氧核糖核苷酸(deoxyribonucleic acid,DNA)含量差异范围为 2.4% ~ 4.5%。基于这些差异,科学家开发了多种精子分离技术,如沉淀法、密度梯度离心法、电泳法、柱层析分离法、流式细胞分离器分离法及 H-Y 抗原法等。这些方法利用精子之间在 DNA 含量、电荷、体积、重量或比重等方面的差异,有效地将 X 精子和 Y 精子分离。

第二章 消化系统疾病

第一节 胃部疾病

一、瘤胃积食

(一) 病因

瘤胃积食是瘤胃内食物积滞过量所致的一种疾病,特征为瘤胃体积增大、胃壁扩张及运动机能紊乱。瘤胃积食在舍饲肉牛中较为常见,其发病机理主要涉及瘤胃内干固饲料积滞,导致瘤胃壁扩张,进而影响瘤胃运动及消化功能。

疾病的发生与多种因素相关,主要由饲养管理不当引起。瘤胃内过量积存干涸的饲料,尤其是精饲料与糟粕类饲料的长期大量喂养,粗饲料供应不足,或牛擅自食用大量精饲料等情况,都会导致瘤胃壁的扩张。此外,长期采食质地粗硬、质量低下且难以消化的饲料,如豆秸、麦秸等,或者大量摄取易膨胀的饲料,也是诱发该病的重要因素。饲料的突然更换及饮水量不足,亦可能促发瘤胃积食。瘤胃积食还可能是其他疾病,如瘤胃弛缓、瓣胃阻塞、创伤性网胃炎等的继发疾病。

（二）临床诊断

疾病发展初期，受影响的牛只表现出食欲下降、反刍活动减少或完全停止、嗳气次数降低，同时伴有鼻镜干燥等症状。行为上，牛表现出不安，如拱腰、回头顾腹、后肢踢腹、摇尾及卧立不安等。触诊可感知瘤胃胀满而坚实，呈沙袋样质感，并伴有明显痛感；叩诊时则表现出浊音。进一步的听诊检查可显示，瘤胃的蠕动声音先是减弱，随后可能完全消失。

在疾病进展至严重阶段时，牛只可能出现呼吸困难、呻吟、吐粪水症状，甚至从鼻腔流出不正常分泌物。通过直肠检查可以观察到瘤胃扩张、容积增大，其中含有坚实或黏硬的内容物，同时胃壁显著扩张。若不及时进行有效治疗，病牛可能由于脱水、中毒、体力衰竭或窒息而导致死亡。

（三）疾病治疗

1. 按摩疗法

在牛的左肷部用手掌轻柔地进行按摩，每次持续 5～10 分钟，每隔 30 分钟执行一次，可显著促进瘤胃运动，帮助缓解积食症状。结合灌服大量温水，可以进一步增强治疗效果，促使积聚在瘤胃中的食物松散，从而更易于消化吸收，有效缓解牛只的不适感，恢复其正常的生理功能。

2. 泄下疗法

使用硫酸镁或硫酸钠作为泻药，剂量为 500～800 克，需稀释于 1000 毫升水中。为促进药物效果，可添加 1000～1500 毫升的液状石蜡油或植物油，通过灌服的方式给药。此法有利于快速清除瘤胃内积聚的内容物，缓解病牛不适，促进恢复。

3. 洗胃疗法

选用直径 1.5～3 厘米、长度 250～300 厘米的胶管或塑料管，通过口腔导入瘤胃。操作中，管道需来回抽动，旨在刺激瘤胃收缩，进而促使瘤胃内的液态物质经由导管排出。若瘤胃内容物难以自流，可将导管一端连接漏斗，向瘤胃内注入温水，量为 3000 ～ 4000 毫升。当漏斗中液体完全进入瘤胃后，拿掉漏斗，同时降低牛头和导管位置，运用虹吸原理，辅以重力作用，引导瘤胃内物质排出体外。反复操作能有效清除瘤胃中的精料残留。

4. 注射疗法

症状表现为食欲丧失及脱水时，需采用静脉注射方式给予治疗，使用复方氯化钠注射液或 5% 糖盐水注射液 3 ～ 4 升，及 5% 碳酸氢钠注射液 500 ～ 1000 毫升，确保一次性完成。此法可有效缓解症状，促进恢复。当病牛出现心脏衰弱症状时，推荐使用 10% 安钠咖注射液 10 毫升或 10% 樟脑磺酸钠注射液 20 毫升，通过静脉或肌内注射给药。该疗法依赖于安钠咖与樟脑磺酸钠的药理作用，以缓解心脏衰弱症状，恢复心脏功能。

5. 中医疗法

（1）消积导滞散

该方剂组成包括神曲、麦芽、山楂、枳实、厚朴各 60 克，大黄 90 ～ 120 克，芒硝 250 ～ 500 克，槟榔 30 克。所有药材研磨成细末后，以开水冲调，候温后灌服，具有很好的消积和导滞作用。

（2）行气散加减

该方剂由芒硝 250 克，神曲 120 克，大黄、黄芪、滑石各 60 克，牵牛子、枳实、厚朴、黄芩各 45 克，大戟、甘遂各 30 克，猪脂 25 克组成，通过水煎方式制备，候温后灌服。该方剂旨在行气散结，加强消积效果。

（3）曲麦散加减

该方剂以神曲 60 克，麦芽、山楂各 45 克，厚朴、枳壳、陈皮、白术、茯苓、党参各 30 克，甘草 15 克，砂仁 25 克，山药 50 克，合并研末，利用开水冲调，候温后加入白萝卜 1 个混合灌服。该疗法通过促进消化，调和脾胃，以达到治疗瘤胃积食的效果。

（4）和胃消食汤

刘寄奴 120 克起主导作用，配合厚朴、青皮、木通、茯苓各 45 克，共同发挥疏肝解郁、利水消肿作用。神曲 60 克与山楂 60 克，增强消食去腻能力。枳壳、槟榔与香附各 30 克，调和脾胃，促进食物消化。甘草 20 克调和各味药性。整方共研为末，以开水冲调后候温灌服，达到和胃、消食、解郁、利水的目的，对瘤胃积食有良好的疗效。

（四）疾病预防

饲养者需遵守严格的饲喂制度，确保饲料供给的时间和数量得到严格控制。加强牛栏的固定，防止牛擅自取食，避免由于饲料突变导致的消化不良问题。避免饲料的突然更换，可以有效减少因饲料改变引起的消化系统不适。粗饲料在喂食前应适当加工软化，以便牛只更好地消化吸收，减轻瘤胃的负担。

二、食道阻塞

（一）病因

食道阻塞由块状饲料或异物在食道内形成堵塞导致。该状况多发生于肉牛在消化萝卜、甘薯、马铃薯、甜菜及玉米棒等块状饲料的过程中。饥饿状态下的贪食、急促采食或受惊导致的急咽行为，是阻塞发生的主要原因。此外，食道狭窄、食道痉挛或食道麻痹等已存在的疾病也可能促发食道阻塞。该疾病特征为咽下障碍，影响动物的正常摄食与健康。

（二）临床诊断

患牛可能会突然停止采食，表现出惊恐不安的行为，包括摇头和缩颈，这些都是尝试缓解不适的反应。吞咽困难和逆呕动作也是此病状的典型表征，牛会出现口腔流涎和空口咀嚼的现象，偶尔伴随咳嗽。当阻塞物位于颈部食道时，可以观察到局部肿块状突起，通过触诊可以明确阻塞的位置。在食道完全阻塞的情形下，水和唾液无法下咽，会从鼻孔和口腔流出，阻塞物上方的食道部位可能会积存液体，触感上有波动感，有时还会导致瘤胃臌气的发生。而在不完全阻塞的状况下，液体尚可通过食道下咽，但固体食物则无法通过。病情初期可能不会表现明显症状，但随着病程的延长，患牛可能会出现眼窝下陷和皮肤弹性下降等脱水症状。在一些严重的瘤胃臌气并发症中，患牛可能会出现呼吸困难、黏膜发绀和心跳加速等严重症状。

（三）疾病治疗

1. 吐出法

操作过程中，胃管先行灌入植物油 100 ～ 200 毫升，目的在于减少阻塞物与食道内壁之间的摩擦，便于后续操作。随后需对牛头进行固定，并装置开口器以确保操作通道畅通。辅助人员用双手从下向上推动阻塞物，直至咽部，并将其固定。操作者需要拉出牛舌以便更好地控制操作区域，随后右手伸入咽部，谨慎取出阻塞物。

2. 推送法

操作时，先灌服 2% 普鲁卡因液 20 ～ 30 毫升，以减少食道的疼痛和不适。经过大约 10 分钟，再灌服液状石蜡或植物油 100 ～ 200 毫升，目的是润滑，减少阻塞物与食道壁的摩擦。随后使用胃管，将阻塞物推向胃内，以达到解除阻塞的目的。

3. 打气法

将胃管正确插入食道，确保其外露端能够与打气筒连接。通过对打气筒的操作，每次注入空气时，利用食道的扩张时机，逐步推动阻塞物向下移动。这一过程的目标是将食道中的阻塞物质顺利推送至胃内，从而解除阻塞。

4. 中医法

（1）冰硼散

冰硼散包含冰片、炉甘石、孩儿茶、黄连末、硼砂、人中白、青黛，这些成分等份混合，研磨成细末，并过筛以确保粒度一致。使用时，将该药末吹入牛咽内，每日多次使用，以达到缓解炎症，促进食道恢复正常功能的目的。

（2）清理散

清理散包含苏叶、槟榔、青皮、甘草、苍术、桔梗、薄荷、陈皮及当归，每种草药用量为 25 ～ 40 克，加入 5 片生姜作为导引，以水煎方式灌服。

（3）牛蒡子散

牛蒡子散包含牛蒡子、甘草、麦冬、青皮、射干、焦米、玄参、桑白皮、黄芩、生地、陈皮、桔梗、知母（各 30 ～ 50 克），竹叶、生姜（各 5 克）作为引药，通过水煎后灌服给患牛。该方剂在肿痛显著的情况下，展现了较好的疗效。

（四）疾病预防

为有效预防此疾病，饲养需采取精细化管理措施。定时定量饲喂能平衡牛只的饮食，减少因饥饿引起的暴食行为。适当的饲料处理，如将豆饼泡软、块根类饲料切碎，可降低食道阻塞风险。补充无机盐可以预防异嗜癖，进一步降低食道阻塞的风险。同时，清理牧场和厩舍周围废弃杂物，减少牛只接触有害物质的机会，可以为肉牛提供一个更安全的生活环境，有效预防食道阻塞等疾病的发生。

三、前胃弛缓

（一）病因

牛前胃弛缓，亦称脾胃虚弱，涉及瘤胃、网胃及瓣胃三部分。该疾病会导致消化障碍与全身机能紊乱，其成因多样。长期饲养不善，如单一饲喂秸秆、麦糠或藤秸，饲喂品质低劣饲料，或饲料突变，以及饱食后立即劳役，均可引起。炎热天气重役，饮喂不当，会导致胃腑腐熟异常，形成湿热症状。过量饮用冷水或摄取冰冻饲料，长期重劳或年老多病，均能致气血双亏，进而使前胃受纳腐熟功能减弱，形成虚寒症状。此外，宿草不转、气臌胀、产后问题、肝病、内寄生虫病与慢性中毒等疾病，若治疗或护理不当，亦可能诱发该病。

（二）临床诊断

肉牛前胃弛缓在兽医临床实践中被细分为急性与慢性两种情况。

急性前胃弛缓病例表现出食欲减退的初期症状，随后进展至多数病牛完全丧失食欲，反刍功能显著减弱，频率降低甚至完全停止。瘤胃的蠕动声变弱或不再存在，网胃与瓣胃的蠕动同样受到影响。通过触诊瘤胃，可以感知到其内容物松散，偶尔伴随间歇性的胀气。疾病初期，粪便的变化可能并不显著，但随着病情发展，粪便变得坚硬，颜色加深，并覆盖有黏液。若疾病引发肠炎，会导致排出棕褐色的粥状或水样粪便。

慢性前胃弛缓则表现出与急性相似而病程更为持久、病情波动的特点。患牛表现出精神沉郁、鼻镜干燥、食欲减退，可能会出现拒食或偏食的行为，不时出现磨牙现象。随着疾病的进展，反刍功能逐渐衰退，排出的气体减少且常带有异味。瘤胃的蠕动声减弱甚至消失，其内容物或松软或坚硬，轻度瘤胃胀气的情况较为常见。

（三）疾病治疗

1.改善饲养管理

病牛应暂停饲喂 1～2 天，其间应保证充足的饮水供给，以防脱水。恢复饲喂后，建议分次投喂，每次量少，且应选择容易消化、质量上乘的饲草。

2.注射法

给予病牛酒石酸锑钾，能有效促进瘤胃蠕动。具体用法为：口服 6～10 克，每日一次，连续不超过 3 天。新斯的明皮下注射亦为有效方法，每次剂量控制在 0.02～0.06 克，每 2～3 小时注射一次，以促进反刍。

静脉注射促反刍液，配方包含蒸馏水 500 毫升、氯化钠 25 克、氯化钙 5 克、安钠咖 1 克，能显著促进病牛反刍。也可以采用 10%～20% 的氯化钠溶液，每千克体重 0.1 克，再加 10% 安钠咖溶液 20～30 毫升，进行一次静脉注射。

3. 中医疗法

（1）扶脾散

茯苓 30 克，泽泻 18 克，白术（土炒）、党参、苍术（炒）、黄芪各 15 克，青皮、木香、厚朴各 12 克，甘草 9 克组成，将这些药材共研为细末后，使用温水调服，连续服用数剂。此法旨在通过补益脾气，来调和脾胃，从而达到缓解肉牛前胃弛缓的目的。

（2）胃苓汤

苍术、厚朴、陈皮、茯苓、白术各 45 克，泽泻、猪苓各 30 克，甘草 18 克，肉桂 15 克。方剂中加入适量的姜、枣，通过水煎的方式服用。

（3）黄芪建中汤加减

黄芪、党参、焦三仙各 50 克，生姜、炒白芍、炒枳壳各 30 克，槟榔、炙甘草、肉桂各 20 克组成，通过共研为末，使用开水冲调后，候温灌服给病牛。

（四）疾病预防

适当补充蛋白质、糖类、矿物质、维生素及微量元素等营养物质，确保草料全年充足，使用合理配比的饲料，避免使用过粗、过细、冰冻或发霉的饲料，以此降低此病发生的风险。同时，营造优良的生活环境，加强牛只运动，有利于促进消化系统健康，增强体质。对于已出现的原发病，应立即进行有效治疗，避免引发前胃弛缓等并发症，确保肉牛群体健康，提高养殖效益。

四、瘤胃臌气

（一）病因

肉牛瘤胃臌气，亦称气臌胀或瘤胃臌胀，属于反刍兽在采食过程中因摄取大量多汁、幼嫩青草或蛋白质含量较高的豆科植物，以及受霉变、潮湿或发酵影响的饲草或饲料，致使瘤胃内容物发生异常发酵，进而产生大量气体。由于嗳气功能障碍，这些气体不能被有效排出，导致瘤胃及网胃过度膨胀，进而引起消化功能紊乱。

根据其发病原因可以将其分为原发性急性瘤胃臌气、慢性瘤胃臌气和继发性瘤胃臌气。原发性急性瘤胃臌气通常由肉牛摄取大量易于发酵的饲草或饲料引起，特别是幼嫩豆科植物，如苜蓿、紫云英、三叶草等，因其含有大量可发酵成分，易于在瘤胃内迅速产生大量气体。肥嫩多汁的青草和胡萝卜、甘薯等多汁块根饲料，同样可能导致此症。腐败变质饲料的摄取，亦是诱因之一。冷冻饲料如马铃薯、萝卜等，在解冻后易被迅速发酵，增加瘤胃臌气的风险。青贮料的品质不良也可能成为病因，以及食用含有毒植物或带有霜露雨水的饲料。值得注意的是，新鲜豆科牧草含皂角苷，过量摄取后会在瘤胃中形成泡沫，阻碍气体排出，引起泡沫性瘤胃臌气，治疗难度较大。

慢性瘤胃臌气通常源于低纤维日粮的长期饲喂，或幼年牛只摄取过量的牛奶及代乳品。此类饮食习惯直接影响瘤胃的微生物平衡，导致功能紊乱。瘤胃臌气并不单单是一个独立的疾病，而是多种消化道慢性疾病过程中出现的综合征，涉及食道、前胃、皱胃及肠道。过量或长期使用抗生素可导致瘤胃微生物区系的改变，进而诱发瘤胃臌气。同样，使用甲基东莨菪碱等抗胆碱药物治疗腹泻，亦可能触发此病症。食道的狭窄、损伤或肿瘤以及迷走神经的损伤，都会影响气体的正常排出，导致慢性臌气的发生。此外，前胃积沙、结石或毛球阻塞等物理性因素也是臌气形成的原因之一。

继发性瘤胃臌气主要见于前胃弛缓、创伤性网胃腹膜炎等情况，食道阻塞、痉挛或麻痹以及支配食道的迷走神经受损，均会加剧病情。皱胃阻塞、溃疡和扭转等情况也同样能导致慢性臌气。瘤胃反复穿刺可能会引起瘤胃与腹膜的粘连，进一步加重疾病。网胃或瓣胃与膈肌的粘连，以及纵隔淋巴结结核性肿大等因素，也是臌气形成的潜在原因。

（二）临床诊断

肉牛瘤胃臌气为一种急性消化系统疾病，多因采食大量易发酵饲料触发。该病症从发病到病情进展速度极快，瘤胃壁过度扩张引起腹内压力上升及胸腔负压下降，进而导致呼吸与血液循环受阻。病症初期，腹围显著增加，特别是在左侧腰肷窝区域最为明显。触诊可感觉到紧张且具有弹性的腹部，叩诊时则会产生鼓响音。在疾病的早期，听诊可以观察到瘤胃蠕动活跃，但随病情发展，这种蠕动逐渐减弱，最终完全停止。病牛出现食欲丧失与反刍功能停止的症状。随着瘤胃臌气的发展，牛的呼吸变得困难且迅速，呼吸频率可超过每分钟 60 次。脉搏加速，达到每分钟 100～120 次，眼球突出，结膜呈现发绀状。瘤胃内部的腐败和酵解产物刺激胃壁，引起痉挛性收缩，造成牛体疼痛，表现为不安、频繁起卧、回头望腹等行为，且出现惊恐与出汗症状。在病情末期，瘤胃壁的张力完全丧失，使气体难以排出，心力衰竭，呼吸极为困难。血液中二氧化碳含量显著升高，碱储量下降，病牛可能会突然倒地抽搐，最终因窒息或心脏停搏而死亡。

（三）疾病治疗

疾病轻症时，促进牛只嗳气的措施包括让牛取前高后低的站位，并利用涂有松馏油或大酱的小木棒，通过横衔于口中并固定于牛角的方式，促使牛不断咀嚼，从而促进气体排出。对于症状较重的牛只，则需采用更直接的物理方法，如通过插入胃管或套管针穿刺的方式，直接从瘤胃中排气。在采用套管针穿刺法时，需在左肷凹陷部进行剪毛和消毒后，垂直刺入瘤胃以缓慢放气，操作结束后还要彻底消毒穿刺部位以防感染。对于泡沫性瘤胃臌气，治疗措施中包含给予牛只植物油或液状石蜡内服，量为 250～500 毫升，以破坏泡沫，促进气体排出。在必要时，还可使用缓泻制酵剂，如硫酸镁或福尔马林，配合大量水给予内服，以调节瘤胃的发酵环境，促进消化系统恢复健康状态。此外，液状石蜡与鱼石脂的组合使用，加之适量温水，也是治疗泡沫性瘤胃臌气的有效方法之一。

中医治疗也是一种有效的疗法。方剂一：丁香散。配方包含丁香、青皮、藿香、陈皮、槟榔各 15 克以及木香 9 克。这些成分被细致研磨成粉末状，使用开水冲调后，加入 250 毫升麻油进行灌服。方剂二：健胃散加减。采用芒硝 250 克，大黄 120 克，槟榔 60 克，枳壳 45 克，莱菔子 40 克，山楂、神曲、麦芽各 30 克，甘草 21 克。各成分研磨成细末，以开水冲调后，待温度适宜时，加入豆油 500 毫升灌服。

（四）疾病预防

在饲养管理上需采取改善措施，以避免肉牛过量摄取幼嫩多汁的豆科牧草，防止该疾病的发生。特别是在从舍饲转向放牧的过程中，应优先提供干草或粗饲料，避免使用霉变、冰冻、霜雪或露水浸湿的饲料。此外，饲料的变换需要一个逐步过渡的阶段，以确保肉牛的消化系统能够适应新饲料，从而降低瘤胃臌气发生的风险。

五、瓣胃阻塞

（一）病因

肉牛瓣胃阻塞，中兽医界亦称之为百叶干、重瓣胃秘结、百叶干燥或津枯胃结，是一种因瓣胃内容物干涸、阻塞而引发的消化系统疾病。其病因多样，包括长期饲喂麸皮、糠皮或含泥沙的饲草，机体长期疲劳以及饮水不足等，均可导致瓣胃功能障碍，内容物积滞。瓣胃收缩力下降，大量干燥性内容物积累，进而出现瓣胃麻痹和胃小叶的压迫性坏死。原发性瓣胃阻塞较为少见，通常是继发于其他消化系统疾病，如前胃弛缓、瘤胃积食、皱胃积食或便秘等。过量饲喂未经粉碎的粗糙干硬饲料（如高粱、谷糠、酒糟），以及粉碎过细的甘薯藤、花生秧、麦秸或含大量泥沙的草料，特别是在饮水量不足的情况下，容易造成牛只胃内津液的快速耗损，食物在瓣胃内停滞不前。长期的劳役过重、饲喂不当、草料短缺以及营养不足，都会导致牛只气血亏损、胃津枯竭，从而诱发瓣胃阻塞。该病的发生还可能与热病伤津、汗出过多伤害阴液以及宿草不转等因素相关。这些因素都会损害津液，促使瓣胃阻塞的发生。

（二）临床诊断

病初阶段，受影响牛只常表现出精神沉郁，食欲及反刍活动减少，空嚼磨牙现象明显，同时伴有鼻镜干燥及口腔潮红。此外，眼结膜充血但体温、呼吸和脉搏通常保持正常。随着病情加重，牛只的食欲可能完全丧失，反刍停止，瘤胃功能减弱导致积食和臌气。患牛鼻镜出现皲裂，眼结膜发绀，舌苔变黄，眼睛凹陷，表现出明显的不适，如呻吟和磨牙，四肢无力，全身肌肉震颤，最终可能导致卧地不起。粪便量减少，初期可能为胶冻状或黏浆状并伴有恶臭，病情进一步发展可能出现顽固性便秘，粪便干燥并形成球状，外表附着白色黏液。此时，病牛的体温上升，呼吸和脉搏加快，瓣胃蠕动音减弱或消失。触诊可发现患牛表现出明显的疼痛和不安。直肠检查显示肛门和直肠紧缩，肠道空虚，肠壁干燥。若病情继续恶化并发生自体中毒，未经适当治疗的牛只可能因脱水和衰竭而死亡。

（三）疾病治疗

1. 增强瓣胃蠕动和软化干硬内容物，以促进其排出

内服硫酸镁 300～500 克、龙胆酊 20～50 毫升、番木别酊 10～30 毫升，与 3000～5000 毫升清水混合，为成年牛的单次剂量。另一种方案是使用液状石蜡 1000～2000 毫升，同样加入清水内服。

2. 静脉注射疗法

10% 高渗氯化钠 200～300 毫升与 20% 安钠咖 10 毫升的联合应用，有助于治疗瓣胃阻塞。在特定情况下，如牛只出现鼻镜干燥或体质虚弱时，建议使用 10% 葡萄糖液 1000～2000 毫升、维生素 C 注射液 50 毫升及葡萄糖酸钙 500 毫升进行一次性静脉缓注，以改善牛只的整体状况并促进恢复。该治疗方案侧重于通过补液和营养支持，恢复牛只体力，减轻瓣胃阻塞所引起的不良影响。

3. 中医疗法

（1）加味大承气散

大黄 120 克、芒硝、枳实各 500 克，通过开水冲调后，待温度适宜时灌服于牛体，能有效促进胃肠蠕动，解除阻塞。

（2）猪膏散

大黄 60 克，滑石和牵牛子各 30 克，甘草 25 克，续随子 20 克，官桂、甘遂、大戟、地榆各 15 克，白芷 10 克。将以上成分共研成细末，用开水冲调后，再加入熟猪油 500 克与蜂蜜 200 克混合，最终灌服于患病肉牛，以期达到治疗瓣胃阻塞的效果。

（四）疾病预防

避免使用含有泥沙的饲料和长期喂食糠麸，因为这些饲料易导致瓣胃阻塞。同样，减少坚硬粗纤维饲料的比例，避免过度依赖此类饲料。在切草喂养时，切割长度不宜过短，以免影响牛的正常消化功能。糟粕类饲料虽有营养，但长期大量喂食会增加患病风险，故应控制其用量。补充矿物质饲料对于维持肉牛的健康状态和预防疾病有积极作用。此外，适当的运动能够促进肠胃蠕动，减少瓣胃阻塞的发生。

六、皱胃溃疡

（一）病因

皱胃溃疡的发生主要与皱胃黏膜的局部糜烂、坏死有关，这一过程可能由自体消化或皱胃食糜酸度的增高引起，长期刺激皱胃导致溃疡形成。该病症在肉牛中较为常见，涉及多种因素。

皱胃溃疡的发生主要与饲养管理不当有关，涉及饲料质量、饲喂方法、管理使役等多方面因素。饲料的问题如质量低下、含有大量粗硬或霉变难以消化的物质以及精料比例过高，均能影响牛的消化功能，引起皱胃的功能紊乱。不规律的饲喂方式如饲喂时间和数量的不确定，或是饲料种类的突然变化，也会导致其消化功能的紊乱。除了饲养方面的原因，牛舍环境的卫生状况不佳、过度劳累、长途运输的压力、过度的挤奶行为以及其他异常刺激，如中毒和感染，都可能诱发皱胃溃疡。皱胃溃疡还可能是其他疾病的继发结果。在一些前胃病、皱胃变位、口蹄疫、水疱病和恶性卡他热的病程中，皱胃黏膜可能出现充血、出血、糜烂、坏死及溃疡等现象。在这类情况下，溃疡的形成与原发性原因不同，是作为一种继发性疾病出现的。

（二）临床诊断

初期常见症状包括食欲减退甚至完全丧失，反刍活动明显减少或完全停止。受影响的牛只现出精神状态沉郁和紧张，腹壁收缩，磨牙行为和空嚼现象频发，呼吸时可发出特有的吭声和呻吟。鼻镜干燥，触诊检查皱胃区域（位于腹中线右侧，剑状软骨后方 10 ~ 30 厘米处）时，牛只可感受到疼痛反应，或在按压皱胃区时未觉疼痛，但一旦停止按压即出现疼痛反应。此外，听诊可以发现瘤胃的蠕动音显得低沉，蠕动波短且不规则。排便量减少，粪便的表面呈现棕褐色，内部常含有暗褐色的肉质索状物或絮状物，这些是脱落的胃黏膜。舌底出现暗紫色，粪便潜血检测呈阳性。

（三）疾病治疗

治疗过程中，镇静安神是初始步骤之一，通过 5% 葡萄糖注射液 500 毫升与安溴注射液 100 毫升的静脉注射实现。此外，为中和胃酸并防止胃黏膜受侵蚀，建议使用氧化镁 500 ~ 800 克与滑石粉 200 ~ 300 克，配合温水 12 升灌服。对于瘤胃轻度膨气，可灌服液状石蜡 12 升。为防止出血及促进溃疡愈合，建议使用 25% 葡萄糖注射液 500 ~ 1000 毫升、10% 维生素 C 溶液 20 ~ 30 毫升、10% 葡萄糖酸钙注射液 100 ~ 200 毫升及 10% 樟脑磺酸钠溶液 10 ~ 20 毫升，通过一次静脉注射的方式给药，每天一次，连续使用 3 ~ 5 天。最后为抗菌消炎，推荐使用 5% 葡萄糖注射液 500 毫升或生理盐水，并加入广谱抗生素进行一次静脉注射，每天一次，持续 7～14 天。[①]

方剂一：失笑散加味。炒蒲黄、五灵脂、白及、延胡索、地榆炭、白芍、大黄各 60 克，栀子减至 50 克，木香 45 克，槐米与甘草各 20 克。药物研成细末后，以水煎方式备用，待温度适宜时灌服，日服一剂，持续 2～3 日。若遇食欲减退，方可追加炒鸡内金 45 克，炒麦芽、神曲各 60 克。对于胃胀症状，建议加入砂仁 45 克、青皮 50 克及莱菔子 60 克。如遭遇热盛现象，则黄芩、栀子各 40 克与金银花 50 克的搭配为宜。面对眼球下陷问题，推荐天花粉 40 克与生地黄、麦冬各 45 克共同使用，以达到理想治疗效果。

方剂二：白及乌贝散加味。方中白及用量为 200 克，配合海螵蛸 150 克、浙贝母 100 克，根据不同病证添加相应药物以增效：实热明显时，应增加黄连与吴茱萸；若患牛体现虚寒症状，则加入白术与干姜；痰湿较重时，加用苍术与厚朴；面对气虚情况，加用党参与黄芪为佳；血虚则需加当归与白芍；积滞问题，三仙与莱菔子可促进疗效。将以上药物研磨成细末，利用开水调匀后温服，日服一剂，连续用药 7 天完成一个疗程。

（四）疾病预防

供应平衡日粮是基础，特别需严格控制精料，尤其是谷物饲料的喂量，以减少不良应激因素对肉牛的影响，从而降低皱胃溃疡的发生率。在调配日粮时，应确保草料与精料的比例合理，避免因精料比例过高而引发消化系统疾病。在日常饲养管理中，对断奶犊牛的观察尤为重要。断奶犊牛在食欲不振、发育缓慢时，需特别检查其粪便状态。如粪便中时常出现焦油块状物或凝血现象，可能指示慢性皱胃溃疡的存在。此时，应调整饲料配比，将饲料转为干草和低蛋白质饲料，旨在减少消化系统

---

① 傅胜才，段洪峰，武深树，等．规模养牛场疾病防控手册[M].长沙：湖南科学技术出版社，2014：158-159.

的负担。同时，黏膜保护剂和制酸剂的使用，可以提高皱胃内容物的 pH 值，降低胃蛋白酶的活性，是治疗与预防皱胃溃疡的有效措施。此类干预有助于保护奶牛的胃黏膜，减轻炎症，促进胃部健康。

七、创伤性网胃炎

（一）病因

创伤性网胃炎主要由尖锐异物造成的物理性损伤引起。在日常饲养过程中，尖锐物质如铁丝、铁钉、缝衣针、别针、发卡、玻璃、木片和硬质塑料等，可能与草料混合进入瘤胃。牛由于采食行为急促，往往未能充分咀嚼便将这些异物吞咽，导致网胃壁受到损伤。随着网胃强烈的收缩动作，这些尖锐的异物可能刺伤胃壁，还有可能穿透网胃壁，进一步损伤横膈膜、心、肺、肝、脾等重要脏器。该疾病的发展速度及严重程度与异物的性质、大小和数量有关。单纯的胃壁刺伤通常病情较轻，发展较为缓慢，但若异物穿透胃壁，损伤其他脏器，则可能导致更为严重的后果。

（二）临床诊断

异物如金属或其他硬质物品被误食后，可在瘤胃内积聚，引起局部或全面的炎症反应，严重者可穿透胃壁，继而导致腹膜炎等并发症。

临床上，患病牛只出现前胃弛缓，食欲下降，反刍活动停止，瘤胃积气显著。在行动、卧起过程中表现异常，下坡、转弯或行走时动作缓慢，小心翼翼，通常先动前肢而后是后肢，不同于健康牛只的正常行为模式。卧地时，头颈部伸直，站立时肘部外翻，伴随着肘部肌肉颤抖。部分牛只可能出现剧烈的呕吐反应，甚至从鼻腔中喷出粪便样物质。体温略高，对肩胛部或剑状软骨左后方的压迫导致出现疼痛和躲避反应。

在异物未穿透胃壁的情况下，症状相对轻微，包括精神状态不佳，进食缓慢，反刍减少，粪便干燥并夹杂黏液。瘤胃的蠕动减弱，膨胀次数减少，间歇性出现膨胀症状。

肉牛出现创伤性网胃炎时，异物穿透胃壁可迅速引发腹膜炎。表现为病牛精神状态沉郁，食欲明显下降，反刍活动减少或完全停止，且频繁出现慢性臌气。观察瘤胃运动，可见其蠕动力度极弱，牛只排便次数减少，粪便变干，颜色深褐或接近暗黑，黏液性增强。受影响牛只站立时间较多，卧息较少，常见弓背站立姿势，偏好将前肢置于较高位置，左侧肘部向外展开，肘部肌肉出现颤动现象，对行走显得抗拒。行走过程中，步伐缓慢，下坡和转弯时尤为困难。部分牛只出现呻吟、磨牙行为，卧地时显得格外小心谨慎，一旦卧下则不易再起立，且起立时往往先举起前躯。呼吸变浅且加速，体温有所上升，随病程延长体重逐渐减轻，被毛失去光泽，变得干燥。口腔内部颜色偏红、干燥，脉搏次数增多。

（三）疾病治疗

在金属异物尚未穿透胃壁时，采用合金制恒磁吸引器进行吸出是有效的方法，辅以清热解毒等药物治疗，有助于缓解炎症并防止病情恶化。具体操作：磁石50克（煅为末）、韭菜500克（切细捣烂）的混合物，用开水冲服，连续服用3～4天，可促进金属异物的排除。

一旦金属异物穿透胃壁，伤及横膈膜、心、肺、肝、脾等重要脏器，恒磁吸引器的使用就显得力不从心。此时，必须通过剖腹手术迅速取出异物，避免引发更严重的健康问题。手术通常在左肷部切开腹壁，通过手术操作进入腹腔，在网胃外部通过触摸确定金属异物、瘢痕和粘连等病变的位置，并予以取出。若网胃与横膈膜发生粘连，需谨慎进行剥离操作。

若在网胃外部未能发现异物，需行瘤胃切开手术，取出瘤胃内容物，并通过瘤网孔手术取出网胃内的异物。某些情况如牛体形过大，导致手术操作达不到预期效果，也需采取网胃切开手术。手术后，医生需根据病情，选用清热解毒或抗菌消炎等治疗措施，以促进伤口愈合，防止感染。

（四）疾病预防

在饲料及饲草的加工调制过程中，要细致使用电磁筛与电磁叉，彻底去除金属异物，确保饲料安全。日粮供应需保持平衡，矿物质与维生素的摄取量要足够，以防牛因饲料中金属异物而导致生病。同时，饲养员进入牛棚时应避免携带金属物品，培养良好习惯，例如不将铁丝、铁钉等金属物置于饲料附近，避免随意丢弃金属物品，以降低牛摄取金属异物的风险。此外，加强饲养管理、规范操作流程也是非常有必要的。

第二节　肠道疾病

一、牛便秘

（一）病因

牛便秘是一种常见的肠道疾病，主要表现为排粪迟滞。其发病机理主要与肠平滑肌蠕动机能降低有关，通常影响结肠部位。该病多发于成年牛和老龄牛，与其生活习惯及饲养管理有着密切联系。饲料的质地过粗、水分摄取不足以及过度劳累均可能成为诱发因素。此外，长期大量饲喂浓缩饲料或过于干燥的饲料，尤其是混有大量植物根须和毛发的饲料，更是加剧病情发展的重要原因。这些物质在肠道内积聚，容易造成肠管阻塞，从而引发便秘。

（二）临床诊断

牛便秘的主要症状为腹痛、排粪功能受阻和脱水现象。受影响的牛表现出食欲下降，不摄水，反刍活动减少或完全停止。观察可见部分牛拱背、做出努力排便的动作，多次尝试排便却未果。某些牛表现为蹲伏状态，或用后肢踢打腹部，表现出明显的不适。有的牛则偏好卧倒，不愿意站立。随着病情发展，排便活动完全停止，偶尔能排出少量胶冻状团块，同时伴随着脱水症状。

（三）疾病治疗

有效预防牛便秘的关键在于，确保牛只能够摄取充足的水分并减少干硬饲料的供给。牛便秘的治疗需采取多方面措施，包括镇痛、通便、补液和强心等。镇痛措施可以选用哌替啶注射液或阿片酊。通便方面，可给予硫酸镁或硫酸钠 500～800 克，或液状石蜡 1500～2000 毫升，以促进肠道蠕动，缓解便秘症状。当上述方法无法有效缓解便秘症状时，可考虑采用直肠破结法，直接解决肠道阻塞问题。

方剂一：芒硝 120～240 克（需独立包装），山楂、麦芽各 60～120 克，以及大黄、枳实、厚朴、郁李仁、续随子、青皮各 30～60 克，另外加入两个糖瓜蒌。治疗过程：将上述成分煎煮后加入芒硝，并与 250～500 毫升麻油混合后给予服用。此方法的应用旨在通过草药的综合作用，促进肠道通畅，从而解决牛便秘的问题。①

方剂二：采用炙千金子（续随子）20～60 克，搭配大蜣螂（屎螺螂）和大蝼蛄（土狗），每种各 10～40 克，经烘干处理。这些成分研磨成细末后，需用 150～400 毫升香油进行调和后给予服用。

（四）疾病预防

在饲养管理上做到精细，避免单一偏向于粗饲料或精饲料的喂养方式，注重粗精饲料的搭配与平衡。多样化的饲料种类能有效预防便秘，尤其是青绿多汁的饲料和充足的饮水，对于维持肠道健康具有重要作用。此外，适当的运动能够促进牛消化系统功能的恢复，增强体质。定期的驱虫操作也是预防便秘的重要环节，能够减少肠道寄生虫的侵害，保障肠道健康。

---

① 尹福生.农村畜禽病综合防治[M].武汉：华中理工大学出版社，1997：233.

二、牛胃肠炎

（一）病因

牛胃肠炎是胃肠道黏膜及其更深层组织发生炎症的疾病，主要由胃肠道受到强烈有害刺激引起。此类疾病多发于食用品质不佳的饲料，例如霉变的干草、冷冻腐烂的块根和草料以及变质的玉米等。有毒植物的摄取、刺激性药物的使用及误食农药污染的草料都可直接导致肉牛胃肠黏膜损伤，从而触发胃肠炎。营养不良、过度劳役或长途运输等情况可降低机体的抵抗力，使肉牛的胃肠道内条件性致病菌如大肠埃希菌和坏死杆菌的毒力增强，也是引发胃肠炎的因素。此外，滥用抗生素可能导致胃肠菌群失衡，从而引起二次感染。

（二）临床诊断

病牛表现为精神沉郁，食欲及饮水欲望减少，反刍活动停止，体温升高，皮肤温度不整，结膜潮红，脉搏增快，呼吸加速。瘤胃蠕动减弱甚至消失，初期可能出现轻度臌胀，随后肠音增强，但之后减弱或消失。腹部触诊时显示出较高的敏感性。临床表现还包括腹泻，粪便稀薄，含有黏液、血液和脱落的坏死组织碎片，发出恶臭，尿液量少且颜色黄深。

发病部位的确诊依据症状有所差异：若病牛显示出明显的口臭，食欲极度减退，病变很可能发生在胃部；如果口臭明显，口干黏腻，口腔温度较高，出现黄染、腹痛，初期可能有便秘，后期转为腹泻，这些症状表明病变可能位于小肠；若早期出现腹泻，脱水迅速，伴有里急后重的症状，则病变可能在大肠。

（三）疾病治疗

在疾病初期，停止进食 1～2 日，随后逐渐提供易于消化的饲料，量需控制在较小范围内。具体治疗方法包括使用硫酸钠、硫酸镁混合物（300 克），配合鱼石脂（15 克）、酒精（80 毫升）以及水（4 升），整合后一次性口服。另一种方案为液状石蜡（500 毫升）与松节油（20 毫升）的混合液，也是一次性口服，目的在于清理肠胃。当肠内内容物得到基本排空，但腹泻仍然持续时，可选用 0.1% 高锰酸钾液（3 升），每日一次口服；或木炭末（100 克）与水（1 升）的混合液，同样是一次性口服。另外，鞣酸蛋白（20 克）、碱式硝酸铋（10 克）、碳酸氢钠（40 克）与淀粉浆（1 升）可组成另一种口服混合液，旨在止泻。

在治疗的过程中，消炎是非常有必要的，40 ～ 60 克磺胺脒、碳酸氢钠 40 ～ 60 克，配合水一次性内服，日服 2 ～ 3 次。替代方案包括小檗碱 2 ～ 5 克、氯霉素 3 ～ 5 克或痢特灵 2 ～ 3 克的一次性内服，每日服用频率同样为 2 ～ 3 次。并行的治疗手段还涉及肌内注射青霉素、链霉素或静脉注射抗生素。

复方氯化钠液、生理盐水或 5% 糖盐水 3 ～ 4 升，通过静脉注射，每日 2 ～ 3 次，可有效补充流失的体液，同时静脉注射 5% 碳酸氢钠液 500 ～ 1000 毫升，有助于缓解酸中毒状况。为了增强心脏机能，可以注射 20% 安钠咖液、10% 樟脑磺酸钠液、强尔心液等强心剂。静脉注射 10% 氯化钠液 300 ～ 500 毫升，10% 氯化钙液 100 ～ 200 毫升，20% 安钠咖液 10 ～ 20 毫升，可改善胃肠运动机能。[①]

在病牛恢复期，为促进其食欲和恢复胃肠功能，可适量使用健胃剂，如龙胆酊 50 毫升，稀盐酸 20 毫升，一次性内服。在整个治疗过程中，应密切观察病牛的反应与恢复情况，根据实际情况调整治疗方案，确保治疗的有效性与安全性。

方剂一：香薷散加减。香薷 150 克，白扁豆、白头翁各 100 克，郁金 80 克，白芍、胡黄连各 30 克，车前子、黄檗各 50 克。采用水煎方法制备后冷服。

方剂二：绿豆粉 250 克、焦栀子 30 克和白胡椒 10 克，混合后研磨成细末。随后，取生葱 10 根煎制成汤，用以冲调上述草药粉末，为大型

---

① 陈诗平.肉牛高效养殖新技术 [M].北京：中国致公出版社，2000：154.

肉牛一次性口服。

（四）疾病预防

在饲养管理方面，应保障日粮平衡，采用营养丰富且易于消化的饲料，避免饲料发生霉变，确保饲料质量。同时，必须保证饮水卫生，避免牛只摄取有毒物质。此外，减少各类应激条件对牛只的影响也至关重要，包括避免牛只过度劳累与感冒。为防止疾病的发生与传播，应强化疫病检疫措施，并对已发现的原发病进行积极治疗。

三、牛肠痉挛

（一）病因

肠痉挛，是一种肉牛肠道常见疾病，表现为肠壁平滑肌的痉挛性收缩，伴随显著的间歇性腹痛。该病状多发于寒冷季节，其发生主要与气候因素、牛体状态及饲料质量相关。气候的严寒或突变、牛体的虚弱状态使牛易受寒邪侵袭。特定情境如劳累后饮用冷水、食用冰冻饲料、遭受阴雨侵袭或夜晚的露风，均可能导致该病的发生。此外，牛体的阳虚状态，即相火不足，亦会影响脾胃的温暖功能，进而影响消化。饲料的选择同样重要，粗硬难消化的饲料、有毒物质或霉变饲料的误食，都是导致肠痉挛的潜在因素。这些因素共同作用于牛体，导致气机阻塞、内外因素相互作用，最终引发疾病。

（二）临床诊断

患牛通常在摄食或饮水后 1～2 小时，突遭腹痛，表现为不安，频繁以后肢弯曲，有时后肢踢击腹部，持续排便。症状初期，排出的粪便形态尚属正常范畴，随后逐步液化，最终可能呈现为水状，同时排便量减少。瘤胃活动期间，可听见其特有的"咕噜"声，经由触诊可发现瘤胃内含物较软。进一步观察可见，眼结膜与口腔黏膜呈现潮红色。该疾病对体温、脉搏及呼吸的影响并不显著。直肠检查显示肠内含有稀便，且肠管给人一种空虚的感觉，腹压并不增高。在病程较长的个案中，粪便中黏液含量明显增加。上述诊断依据需结合具体情况综合考量，以确保准确判断患牛的健康状况。

（三）疾病治疗

牛肠痉挛的治疗方法较为简单，且治愈率高。在某些情况下，仅通过限制患牛饮食，疾病便可自行缓解。治疗策略侧重于腹部保暖及痛感与痉挛的缓解。采用颠茄酊 40～60 毫升，稀释后口服或以温水进行深部灌肠，可有效镇痛并解除痉挛。此外，30% 安乃近注射液 30～50 毫升通过皮下或肌内注射，或安溴注射液 200～300 毫升通过静脉注射，均能起到镇痛解痉作用。在必要时，也可以通过皮下注射阿托品 0.25～0.50 克或氯丙嗪 0.10～0.15 克来达到治疗效果。针对伴有脱水症状的个案，补液治疗是必需的；若伴随肠炎，除了补液，还需进行抗菌和消炎治疗，按照肠炎的治疗方法进行治疗即可。

方剂一：由橘皮散加减。小茴香、桂心、厚朴、当归各 60 克，青皮、陈皮各 45 克，白芷、细辛、炒盐各 24 克组成，精细研磨成末。随后，配合适量葱白与 100 毫升白酒，用开水冲调后，待温度适宜即可灌服。

方剂二：当归、苍术各 60 克，厚朴、青皮、益智仁各 45 克，细辛、甘草各 24 克。将以上药材研磨成细末，然后加入 5 根大葱和 250 毫升醋，使用开水冲调后进行灌服。

（四）疾病预防

避免牛只受到雨淋至关重要，同时维持温暖的环境，减少寒冷刺激对牛只的影响亦不可忽视。饲养过程禁止牛只饮用大量冷水及食用霜冻饲料，以防肠道功能受损。牛只在运动后出汗时，应采取措施防止其暴露于风雪之中，避免体温急剧下降，引发肠道不适。此外，定期的驱虫治疗，尤其针对患有寄生虫病的牛只是非常有必要的。

四、牛霉菌性肠炎

（一）病因

霉菌性肠炎，亦称霉菌性胃肠炎，发病缘于牛只摄取了被真菌及其代谢产物，即真菌毒素污染的饲料，导致胃肠黏膜及深层组织发生炎症。该病通常群发，但不具传染性。疫情表现出明显的地区性与季节性，尤其在我国南方地区冬春季节，即贮存饲草的季节，病例数目显著增多。值得注意的是，当第一年饲草收获季遇到梅雨天气，第二年的疾病发生率会有所上升。

病因分析显示，牛只摄取的饲料如谷草、稻草、青干草、玉米、麦类及糟粕类等，被如木贼镰刀菌、青霉菌、玉蜀黍赤霉、毛霉菌、小麦网腥黑粉菌、柄锈菌属、玉蜀黍黑粉菌、大麦坚黑穗病菌、大麦裸黑粉菌、稻曲霉病菌等真菌污染。这些真菌的代谢产物，例如 T-2 毒素、二醋酸镰草镰刀菌烯醇、丁烯酸内酯等环氧单端孢霉烯族化合物，均含有强烈的胃肠毒素，能引起胃肠黏膜发炎、出血乃至溃疡。霉菌性肠炎的发病机制主要与摄取的真菌毒素有关。这些毒素破坏胃肠道黏膜的正常功能，导致黏膜损伤，从而引发炎症反应和组织损伤。

（二）临床诊断

病牛表现为精神萎靡，食欲下降，对外界反应迟缓。观察可发现其可视黏膜出现潮红、黄染或发绀现象，口腔干燥伴有舌苔和口臭，显示出消化系统明显受损。肠蠕动通常减弱，但在个别案例中会出现增强的情况。另一典型症状为排出混有黏液的软泥状粪便，并伴有轻度腹痛。尽管体温保持正常，但脉搏加速至 60 ～ 100 次 / 分钟，呼吸变得急促。此外，还可观察到流出黏液性鼻液，肺泡呼吸音变得粗糙，脉搏节律失常。疾病还可能引发神经系统症状，如盲目运动和冲撞乱跑等异常行为。

（三）疾病治疗

1.西医治疗

牛霉菌性肠炎的治疗方法多样，旨在清除胃肠道内的霉菌毒素，防止继发性感染，并通过辅助疗法恢复牛只的生理功能。清理胃肠的措施包括内服 0.5% ～ 10.0% 的高锰酸钾溶液或 0.1% ～ 0.5% 的过氧化氢溶液，这有助于直接清除肠道内的病原体。此外，使用 200 ～ 400 克 5% 硫酸钠溶液，加入 50 毫升酒精和 10 ～ 30 克鱼石脂，以温水灌服，也是一种有效的治疗方法。在严重情况下，可一次性静脉注射 20% ～ 50% 的硫代硫酸钠 500 毫升。为防止霉菌毒素被吸收，内服牛奶、淀粉或鞣酸蛋白是必要的。[①] 为防止继发感染，磺胺脒、小檗碱等药物的连续内服是常用的预防措施，一般持续 3 ～ 5 天。辅助疗法方面，药用炭、鞣酸或碱式硝酸铋的内服可有效止泻。在降低心力衰竭的风险方面，肌内注射或静脉注射 20% 的安钠咖注射液 10 ～ 20 毫升可强心。此外，为纠正酸中毒，需要静脉注射 5% 的碳酸氢钠 500 ～ 800 毫升。

2.中医治疗

方剂一：散剂。2 克苦参粉与 1 克云南白药，两者混合均匀后即成一次服用量。患牛应每日早晚分别服用一次，以温开水送服。

方剂二：丸剂。丸剂由苦参与云南白药以 2：1 比例配制。利用苦参煎制浓汁，进而制成流浸膏，并与云南白药混合后调和成丸。每丸重量达 0.5 克，患牛需每次服用 2 丸，每日 3 次，连续服用 30 天完成一疗程。疗程结束后，应进行大便培养检测，以评估治疗效果。若检测结果显示白色念珠菌仍然存在，则需继续进行第二、三疗程治疗，确保疾病彻底治愈，减少复发机会。

---

① 石玉祥，米同国，李连缺，等.牛病诊治关键技术一点通[M].石家庄：河北科学技术出版社，2008：52.

（四）疾病预防

精细管理饲料质量，确保无霉变饲料进入饲喂系统。发现霉变饲料时，应立即丢弃，避免给牛只饲喂，以降低疾病发生的风险。牛舍卫生管理是预防疾病的关键环节，包括定期清扫饲喂通道，刷洗饲喂用具，保证牛舍内部通风良好，干燥无湿，防止饲料残渣霉变，从而污染饲槽；建立专门的草料棚，实行饲料入库前的全面质量检测，对草料进行科学储存，定期对储存的草料进行质量再检测，以确保饲料安全。特别是青贮玉米的处理，需要按照现喂现采的原则操作，确保妥善压实保存，防止二次发酵；在草料易发霉变质的季节如夏季，加入脱霉剂是必要措施。在全价混合饲料中适量添加脱霉剂，可以有效中和饲料中可能存在的霉菌毒素，从而保护肉牛免受霉菌性疾病的侵害。

第三节　异食癖

一、病因

异食癖，特指动物特别是肉牛摄取非正常食物的行为，其病因复杂，既包括先天性因素，也涉及后天性因素。

（一）先天性因素

先天性因素主要关联于遗传及基因变异。特定基因的改变或缺失可能导致肉牛出现异食癖，而这种遗传上的影响可能源于父母代牛的基因特征。例如，父母代牛如果在某些基因位点存在缺失，子代牛则有更高的可能性表现出异食行为。此外，若父母代牛本身就表现有异食癖，其后代出现同样问题的概率亦会增加。值得注意的是，若父母代牛在繁殖期间遭遇疾病，可能会影响基因的完整性，进而增加子代异食癖的发生率。尽管由先天性因素引起的异食癖案例相对较少，但这一领域的研究揭示了遗传学在动物行为异常中的作用，为深入理解肉牛异食癖提供了新的视角。

（二）后天性因素

1.营养性因素引起的异食癖

营养性因素是导致异食癖发生的重要原因之一，涉及多种微量元素和营养平衡的失调。在肉牛饲养实践中，长期单一饲料的使用，如过量饲喂精料或酸性饲料，会消耗体内的碱性物质，导致钙、磷比例失衡，或磷元素缺乏，引起肉牛对非食物物质如砖瓦、木头及皮毛的啃咬行为。此外，饲料中钠元素的不足与钾元素的超标也可能诱发低血钠症和异食癖，肉牛倾向于摄取含碱性较高的物质。青贮玉米的大量使用以及利用非蛋白氮作为氮源，当日粮中氮硫比超过 10∶1 时，会引发硫元素的缺乏，表现为肉牛采食量下降、反应迟钝以及纤维利用能力的降低。镁离子含量的大幅变动同样可以引起肉牛神经过敏，出现异食行为，极端情况下可能导致抽搐甚至死亡。土壤中钴元素的含量对肉牛的食欲和健康状况有着直接影响。肉牛养殖场所在地的土壤钴含量低于 2.0 毫克/千克，可能导致食欲下降、贫血及异食癖。缺铁性贫血是异食癖的另一原因，有一半甚至更多的缺铁性贫血肉牛会表现出对泥土、煤渣或围栏的采食行为。牛体内微量元素的缺乏是引发异食癖的重要原因之一。例如，铜含量的下降，特别是当其从正常水平的 0.5 ~ 1.5 微克/毫升降至 0.2 微克/毫升时，会导致牛出现异食行为。铜是多种酶的组成成分，也是红细胞生成中不可缺少的元素，其缺乏会引发一系列生理问题，包括异食癖。锌的摄取不足或吸收障碍同样会诱发异食癖。锌是许多酶的活性中心，对牛的生长发育至关重要。饲料中的某些成分，如钙、铜和镁，可能会干扰锌的正常吸收，从而触发对非食物物质的摄取行为。硒缺乏也是导致异食癖的一个因素，牛对硒的需求量为 0.1 ~ 0.2 毫克/千克。饲料中硒含量低于 0.05 毫克 / 千克时，不仅会引发硒缺乏症，也会增加异食癖的发生。硒是一个重要的抗氧化元素，缺乏时会影响牛的免疫系统和生殖系统，进而导致非正常的食性行为。

除了受微量元素缺乏的影响，必需维生素以及氨基酸的缺乏也会导致肉牛出现异食癖。在长期采用单一配合料饲喂的情况下，肉牛出现维生素 A、E、D 及某些 B 族维生素和氨基酸的缺乏尤为常见。维生素 A 的缺乏可导致生长发育缓慢、视力障碍和免疫力下降，肉牛可能出现啃食石头、缰绳等非食物物质的异食行为。这种缺乏症多发生于饲料单一，缺乏多样性的饲养环境中。维生素 E 的缺乏会引起食欲下降、腹泻和肌肉无力，还可能导致肉牛舔食砖面和墙面等行为。该维生素的缺失往往与饲料保存不当或存放时间过长有关。维生素 D 的缺乏，常由饲料中缺乏晒制干草导致，会引起钙磷比例失调，从而触发异食癖。维生素 B 群的缺乏可能导致代谢紊乱，进而诱发异食癖。此外，氨基酸，尤其是含硫氨基酸的缺乏，也是引发肉牛异食癖的重要因素。哺乳期犊牛由于生长发育速度快，毛发生长处于高峰期，若乳汁中含硫氨基酸供应不足，可能导致犊牛之间互相啃咬或啃咬圈舍栏杆等异食行为。

2. 肉牛发生疾病引起的异食癖

肉牛在遭受某些疾病侵袭时，例如佝偻病、消化不良、蛔虫寄生、球虫寄生、囊虫寄生以及牛虱寄生等问题，可能会表现出异食行为。这种现象并非直接由上述病症引发，而是由疾病导致的机体变化或营养物质代谢异常触发。当肉牛身体受到这些健康障碍的影响时，其正常的食欲和饮食习惯可能会发生改变，导致它们尝试食用非正常食物，如泥土、石头或其他非营养物。

3. 环境脏乱、饲养群体密度大引起的异食癖

环境的不洁和空间的拥挤会引发个体间的争斗和冲突，尤其在饲料、饮水及生活空间的争夺上更为明显，而且还会在冲突后诱发异食癖。温度与湿度较高的环境，加之通风和采光不足，以及圈舍内部的过度拥挤，

均可能成为此类疾病出现的诱因。此外，通风不良会造成有害气体浓度升高，进而引起肉牛的精神烦躁，最终导致异食癖的发生。饲养管理不当，如饮水供应不足或牛群缺乏适当的运动，也能引起肉牛消化系统不同程度的紊乱。在这种情况下，肉牛对能量性饲料的采食量可能不足，导致它们在离开食槽后寻找其他物品进行啃咬，从而产生异食情况。饲喂习惯的变更，如将每日饲喂次数从 4 ～ 6 次减少至 3 次，缩短肉牛采食饲料的总时间，也会使肉牛在离开食槽后无法继续采食，进而随处啃咬，形成异食癖。正常情况下，肉牛每天的采食时间为 6 ～ 8 小时。若饲喂次数减少，未能充分满足其采食需求，就可能诱发异食行为。

4.季节性变化造成饲料差异引起的异食癖

季节性的变化会对牛群饲料的组成和质量产生显著影响，尤其是在不同季节之间。春夏两季，由于自然条件的优越，青绿饲料的供应充足，使肉牛能够获得丰富的营养。然而，秋冬季节的来临，特别是在冬季，由于青绿饲料的稀缺，饲料的种类和质量随之发生变化。这种季节性的饲料转换，如果没有通过添加足够的蛋白质、维生素和微量元素来调整，很容易导致肉牛出现营养代谢和消化功能不良，从而引发异食癖的问题。异食癖的出现，反映了肉牛对饲料变化的敏感性和对营养不平衡的直接反应。饲料的不合理保存，比如未能有效防止营养物质的流失，同样会加剧肉牛营养不良的状况，进一步促使异食癖的发生。这种行为将会直接影响肉牛的健康和生长发育，还可能对牛肉的质量和安全造成不利影响。

二、临床诊断

牛发生异食癖时，其临床表现多样，涵盖了行为、神经系统、消化系统及身体状况等多个方面的异常。异食癖的直观表现为肉牛对非食物物质的啃咬和舔食行为，包括垫草、墙壁、砖瓦、石头、料槽以及粪尿等。随着病情的发展，患牛还可能展现出神经系统的异常症状，如惊厥、持续颤抖、磨牙以及反应能力下降。进一步观察可发现，患牛体重下降，出现贫血现象，同时伴有消化功能的明显紊乱，食欲减退。病程初期，便秘是常见症状，但随着时间的推移，患牛可能出现便秘与腹泻交替发生的情形。外观上，患牛的被毛失去光泽，皮肤弹性降低，表现出整体健康状况的恶化。一旦患牛摄食了铁丝、铁钉等尖锐异物，这些异物可能会刺穿网胃壁，引发创伤性的网胃炎。在更为严重的情况下，创伤可能波及心包，导致创伤性心包炎。这类严重症状的患牛表现为拱背、呆立不动，关节异常扩张，且在尝试下卧或站立时动作迟缓。在一些极端病例中，患牛可能出现运动失调、跛行，严重者甚至瘫痪，最终因体力衰竭而死亡。

三、疾病治疗

（一）西药治疗

1. 通过氯化钴药物进行治疗

在治疗犊牛或幼年牛时，推荐使用氯化钴药物，剂量为每千克体重10～25毫克，而对成年牛则增加至每千克体重60～90毫克。此治疗方案需每日执行一次，持续约7天。为提高疗效，肉牛日粮中应添加适量食盐、骨粉、碳酸氢钠、硫酸镁、鱼肝油、酵母膏及青霉素等物质。这些添加剂有助于促进肠胃蠕动，加快有害物质的排出，从而提高治疗效果。

2. 通过硫酸铜药物进行治疗

硫酸铜药物在治疗犊牛或幼年牛时，用量定为每千克体重75～150毫克，成年牛则每千克体重需180～225毫克。治疗方案为每日一次，连续进行7天左右。治疗前需清除肉牛瘤胃内异物，然后喂食少量温水，旨在稀释胃液，促进异物的快速排出。此法旨在通过内服药物方式，促进恢复，同时减少瘤胃内异物对牛体健康的潜在威胁，确保治疗效果的最大化。

（二）中药治疗

方剂一：炙半夏20克，甘草、陈皮、厚朴、枳壳、大黄、芒硝、黄芩、栀子、黄连各 15 克，经过研末处理后混合均匀，制成药丸。该方剂的应用方式为每次取 3 粒药丸塞入病牛口中，连续使用 3 天。

方剂二：由青皮 20 克，甘草、乌梅、诃子、木香、槟榔、当归、干姜、肉桂、附片粉末各 15 克混合而成。将上述药材研磨成细末后，混合均匀制成药丸，按照指定剂量，每次 3 粒，直接塞入病牛口中，连续使用 3 天。

四、疾病预防

（一）完善肉牛饲料管理

在肉牛的饲养过程中，饮食管理不当是引起异食癖的主要因素之一。为了有效预防和控制此类现象，需着重考虑饮食的组成及营养均衡。在肉牛日常饲料的选择上，必须确保饲料既满足畜产品生产的需求，同时也要兼顾营养平衡的重要性。特别是一些矿物质与微量元素，经常在饲料配比中被忽略，需加以重视。除标准饲料外，肉牛还需要额外的水分补充、营养补给以及疫病预防措施。例如，疫苗的定期接种既可以预防疾病，还能间接影响肠道微生物的平衡，从而减少异食癖的发生。针对异食癖初期的处理，由于难以准确判断肉牛缺乏的具体维生素或微量元素种类，推荐使用全价口粮。这种做法旨在通过全面的营养补充，避免任何维生素或微量元素的缺乏。季节变化对肉牛饲养同样具有重要影响。在水草充足的季节，应优先利用当季的新鲜牧草，以利用其高营养价值。反之，在冬季或是新鲜牧草短缺的时期，选用干青草作为主要饲料，既可以保证营养供应，又能满足肉牛的食欲和营养需求。

（二）完善肉牛环境管理

肉牛养殖场的环境清理和消毒处理需定期进行，以减少疾病的发生。空气和地面的消毒可以有效地控制微生物的数量，从而降低疾病传播的风险；养殖场的养殖模式主要分为圈内养殖和圈外养殖。圈内养殖作为常见的养殖方式，限制了肉牛的活动范围，但适当接触外部环境对肉牛的生长发育也是必要的。相比之下，采用放牧形式的养殖能够让肉牛在较为自然的环境中成长，有助于解决营养问题，还能提高畜产品的质量。放牧养殖在一定程度上减少了肉牛异食癖的发生概率，因为在自然环境下肉牛更容易获得其所需的营养物质。在引发肉牛异食癖继发症的原因中，铁丝、石块等异物是常见的致病因素。这些物品在养殖场中随处可见，容易被肉牛误食，导致胃部疾病。因此，清理养殖场中的类似杂物，避免肉牛接触或误食这些异物，是预防异食癖及其继发症的有效措施。此外，对于室内饲养的肉牛，充分的消毒处理是确保环境健康的关键。饲养舍的温度控制和病菌滋生的减少对肉牛的成长环境至关重要。定期的饲养室冲洗消毒和保持地面干净，有助于创造更适宜肉牛成长的环境。

（三）合理控制饲养密度和运动量

严格控制肉牛饲养密度，确保充足的活动空间，可以显著降低个体间的相互干扰，从而减少疾病的发生。犊牛的饲养密度应控制在 2 ～ 5 平方米 / 头，而育肥牛的密度则应在 1 ～ 3 平方米 / 头。适当的运动量增加对于肉牛的健康同样至关重要。每天安排肉牛在运动场上活动，早晚各一次，每次持续时间不少于 0.5 小时，可以有效地增强机体的抵抗力，并改善食欲。

（四）隔离病牛

肉牛具备高度的模仿性，一旦个体展现出异食癖行为，该行为易于在群体中扩散，导致更多个体出现同样的异常饮食习惯。因此，发现异食癖行为的肉牛应立即隔离，以防该症状在牛群中进一步传播。隔离能够有效降低健康牛只受到感染的风险，还能降低寄生虫感染及其他疾病通过群体传播的可能性。隔离期间，对患病肉牛进行细致的病因分析至关重要。此举有助于制定针对性的治疗方案，从而更有效地控制和治疗异食癖症状。

第三章　生殖系统疾病

第一节　发情异常

一、持久黄体

（一）病因

持久黄体，亦名永久黄体滞留，指在母牛分娩后或性周期排卵之后，妊娠黄体或发情性周期黄体及其功能异常延续，未能按预期消退。该状况下，黄体的持续存在干扰了正常的生殖循环，从而影响动物的繁殖效率。此类异常常由多因素引发，包括但不限于不当的饲养管理措施。例如，饲料中微量元素的缺乏、维生素 E 的不足、运动量的减少、冬季寒冷且饲料供应不足以及矿物质代谢障碍等，均可能导致卵巢功能的下降。此外，子宫健康状况对持久黄体的形成亦有重大影响。胎衣未能及时排出、化脓性子宫炎、子宫积液以及子宫蓄脓等疾病，均能促成持久黄体的形成。这些因素共同作用于母牛体内，扰乱了正常的生殖功能，导致了持久黄体的发生，进而影响了动物的生殖健康和繁殖效能。

（二）临床诊断

肉牛持久黄体现象，是母牛性周期中一种异常状态，表现为性周期停滞，个别母牛虽有暗发情现象，却不出现排卵和交配行为，难以观察到明显的发情迹象。在临床诊断中，通过直肠检查可发现母牛一侧或双侧卵巢增大，卵巢表面可见突出的大黄体。其质地相较于卵巢实质更为坚硬，形态有时呈蘑菇状，中心部位凹陷。此外，可能在一侧卵巢触摸到一个或多个较小的黄体。子宫多在骨盆腔与腹腔交界处，子宫角呈不对称状态，子宫体松软下垂，触诊时无明显收缩反应，有时伴有子宫内膜炎等并发症。当母牛超过预期发情时间而未出现发情行为，间隔 5～7 天再次进行直肠检查，若黄体的位置、大小、形状及硬度保持不变，则可诊断为持久黄体。为区分妊娠黄体，需细致检查子宫状况。该疾病的发生，根源在于肾阳不足与气虚血瘀。肾阳不足导致体内阳气不足，无法促进正常的性激素分泌与卵巢功能，从而影响卵泡的成熟与排卵。气虚表现为生理功能低下，血瘀则导致血液循环不畅，进一步影响生殖器官的正常功能。这些因素共同作用，导致母牛出现持久黄体的情况，进而影响其繁殖能力。

（三）疾病治疗

1. 西医治疗

前列腺素 F2α（PGF2α）是常用的治疗药物，以 5～10 毫克的剂量，或根据体重 9 微克 / 千克的比例，通过肌内注射的方式施用。此外，前列烯醇在临床上也得到广泛应用，牛用前列烯醇安瓿制剂（商品名为 Estrumate）中，2 毫升的安瓿内含有 500 微克的主药，通常一次注射即可有效，如需复注，可在 7～10 天进行第二次注射。另一种治疗持久黄体的药物是国产的 15-甲基前列腺素 F2α，该药物为安瓿制剂，每 2 毫升含有 1.2 毫克的主药，建议剂量为 2～3 毫克，通过肌内注射给药。催产素则以其独特的作用机制，在治疗持久黄体方面显示出了良好的疗效。通常的剂量为每次 80～100 单位，每 2 小时注射一次，连续使用 4 次。大多数情况下，牛在注射后的 8～12 天可以恢复正常发情。胎盘组织液同样在治疗持久黄体中显示出疗效，通过皮下注射的方式给药，每次 20

毫升，每隔 1 ～ 2 天注射一次，直到牛出现发情为止。除此之外，其他激素制剂如促卵泡激素（FSH）、孕马血清（全血）及雌激素也可用于治疗持久黄体。这些治疗方法的选择与应用需根据具体情况及兽医专业人士的建议进行，以确保治疗效果的最大化，并预防潜在的副作用。在实际应用中，对药物反应的观察和评估是必要的，以便及时调整治疗方案，确保肉牛的健康和生殖能力的恢复。

2. 中医治疗

方剂一：阳起石、淫羊藿各 20 克，益母草 50 克，当归、赤芍、菟丝子、补骨脂、熟地黄各 30 克，枸杞子 40 克。在治疗过程中，将这些草药进行水煎处理，随后进行灌服，以隔天一次的频率执行，连续 3 次灌服作为一个完整的疗程。

方剂二：当归、川芎、茯苓、白术、党参、白芍、丹参、益母草和甘草，分别以 30 克、20 克、30 克、40 克、40 克、30 克、30 克、60 克和 20 克的比例配制。通过水煎方式制备后，以一次灌服的方式给药，每隔一天一次，连续 3 次即完成一个疗程。

3. 针灸治疗

在肉牛持久黄体的疾病治疗中，针灸配合激光照射法被广泛应用，以其独特的治疗效果受到关注。治疗过程主要涉及使用 8 ～ 10 毫瓦氦氖激光对病牛后海穴进行照射，照射距离控制在 40 ～ 50 厘米，每日一次，每次持续 15 ～ 20 分钟。若使用 30 ～ 40 毫瓦功率激光器，每次照射时间调整为 8 ～ 10 分钟，一般情况下，连续照射 3 ～ 7 天即可显现治疗效果。

治疗中还可以选择将 8 毫瓦氦氖激光直接照射阴蒂部位，或同时照射阴蒂部位及地户穴，保持照射距离 40 厘米，日照射频率维持一次，每次照射 10 分钟，完成 10 天疗程。抑或利用 6 ～ 8 毫瓦的氦氖激光照射阴蒂、后海穴或阴唇黏膜部分，光斑直径控制在 0.25 厘米，照射距离为 40 ～ 60 厘米，每日一次，每次持续 15 ～ 20 分钟，全部疗程为 14 天。

（四）疾病预防

为防止肉牛持久黄体病变，采取综合性管理措施至关重要。饲料的多样化有助于均衡营养，通过适量增加维生素、微量元素及无机盐的摄取，进一步强化牛群的健康状况。此外，加强日常运动有助于提升母牛体质，降低疾病的发生率。及时诊治产科相关疾病，对预防持久黄体形成同样重要。

二、卵巢静止

（一）病因

肉牛卵巢静止疾病，通常发生于营养不良、体质瘦弱以及年老牛只之中。其成因复杂，主要源于不当的饲养管理策略。饲料的量不足，种类单一且质量低下，导致蛋白质与能量供给不足、钙质与维生素的缺乏，均为引发该病的关键因素。产后子宫恢复不完全，长期受到慢性疾病的影响，亦可能促进该疾病的发展。气候变化对牛只生殖功能具有显著影响，而过早衰老的牛只更加容易失去生殖能力。此外，缺乏足够的运动及光照，也是触发卵巢静止的潜在因素。

（二）临床诊断

卵巢静止是一种常见的生殖系统疾病，由卵巢功能遭受干扰而引发。在进行直肠检查时，可以观察到卵巢上既没有卵泡的发育，也缺少黄体的存在，表明卵巢处于一种非活动状态。这种状态下的牛只长期不进入发情期，如果缺乏及时有效的治疗，可能会导致卵巢功能进一步衰退，甚至发展为卵巢萎缩。卵巢萎缩的特征是卵巢体积的缩小，这种现象可能影响一侧或两侧的卵巢。同时，卵巢的质地会变硬，失去活性，性功能显著下降。受影响的牛只会展现出发情周期的延长或长期不进入发情期的现象，即使出现发情的外部特征，也不会排卵。直肠检查可以发现，卵巢表面光滑，既不形成卵泡也不形成黄体。在某些情况下，静止的卵巢可能呈现蚕豆般的大小，质地较软；而其他情况下，卵巢可能略显硬化且体积缩小，表面还可能有黄体残留的迹象。若在隔 7 ～ 10 天或一个性周期后再次进行直肠检查，卵巢的状态仍未见任何改变，表明卵巢静止现象的确诊。此外，子宫的收缩功能减弱，有时候子宫体积也会出现缩小。在这种情况下的牛只体形可能出现消瘦，毛发会非常的粗糙，并失去光泽。

（三）疾病治疗

1. 西药疗法

促黄体释放激素类似物通过肌内注射 200 ～ 400 微克的剂量，隔日一次，连续注射 2 ～ 3 次完成一个疗程，可以有效激活卵巢功能。

脑下垂体前叶促性腺激素的应用，以 15 ～ 20 毫克的剂量溶解于 10 毫升灭菌生理盐水中进行肌内注射，每隔一天肌注一次，连续 3 次，作为一个完整疗程，促进性腺激素的正常分泌。

孕马血清促性腺激素（PMSG）每次通过肌内注射 20 ～ 40 毫升，隔天一次，共两次，形成一个治疗周期，能够有效促进卵巢恢复正常功能。

HCG 以 1000 ～ 3000 单位或黄体酮 100 毫克的剂量肌注，能够促使牛发情。在发情时，再次肌注促黄体素（LH）100 ～ 150 单位或 HCG1000 ～ 3000 单位，加强发情效果。

在配种时，通过肌内注射促排卵 2 号、3 号 100 ～ 200 微克，以提高受胎率。氯前列醇的使用，则是针对卵巢功能不全、萎缩的情况，通过 0.5 ～ 1.0 毫升的剂量进行子宫腔或肌内注射，有效提高发情率和受胎率。

2. 中医治疗

方剂一：强阳保肾散。淫羊藿、阳起石、肉苁蓉、沙苑子、蛇床子、茯苓、远志各 30 克，葫芦巴、补骨脂、覆盆子各 35 克，五味子、韭菜子各 32 克，芡实 36 克，小茴香 24 克，肉桂 20 克，将以上药物研磨成细末，利用开水冲调，待温度适宜时灌服。

方剂二：温肾散。山茱萸、紫石英、熟地黄各 100 克，煅龙骨、煅牡蛎、补骨脂各 60 克，茯苓、当归、炒山药、菟丝子、蛇床子、益智仁、附子、肉桂各 20 克。细末混合。方中采用猪肾 6 个，切碎后煎汁，用于冲服药末。每日两次给药，旨在治疗因肾虚引起的不孕症状。此方通过补肾强身，调和阴阳，达到治疗肾虚不孕的目的。

方剂三：八珍汤加减。当归、炒白术、党参、黄芪、茯苓各 32 克，白芍、熟地黄、山药各 27 克，川芎、陈皮、盐黄檗、炙甘草各 23 克，益母草则加至 60 克，以强化其功效。药材研末后，以开水冲调，待适温后灌服，连续应用 3～5 剂，以期达到治疗目的。

（四）疾病预防

为增强卵巢功能，必须着重于提高饲料的营养价值。饲料中维生素、蛋白质、无机盐以及微量元素的含量应得到充分增加。高质量的饲草供给对于保证肉牛健康成长和生殖系统正常运作显得尤为重要。除此之外，适宜的运动量和充足的光照时间也是不可忽视的因素。这些综合性的管理和预防措施，可以有效提升肉牛的生殖健康状况，进而优化肉牛的生产性能。

三、卵巢囊肿

（一）病因

牛卵巢囊肿的形成主要涉及卵泡囊肿和黄体化囊肿两种类型，其形成机理复杂多样。卵泡囊肿的出现与卵泡上皮的变性、卵泡壁结缔组织的增生变厚、卵细胞的死亡以及卵泡液的未被吸收或增多等因素密切相关。而黄体化囊肿的具体形成机制则涉及更多的内分泌调节异常。

在诸多导致卵巢囊肿形成的因素中，长期处于发情状态而未进行配种是一项重要原因。同时，饲料中维生素 A 的缺乏、过多饲喂精料、缺乏适当的运动以及舍饲条件下的不利因素均可能促进囊肿的发生。此外，垂体或其他激素腺体的机能失调、不当使用激素制剂（如过量注射雌激素）亦可导致卵巢囊肿的形成。卵巢疾病如子宫内膜炎、胎衣未能正常排出等情况，可能会引起卵巢炎症，干扰正常的排卵过程，进而促成囊肿。这些因素共同作用，破坏了卵巢的正常功能，导致囊肿的发生，影响动物的生殖健康。

（二）临床诊断

肉牛卵巢囊肿是一种常见的生殖系统疾病，其特点是母牛卵巢内形成一个或多个囊肿，这些囊肿影响正常的发情周期和生殖功能。患有卵泡囊肿的母牛，其发情行为异常，可表现为发情周期缩短、发情期延长或出现连续且强烈的发情行为，被称为慕雄狂。相反，部分母牛可能完全不表现发情行为，特别是在产后 60 天内更为常见。慕雄狂的症状包括母牛表现出极度的不安，频繁大声呼叫和咆哮，拒绝进食以及频繁地排泄粪便和尿液。此外，这些母牛会追逐并试图跨骑其他母牛，其奶产量降低，乳汁可能带有苦咸味，煮沸时可能会凝固。这些病牛通常处于兴奋状态，食欲减退，体重下降，被毛失去光泽。处于慕雄狂状态的母牛可能表现出攻击性行为，对人和其他动物构成威胁。

长期患有卵泡囊肿的母牛，尤其是那些发展为慕雄狂的个体，会出现颈部肌肉增厚，类似于公牛的身体特征。荐坐韧带出现松弛，臀部肌肉塌陷，尾根部位隆起，阴唇肿胀，发出的叫声低沉。阴门中可能不断有分泌物排出。长期表现出慕雄狂症状的母牛，其骨骼可能会发生严重的脱钙现象，增加了在异常的爬跨行为期间发生骨盆或四肢骨折的风险。直肠检查可以观察到患病母牛的卵巢上存在一个或多个紧张且有波动感的囊泡，大小与正常卵泡相似。2～3 天的再次检查可能会发现囊肿有发生和萎缩的交替现象，但不会发生排卵。囊壁厚度超过正常卵泡。子宫角显得松软，缺乏正常的收缩性。

（三）疾病治疗

1. 激素疗法

（1）促黄体素（LH）制剂

促黄体激素（LH）200 单位进行肌内注射，可以观察到症状的显著好转。在用药后的 15～30 天，牛只通常能恢复到正常的发情周期。治疗一周之后，倘若症状未有明显的改善，可以适当增加剂量进行第二次治疗。此外，HCG 也是治疗此病的有效药物之一，可通过静脉注射 5000 单位或肌内注射 10000 单位的方式给药。一般而言，治疗后的 20 ～ 30 天，牛只将展现出正常的发情周期循环。在治疗过程中，除较为强烈的慕雄狂症状之外，可以在 3 ～ 4 周后重复使用上述药物，以期达到更好的治疗效果。

（2）促性腺激素释放激素（GnRH）

GnRH 是一种常用的药物。国产制剂 LRH-A、LRH-A3、LRH-Ⅱ 等都属于这一类药物。在临床应用中，肌内注射 0.5 ～ 1.0 毫克的 GnRH 剂量可达到与 HCG 治疗相似的效果。更为重要的是，GnRH 还具有良好的预防作用。产后 12 ～ 14 天给予母牛 GnRH 注射，能够有效预防卵巢囊肿的发生。[①]

（3）黄体酮

每次 50 ～ 100 毫克肌内注射，每天或隔天 1 次，连用 2 ～ 7 次，总量 200 ～ 700 毫克，一般用药 2 ～ 3 次后见效，外表症状消失，经 10 ～ 20 天恢复正常发情，并可受孕。治疗有效率可达 60% ～ 70%。

（4）其他激素疗法

在应用 GnRH9 天后应用前列腺素（PGF2d），可提高 GnRH 的疗效，缩短从治疗至第一次发情的间隔时间；当使用以上激素治疗无效时，肌内注射地塞米松 10 ～ 20 毫克，可收到较好效果。

2. 中医治疗

炙乳香、炙没药各 40 克，香附、益母草各 80 克，三棱、莪术、鸡血藤各 45 克，黄檗、知母、当归各 60 克，川芎 30 克。按比例混合研末后冲服或水煎灌服。每隔一天服用一剂，连续使用 6 剂。经过 12 天的治疗，患病牛的囊肿即可消失，15 天后其饮食恢复正常，30 天后一般可以正常发情，并能成功受孕。

---

① 崔保安 . 牛病防治 [M]. 郑州：中原农民出版社，2008：249.

（四）疾病预防

需重视营养供给与运动管理。牛只所摄取的营养应当充分，特别是维生素等关键营养物质，以确保其生理机能的正常运转；适度的运动也是不可或缺的，它有助于维持牛只的体态与代谢平衡。在挤奶的过程中，适度减少挤奶量有助于减轻母牛身体的负担，避免过度的压力。在管理方面，应加强对牛只的日常管理，包括但不限于环境卫生、饲养环境等，以降低疾病的发生风险。应避免给予牛只过强的刺激，例如突然的天气变化，以免造成其身体的不适应反应。对雌性激素的使用也应谨慎，避免滥用，以免对牛只的生理系统造成不良影响。

四、排卵延迟

（一）病因

排卵延迟，即排卵时间推迟，是在母牛发情后，卵泡发育及排卵过程延迟超出正常时间范围的现象。这一病理状态也被称为卵泡交替发育，其特征是在母牛发情时，一侧卵巢上的卵泡发育停滞，而另一侧卵巢则出现新的卵泡发育。尽管在排卵延迟或卵泡交替发育时，卵泡的发育及外部发情表现与正常发情相似，但发情期延长明显，可持续 3～5 天甚至更长时间。部分情况下，排卵会发生并形成黄体，而另一些情况下，卵泡可能会萎缩或闭锁，导致未能排卵。

排卵延迟或卵泡交替发育的主要原因之一是体内激素平衡失调，尤其是垂体分泌促黄体素不足。此外，过低或过高的气温也可能会对母牛的生殖系统产生负面影响，进而影响排卵的正常进行；单一类型的饲料可能无法提供母牛所需的全面营养，从而导致体内激素平衡紊乱，进而引发排卵延迟的现象；长时间的哺乳可能导致母牛体内营养消耗过多，从而影响其生殖系统的正常功能，进而引发排卵延迟或卵泡交替发育。

（二）临床诊断

排卵延迟时，牛的卵泡发育及外表表现均类似于正常发情状态，但其发情持续时间延长，通常延长 3 ～ 5 天。直肠检查可观察到卵巢上存在卵泡，然而排卵的发生存在变数，有些情况下可能最终会发生排卵，而另一些情况则可能演变成卵泡闭锁。需要注意的是，排卵延迟的诊断需与卵泡囊肿相区别。当牛出现不排卵情况时，其仍表现出发情的外在特征，发情过程及周期基本保持正常，但直肠检查卵巢上存在卵泡却未排卵，这可能导致屡配不孕的情况发生。

（三）疾病治疗

1. 西医治疗

促黄体素和黄体酮作为常用的激素药物，在促进牛排卵过程中发挥着重要作用。通过注射促黄体素 200 ～ 300 单位或黄体酮 50 ～ 100 毫克，能够有效促进牛的排卵，从而增加受精的机会。对于那些屡配不孕的母牛，尤其是由于排卵延迟或不排卵所致的情况，己烯雌酚和黄体酮的使用则具有显著的治疗效果。在发情早期注射己烯雌酚 20 ～ 25 毫克，晚期注射黄体酮，有助于调节牛的生殖周期，提高其生育能力。

2. 中医治疗

方剂一：山药、生地黄、酒糟、茯苓、菟丝子各 30 克，山茱萸、白术、紫石英、甘草各 15 克，秦艽 24 克，当归 45 克，白芍 18 克，何首乌 21 克。这些药材研末后，以姜汤引药，经温水冲调后灌服。

方剂二：当归、吴茱萸各 24 克，茯苓、陈皮、延胡索、黄芩各 15 克，熟地黄、制香附各 30 克，牡丹皮 12 克，川芎 21 克，白芍 18 克。混合后研成细末，使用开水冲调成药剂，待其温度适宜后灌服。根据疗程指导，需连续服用 3 剂。

3. 针灸治疗

针灸治疗包括激光疗法和电针疗法两种方式。

激光疗法采用氦氖激光对母牛阴蒂穴、后海穴进行照射，照射距离维持在 50 ～ 80 厘米，输出功率设置为 30 毫瓦，每次照射持续时间为 10 ～ 15 分钟，每日一次，持续 7 天完成一个疗程。

电针疗法则选择雁翅穴和尾根穴，每隔一天进行一次治疗，以 80 ～ 100 次 / 分的频率进行 25 ～ 30 分钟，经过 2 ～ 3 次治疗完成一个疗程。此外，电针还可作用于气门穴、百会穴、后海穴，每次治疗 20 ～ 30 分钟，输出频率从弱至强调节，直至病牛出现明显反应且能够耐受，通常 1 ～ 2 次便可构成一个疗程。

（四）**疾病预防**

良好的养殖环境和合理的营养管理是预防疾病的基础。例如，保证足够的运动空间和清洁的饮水可以减少疾病的传播。此外，补充适量的微量元素和维生素对于增强肉牛的免疫力也至关重要。针对具体疾病，如子宫内感染或是卵巢疾病，采用定期的健康检查和早期治疗策略能有效避免排卵延迟的发生。在具体实践中，使用抗生素等药物治疗需谨慎，避免因不当使用而导致抗药性的产生。

五、卵巢功能减退

（一）**病因**

母牛卵巢功能减退是指卵巢发育不良或功能衰退，可能是暂时性或持久性的，导致母牛性周期中断或完全停止，表现为不发情或发情活动终止的现象。此状况成为母牛不孕的主要原因之一。诸多因素可导致卵巢功能减退，包括卵巢发育不全、卵巢静止、卵巢萎缩、卵巢硬化以及持久黄体的形成。

影响母牛卵巢功能的因素多样，包括饲料供给不足或质量较低，尤其是蛋白质、维生素 A 及维生素 E 的缺乏。这些营养物质对于保持正常的生殖功能至关重要。过度劳累、长期哺乳或慢性消耗性疾病也会导致母牛营养消耗过多，进而影响脑垂体分泌卵泡刺激激素（FSH）的能力，从而干扰卵巢的正常功能。环境因素，如气温过高或过低以及气候的突然变化，也对母牛卵巢功能产生负面影响。生殖系统其他部位的疾病，例如胎衣不下、子宫内膜炎或子宫内异物的存在，也可能引发卵巢功能减退。

（二）临床诊断

肉牛卵巢功能减退可分为肾阳虚型与气血虚弱型两大类。肾阳虚型表现为牛只的发情周期异常延长或发情症状不明显，甚至出现无发情的情况。患牛可能出现口色淡白、四肢无力等症状，耳朵和鼻子感觉不温暖，肠内有鸣声，且即便在发情期间也难以受孕；气血虚弱型则体现在牛只体形瘦弱，被毛失去光泽且显得粗乱，精神状态萎靡不振，发情现象不明显或根本不发情，频繁配种却无法成功受孕。

（三）疾病治疗

1. 药物疗法

药物疗法作为一种广泛应用的治疗手段，其具体方法包括以下几种。

FSH 的应用，肌内注射 100～200 单位，按照每天或隔天一次的频率，可以有效激活卵巢功能。当卵巢静止时，卵泡素的剂量需调整至 200～300 单位，并采用隔天注射的方式，经过 3～4 次治疗，通常能够见到明显效果。

HCG 的注射方式分为静脉注射和肌内注射，前者剂量为 2500～5000 单位，后者则为 10000～20000 单位，根据情况可在 1～2 天进行重复注射。尽管效果显著，但仍需警惕少数病例可能出现的过敏反应。

孕马血清促性腺激素（PMSG）作为一种含有大量促性腺激素的药物，通过肌内注射 1000～2000 单位，每天或隔天一次的方式使用，能够模拟 FSH 的作用，通常在注射后 2～11 天引起发情和排卵，对于促进卵泡的发育具有显著效果。

除了激素治疗，维生素 A 的注射也是治疗肉牛卵巢功能减退的一种有效方法。通过肌内注射 100 万单位，每 10 天一次，连续注射 3 次，可以促进卵泡的发育、排卵及受胎。特别是对于因缺乏青绿饲料而导致卵巢功能减退的牛，维生素 A 的治疗效果有时甚至优于激素治疗。

2. 中医疗法

方剂一：参芪归地散。阳起石 60 克，党参、黄芪、当归、巴戟天各 45 克，熟地黄、肉苁蓉各 30 克，益母草 150 克，甘草 15 克。采取水煎或研末灌服的方式，每隔一天给予 1 剂，连续使用 3 剂。

方剂二：复方仙阳汤。菟丝子、赤芍各 80 克，淫羊藿、补骨脂各 120 克，当归、阳起石、枸杞子各 100 克，熟地黄 60 克，益母草 150 克。水煎服或将药材研磨成粉后，用开水冲调灌服，每隔一天使用一剂。

方剂三：淫羊藿、王不留行各 25 克，肉苁蓉、熟地黄、何首乌各 20 克，当归、川芎、枳壳各 14 克，党参、韭菜子各 15 克，益母草 30 克，玄参 21 克，菟丝子 28 克。混合后研磨成细末，分为 4 份，每日一份，通过灌服方式给予，连续使用 4 天。

（四）疾病预防

合理的日粮是基础，确保蛋白质、维生素、多量元素以及微量元素的充足供给，对于维持卵巢正常功能至关重要。管理方面，避免过度劳累和缺乏运动是非常有必要的。哺乳期间，精料的添加和适当的断乳时间能够有效预防功能下降。安全过冬，保证青饲料的充足储备，对抵御冬末春初的营养不足有积极作用。此外，对母牛生殖器官疾病的及时准确治疗，也能够有效预防卵巢功能减退。

第二节　妊娠期疾病

一、流产

（一）病因

饲养管理失当、母体本身存在的生殖系统疾病（例如生殖器官疾病、黄体酮分泌不足）、外部强烈刺激导致的子宫或胎儿剧烈震动、胎儿及胎膜的异常、胚胎发育过度或发展停滞均可诱发流产。此外，某些微生物感染，如布氏杆菌、沙门氏菌、霉形体、毛滴虫等，亦是流产的常见原因。药物使用不当，特别是过量使用能够引发子宫收缩的药物如雌激素等，也是诱发流产的重要因素。

（二）临床诊断

1. 隐性流产

胚胎未能继续发育而消失，称为隐性流产，常发生在母牛胚胎附植前后期。此阶段，尽管配种后未见返情迹象，胚胎的死亡可能导致其组织被液化吸收或在随后的发情周期中未被察觉地排出，进而影响母牛再次受孕的能力，可能会出现隔一个发情周期后再次发情的情况。

2. 早产

在妊娠进程中，若排出未足月但仍存活的胎儿，即发生早产。大多数情况下，患牛会出现类似于正常分娩的前兆，但这些迹象仅在流产发生前 2 ～ 3 天出现，不如正常分娩时那样显著。所产胎儿虽然存活，却需接受特别的护理。

3. 排出已死亡的胎儿

若流产发生在妊娠前半期，通常不会有任何预兆；而在妊娠后半期发生流产，其预兆与早产相似。胎儿死亡几日后，随胎衣一同排出。

4. 延期流产

延期流产是指胎儿死亡后，由于子宫阵缩微弱、子宫颈管未开或开放不充分，导致死亡胎儿长时间停留在子宫内的现象。延期流产的诊断依赖于胎儿变化的具体情况，可大致分为以下三类。

（1）胎儿干尸化

此情况下，死亡胎儿的胎水及组织水分被吸收，致使其变为棕黑色，类似干尸状。受影响的牛无明显全身症状，该状况可能长时间未被察觉，不出现妊娠进展现象或分娩症状，且无性周期表现。通常至少一侧卵巢上有明显的功能性黄体存在。此时，子宫体积缩小，内有硬固物，缺少胎水、胎盘、胎动和孕脉，少数情况可自行排出死胎。

（2）胎儿浸溶

死亡胎儿的软组织遭到分解，化为液态外流，仅骨骼留存于子宫内部。此时，患牛的妊娠症状消失，子宫壁变厚，胎儿轮廓不清晰，骨片错落有致。颈管扩张并出现炎症，能观察到骨片的存在。牛只会出现全身反应，如腹泻、消瘦和努责等症状。

（3）腐败分解（气肿胎儿）

此类流产中，受影响牛表现出明显的全身症状，包括臌气。此时，观察到子宫壁高度臌满且紧张，子宫颈口呈开张状态，产道干燥。此外，胎儿出现掉毛现象，并伴有皮下捻发音。

（三）疾病治疗

1. 先兆性流产

阴道检查若显示子宫颈口保持紧闭，且子宫颈塞未脱落，直肠检查确认胎儿仍存活，治疗措施主要聚焦于保胎。在此背景下，黄体酮的应用显得尤为重要，通过肌内注射 50 ～ 100 毫克，每日一次，连续使用数日。另一治疗方案为采用0.5%硫酸阿托品进行皮下注射，剂量介于2～6毫升。在治疗的过程中，镇静剂的配合使用亦发挥着重要角色，包括通过静脉注射100～150毫升的安溴注射液，或是肌内注射300毫克的盐酸氯丙嗪以及1～2毫升的2%静松灵。

在观察到阴道排出物增多、努责现象加剧的情况下，如果阴道检查发现子宫颈口已开，胎囊已进入阴道或已经破水，表明流产已无法制止。此时，若胎儿已死亡，应迅速采取措施促使胎儿排出，必要时，可采用促进子宫收缩的药物，例如垂体后叶素50～100单位或0.25%比赛可灵10毫升，以促进子宫复旧。对于早产活胎儿，应采取措施进行抢救。流产后，对母牛的护理和饲养管理应加强，以促使其尽快康复。根据具体情况，可适当采用药物调理。体质虚弱的个体可以通过静脉补液的方式，使用葡萄糖和氯化钙，以提高个体的体质，促进恢复。

2. 延期流产

对于延期性流产的病例，要考虑排出胎儿。具体方法是先溶解黄体，扩张子宫颈，润滑产道。如果胎儿过大、排出困难，可考虑缩小胎儿（截胎、缩小骨块，缩小胸、腹腔）。胎儿排出后，用5%～10%的盐水冲洗宫内残留物，最后为防止自身感染，子宫内注入抗生素或全身用药。

3. 中医治疗

方剂一：焦荆芥、陈皮各90克，五灵脂、炒蒲黄、附片、牡丹皮、当归以及炒烟净处理后的干漆各60克，川芎30克，猪油500克，研磨成细末，然后将猪油炼化后加入药末混合均匀。该药剂需要分两次内服给患病的肉牛。

方剂二：党参、川断各90克，侧柏叶、艾叶各30克，黄芪120克，白芍60克，杜仲100克，炒黑豆1500克。在制药的过程中，黑豆需用砂锅或铁锅炒至轻微爆裂，而侧柏叶与艾叶则需烧成炭，随后将所有成分磨成细末。药物制备时，先将其中一份细末与其余药材混合，加入2000毫升水煎煮，以得到药液。将药液冲入盆中供内服使用。整个疗程根据实际情况，每日一剂，连续用药 1～3 天。①

（四）疾病预防

种选择是防止肉牛流产的基础步骤之一，通过挑选具有良好遗传素质的母牛作为种用母畜，有助于提高后代的健康水平和抵抗力。在怀孕期间，对母牛的管理应遵循劳逸结合的原则，尤其是在怀孕的初期和临近产期，过度劳累或过重的负担都应当避免，以免对母牛及其胎儿造成不利影响。加强饲养管理可以有效预防肉牛流产。提供营养全面丰富的饲料，可以有效提高母牛自身的抵抗力，减少疾病的发生率。在孕期疾病的治疗过程中，需采取谨慎态度，避免因医疗操作不当而引起流产。

必须防止任何可能对母牛及其胎儿造成损伤的行为，严格的管理和使用控制可以降低发生损伤性及管理性流产的风险。对于那些有习惯性流产病史的母牛，可以考虑在怀孕的特定阶段定期注射黄体酮。此方法对防止习惯性流产展现出一定的效果。加强对传染病和寄生虫病的防治，以防自发性传染性流产及自发性寄生虫性流产的发生和扩散，保护群体健康，减少经济损失。

二、牛妊娠毒血症

（一）病因

奶牛妊娠毒血症，亦称为奶牛肥胖综合征，源于母牛长期营养失调及产犊应激导致的代谢紊乱。在干奶期间，若母牛的日粮配比失衡，尤其是精料比例偏高，且干奶牛与泌乳牛未能分群饲养，精料喂养量缺乏严格标准，将导致母牛在妊娠晚期及分娩时体重过重。此状况的促发因素包括妊娠晚期子宫在腹腔内占比增大，以至于母牛的采食量随之减少，或是因为饲料喂养不足进而导致能量负平衡。难产、产道损伤、生产瘫痪以及迷走神经性消化不良等诸多问题也会致使母牛食欲下降或完全丧

---

① 贾珠珠.中兽医验方治疗牛流产 [J].中兽医学杂志，2021（6）：51-52.

失。这些状况迫使机体动员体内脂肪分解以供能量，而当肝脏内的肉毒碱酰基转移酶活性受抑制时，进入肝脏的脂肪酸主要被用于合成甘油三酯。由于肝细胞生成的载脂蛋白不足，甘油三酯的降解减少，导致肝内脂肪沉积，进而引发脂肪肝。

（二）临床诊断

疾病早期，受影响的牛只表现为精饲料摄取减少，进而对青贮饲料也失去兴趣，但仍可能继续食用干草。此阶段可能观察到异食癖的现象。随着病情的发展，牛只会出现体重下降、体形消瘦、皮下脂肪减少及皮肤弹性降低的情况。

急性阶段，患牛精神状态沉郁，食欲减退甚至完全丧失，瘤胃蠕动减弱。此时，产奶量减少或停止，可见黏膜黄染现象，体温可能升高至39.5～40℃，步态不稳，目光呆滞，对外界刺激反应迟缓。此外，患牛伴有胃肠炎症状，排出黑色、恶臭的泥状粪便。患牛在疾病发作2～3天内可能因卧地不起而死亡。慢性病情通常在分娩后3天出现，主要表现为酮病症状，如呻吟、磨牙、兴奋不安、抬头望天或颈肌抽搐，从呼出的气息和汗液中可以闻到丙酮味。此外，步态不稳、眼球震颤、后躯部分麻痹和嗜睡是此阶段的常见症状。食欲下降甚至完全丧失，泌乳性能显著降低。粪便量减少，呈干硬或稀软状态。某些病例还可能出现产后瘫痪，被迫长时间卧倒，头部呈弯曲状态放置在肩胛部，呈昏睡状。乳腺炎的发生导致乳房肿胀，乳汁变稀薄，呈黄色汤样或脓样。子宫弛缓，胎衣排出不畅，产道内积聚大量带有腐臭味的褐色恶露。

（三）疾病治疗

1.补糖保肝

① 50% 葡萄糖液 500～1000 毫升通过静脉注射给予，每日一次，以提供即刻能量支持。②丙二醇 200 克或丙酸钠 125～250 克配合甘油 200 克的内服，每日两次，旨在维持血糖平衡及能量供应。③胰岛素的皮下注射，200～300 国际单位，每日两次，促进葡萄糖的有效利用，

增强疗效。④氯化胆碱 20 克，每日一次内服，促进磷脂合成与脂肪转化，有助于减轻肝脏的代谢负担。[1]

2. 防止感染

广谱抗生素如金霉素、四环素的应用至关重要，通过静脉滴注方式给药，剂量控制在 200 万～ 250 万国际单位，每日两次，以此抑制病原体的生长与繁殖。

3. 对症治疗

使用 5% 碳酸氢钠进行静脉注射，量为 500 ～ 1000 毫升，可以有效防止酸中毒的发生；为了刺激食欲，可以通过将健康牛的瘤胃液（5 ～ 10 升）移植至病牛瘤胃内，以促进消化和吸收；为了增强心脏功能，可皮下注射安钠咖注射液，这是一种有效的强心药物，有助于改善病牛的心脏输出量。

4. 中医治疗

方剂一：党参、丹参、白术、神曲各 60 克，茯苓、陈皮、紫苏各 45 克，厚朴、甘草各 30 克，油当归、山楂各 120 克。水煎 2 次后加入陈皮酊 250 毫升，分早晚两次灌服。

方剂二：枳壳、柴胡、茯苓、川芎、甘草各 30 克，当归、白芍各 60 克，黄芪、山楂各 120 克，泽泻、延胡索各 45 克，川楝子 25 克，桃仁 34 克，研磨成细末，随后用开水冲调，通过灌服的方式给予。

（四）疾病预防

避免妊娠早期（尤指妊娠前 3 个月）以及干乳期体重过度增加。妊娠期内，提供充足饲料是维持母牛及胎儿健康所必需的，尤其在妊娠后期的最后 3 个月，营养摄取量应适度增加。针对母牛的不同体形和体况，实施分组饲养，旨在平衡防止部分母牛体重过度增加与部分母牛体重下降的风险。孕期中出现的所有常见疾病必须迅速进行治疗，以保证它们

① 张树方，岳文斌 . 牛病防控与治疗技术 [M]. 北京：中国农业出版社，2004：397.

的食欲和高能量摄取，维持健康状态。

丙二醇可以促进肥胖牛的糖异生过程，降低对体内脂肪储备的依赖。针对体重过高的母牛，应限制其饲料摄取，主要提供高质量干草，并适当补充谷物饲料以及含碘、含钴的矿物质，同时增加体育锻炼，促进健康。

三、胎漏下血

（一）病因

肉牛胎漏下血为妊娠期间母牛经阴道排出暗红色或褐色血液的病症，其特征表现为阴道排出少量暗红色或褐色血液，伴随无腹痛或轻度腹痛现象。该病症多发于妊娠后期，且若血液排出不止，可能引发胎动不安、胎死腹中、堕胎、早产等严重后果。

胎漏下血可能源于多方面因素。一方面，母牛先天禀赋不足、饮喂失衡或营养不足，劳役过度导致精气耗损，或妊娠期患病引起气血双亏，冲任空虚，无法稳固胞络而发生漏血。另一方面，肾阴亏损、久病体弱损害肾阴，或邪热伤阴，导致水火（阴阳）失去相对平衡，阴虚阳亢，水火不济，致使血热、迫血妄行，从而引发胎漏。此外，环境因素如拥挤、滑倒、蹴踢、跳越沟坎、撞击或使役时用力过猛等外力因素，也可能使胎元受损，冲任不固，进一步导致胎漏。

（二）临床诊断

依据病因、病理变化及临床表现，该病可分为气血双亏型、阴虚血热型及外伤型三种证型。

气血双亏型表现为母牛没有精神，食欲有所下降，体态消瘦，行动无力，头部下垂，耳朵低垂，毛发失去光泽。临床检查时，口腔黏膜色泽淡白，脉搏细弱，阴道内可见黑豆汁样的液体外流。

阴虚血热型则表现精神较为沮丧，缺乏食欲，体重出现消瘦或虚胖现象，站立时较为困难。口腔黏膜偏向红色，眼结膜出现充血现象，舌头柔软无苔，脉搏表现为浮动而细速，阴道流出黑色血块。

外伤型在临床上主要表现为轻度的腹痛，食欲逐日下降，阴道出血量增多，并伴随尿频，若治疗不及时，容易导致流产。

（三）疾病治疗

1. 气血双亏型

方剂一：黄芪 100 克，党参、酒白芍、熟地黄、升麻、杜仲炭、血余炭、白术、黄芩炭、侧柏炭、艾叶炭各 50 克，桑寄生 75 克，共同研磨成细末。用开水冲调，待温度适宜后灌服。

方剂二：举元煎合胶艾汤加减。杜仲、艾叶、党参、苎麻根各 50克，黄芪 60 克，甘草 20 克，棕榈炭、血余炭各 30 克，白芍、升麻、白术、阿胶（烊化冲服）、熟地黄、当归、桑寄生各 40 克。此方药水煎后，温灌服于牛体。

2. 阴虚血热型

方剂一：黄芩炭、荷叶炭 100 克，生地黄 75 克，杜仲、黄檗、薄荷、甘草、血余炭、白芍、桑寄生各 50 克。将这些药材共研磨成细末，使用开水冲调成药液。待药液温度适宜后，灌服于患牛。

方剂二：保阴煎加减。白芍、川续断、生地黄、黄檗、黄芩、杜仲各 50 克，血余炭 30 克，甘草 20 克，墨旱莲、桑寄生、地榆、阿胶（烊化冲服）各 40 克，荷叶两张。通过水煎方式候温灌服，日服 1 剂，连续服用 3～4 天，旨在对症下药，以期达到最佳治疗效果。

3. 外伤型

方剂一：菟丝子、杜仲炭各 100 克，党参 150 克，桑寄生、阿胶（烊化冲服）、苎麻根、血余炭、黄芩炭、黄芪、川续断各 50 克。共同研磨成末，用开水冲调后，候温灌服给予患牛。

方剂二：黄芪、阿胶、苎麻根、黄芩炭、桑寄生各 30 克，菟丝子60 克，川续断 24 克，人参（或太子参）90 克，血余炭 21 克，杜仲炭45 克。将上述药材混合，研磨成末，用开水冲调之后，凉温灌服给予患牛。

（四）疾病预防

母牛在怀孕期间，其营养需求显著增加，尤其是在妊娠后期，对优质饲料的需求更为迫切。因此，提供营养丰富的草料，通过科学方式搭配饲喂，对维持母牛的健康状况及顺利产仔至关重要。维持营养均衡有助于母牛的整体健康，也是预防疾病的有效手段之一。在日常管理中，细致观察母牛的健康状态，定期进行健康检查及接种疫苗，是预防传染病的必要措施。特别是对于患有布鲁氏菌病或其他生殖系统疾病的妊娠母牛，应及时进行隔离并制定相应的治疗方案，以避免疾病的进一步传播。在饲喂管理中，应避免使用霜冻或霉变的饲料，以及任何已知含有毒素的饲料。霜冻饲料在早晨放牧时应选择阳光照射充足、露水已经消融的地方饲喂，以降低生病的风险。对于霉变或质量下降的饲料，应立即从饲料库中清除，以保证饲料的质量安全。青贮饲料的使用应慎重，少量饲喂或避免使用，因为其可能对妊娠母牛的健康产生不利影响。

四、阴道脱出

（一）病因

在激素影响方面，怀孕后期的肉牛体内雌激素水平显著升高，无论是胎盘过度产生还是卵巢囊肿，均可导致骨盆内固定阴道的组织与韧带松弛，从而引发阴道脱出。怀孕后期胎儿体积增大、羊水增多或是怀双胎情况下腹内压力的升高也是导致阴道脱出的重要因素。饲养条件方面，如营养不良、体弱、消瘦或年老的肉牛更容易出现阴道脱出，这主要是因为全身组织，特别是盆腔内支持组织的张力减弱。同样，缺乏适当的运动会降低这些组织的弹性和支持能力。疾病也是导致阴道脱出的一个重要因素，例如瘤胃臌气、积食、便秘、下痢等消化系统疾病，分娩瘫痪、产前截瘫等生殖系统疾病，以及严重的骨软症等全身性疾病，都可能引起或加重阴道脱出。其他外界因素，如怀孕末期的乳牛长时间卧地，或者长期饲养在前高后低的厩床中，都可能因腹内器官的压迫而导致宫体后移，进而挤压阴道，造成部分或全部脱出。

（二）临床诊断

肉牛阴道脱出是一种在产前较为常见的病症，其特征为阴道壁的位置发生变化，导致形成的皱襞从阴门突出。此状况下，当母牛卧地时，可观察到粉红色的瘤状物，大小相当于鹅蛋或拳头，夹在两侧阴唇之间，或部分露出阴门外。在站立姿态时，脱出的部分通常能自行缩回。如果病因持续存在，阴道脱出可能会反复发生。随着时间的推移，脱出的阴道壁会逐渐增大，导致即使牛只起立，也需较长时间才能缩回，部分严重情况下则无法自行缩回。长时间的脱出会使黏膜出现充血、水肿、干燥，并可能导致表面皲裂，进而流出带血的液体。脱出部分的黏膜常会沾染粪便、垫草和泥土，增加感染的风险。

此病状每次怀孕期间均发生，称为习惯性阴道脱出。此病症的表现为阴道壁形成囊状结构，并突出于外部，即完全脱出，通常是从部分脱出演变而来。在部分脱出阶段，阴道壁的炎症会引起刺激，促使母牛做出努责动作，导致脱出部分逐渐增大，最终演变为完全脱出。在某些病例中，膀胱也可能通过尿道外口翻出。此外，病牛常展现出不安、拱背和努责的行为，偶尔会采取排尿的姿势。若炎症和损伤程度较重，尤其在产前伴随持续而强烈的努责，可能会导致直肠脱出、胎儿死亡及流产的发生。

（三）疾病治疗

轻微脱出，尤其是接近分娩的牛只，往往在分娩后能够自行恢复。无法自主缩回或阴道完全脱出，需采取一系列治疗措施以促进恢复。保持站立状态，有助于促进脱出部分回缩至正常位置，无法站立的牛只需要适当垫高后部，以利于阴道脱出部分的复位。

局部麻醉可采用2%普鲁卡因，通过在第1～2尾椎间进行硬膜外注射10毫升，以减轻牛只的不适感并便于后续处理。清洗脱出部分时，可以使用1%明矾水或0.1%高锰酸钾溶液，这有助于降低感染风险。如遇到脱出部分有出血或伤口，应及时止血并进行必要的缝合处理。

针对脱出部分出现的水肿，可利用热毛巾敷贴10～20分钟，帮助减小水肿，促进脱出部分体积缩小，便于复位。在处理过程中，须特别注意保护孕牛子宫颈黏液塞，避免其破坏或污染。治疗时应使用消毒纱布轻轻托起脱出的阴道至阴门部，在助手协助下，谨慎将脱出部分重新置入盆腔，并进行适当的固定，以防再次脱出。

（四）疾病预防

为预防肉牛阴道脱出，舍饲牛需增强体力训练，确保其充分活动。饲料选择上，应优先考虑易于消化的类型，避免喂食容积庞大的粗饲料，减少消化系统负担。同时，对便秘、腹泻及瘤胃膨胀等消化道疾病要及时进行有效治疗，以降低肉牛阴道脱出的风险。

第三节　分娩期疾病

一、胎衣不下

（一）病因

胎衣不下主要指的是母牛在进行分娩的过程中，倘若在12小时之内，胎衣没有顺利排出，称为胎衣滞留。这种情况除了影响子宫的正常恢复，还可能导致严重的子宫感染和卵巢功能障碍，进而影响母牛的再次受孕能力。

胎衣不下的成因复杂，涉及饲养管理、分娩过程以及胎盘自身的因素。在饲养管理方面，营养不足、体重过重或过轻，以及饲料中缺乏必要的营养成分如矿物质、维生素 E、维生素 A 以及微量元素硒、镁、碘、锌、钴等，都可能导致胎衣不下。此外，妊娠期间缺乏运动和环境中的高温压力也是诱因；分娩过程中的异常情况，如难产、双胎妊娠、胎儿体积过大、流产、早产以及在分娩过程中受到过度干扰等，均可增加胎衣滞留的风险。这些因素通过影响分娩的自然过程，间接导致胎衣不能正常脱落；胎盘自身的病理状态，例如怀孕期间子宫遭受感染，导致子宫内膜炎和胎盘炎，可能引起母体胎盘与胎儿之间的粘连，从而影响胎衣的正常排出；牛胎盘具有特殊结构，相较于其他动物，本身就具有较高的胎衣不下发生率。

（二）临床诊断

在牛只分娩后，正常情况下胎衣应在数小时内排出。然而在某些情况下，胎衣部分或全部未能在规定时间内脱离，导致滞留。仔细观察可发现，受影响的母牛会出现拱背努责的行为，表现出明显的不适。随着胎衣开始腐败，恶臭的污红色液体及腐败胎衣碎块会从阴道排出。当患牛卧下时，这种排放物的量会增加。

滞留胎衣还可能引发急性子宫内膜炎——一种由于腐败产物在体内累积导致的炎症反应。此病状进一步恶化时，牛只会出现精神不振、体温轻微升高、食欲下降及反刍减少等症状。此外，滞留胎衣还可能导致瘤胃功能障碍，表现为瘤胃弛缓、积食及臌气。

（三）疾病治疗

1. 西医治疗

垂体后叶素的推荐剂量为 40～80 单位，可通过肌肉或皮下注射给药。首次注射后，需等待 2 小时后进行第二次注射，以确保治疗效果。使用催产素，推荐剂量为 50～80 单位，可通过海穴注射给予；甲基硫酸新斯的明，推荐剂量为 30～37.5 毫克，同样可以通过肌肉或皮下注射进行给药。在需要重复注射时，剂量可以减至 20 毫克。

在肉牛胎衣未能顺利排出的情况下，采取金霉素（或土霉素、四环素、氯霉素等）投药治疗。每次投放 0.5 ～ 1.0 克金霉素，间隔一日，共进行 13 次治疗，旨在预防胎衣腐败及子宫感染的发生，促进胎衣自然排出。

2. 中医治疗

方剂一：十全大补汤加味。人参、白术、茯苓、甘草、红花、陈皮、升麻、附子、肉桂各 20 克，当归、白芍、益母草、桃仁各 25 克，熟地黄 30 克，川芎 21 克，大枣 7 颗。将上述药材混合，研磨为细末，用开水进行冲服。

方剂二：参芪益母生化散加减。党参、赤芍、木香各 50 克，黄芪、益母草各 100 克，红花、桃仁、甘草各 20 克，当归、川芎各 60 克，川续断、炮姜各 40 克，柴胡 30 克。将上述药材混合，并采用水煎的方式，分三次进行服用。

方剂三：当归、益母草、红花、紫花地丁各 30 克，党参、滑石、蒲公英各 60 克，龟板、海金沙各 40 克，甘草 50 克。将上述药材研磨为细末，并配以 500 克的红糖作为药引，用开水进行冲服。

3. 手术剥离治疗

在进行此类手术时，需确保病牛站立稳定，同时对操作区域进行彻底的消毒，保证手术过程的无菌性。操作者需对手部进行严格的消毒处理，并涂抹油脂以减少对子宫的刺激。

在治疗的过程中，操作者左手固定垂露于阴门外的胎衣，右手则顺阴道伸入，寻找位于子宫后方的胎盘与子宫黏膜之间的连接部位。通过拇指、食指和中指的配合使用，从后向前逐一剥离胎儿胎盘与母体胎盘之间的连接。在剥离到一定程度，操作不便时，可通过左手轻微牵动外露的胎衣，促使子宫角的胎盘位置后移，继续剥离直至完全分离所有胎盘组织。

（四）疾病预防

营养方面，强调饲料中钙和维生素的充足，尤其在冬春季节，当青饲料短缺时，有必要及时补充维生素 E 和维生素 A。针对我国多数地区普遍存在的硒元素缺乏问题，在严重缺硒地区，建议添加亚硒酸钠以满足生理需求；而在缺碘地区，则应补充碘化钾。此外，舍饲牛的运动量也需适当增加，以促进其健康状态。在分娩过程中，推荐让母牛尽可能自然完成分娩，避免不必要的人工干预，如人为拉出胎儿或过早的助产行为。分娩后，应鼓励母牛舔干犊牛体上的液体，并在早期阶段灌服羊水，以及让犊牛尽早开始吮乳或进行挤奶。

二、牛难产

（一）病因

难产是指母牛妊娠期满后，尽管已显现临产迹象，但胎儿仍不能顺畅分娩出来的状况。此症多见于初产母牛，若延误治理，常常会导致胎儿及母牛的死亡。

1. 母牛自身因素

由母牛自身因素而导致的难产主要分为两种情况，分别为产道性难产和产力性难产。

（1）产道性难产

产道性难产主要表现在肉牛产道异常，包括子宫颈开启不足以及盆骨狭窄等情况。子宫颈未能充分开启导致的软产道，以及盆骨狭窄造成的硬产道，都会对肉牛分娩过程产生显著影响。特别是在首次分娩的母牛中，这类问题更为突出。肉牛在较早的时间进行配种，会导致分娩时肉牛个体相对较小。这增加了子宫捻转的风险，从而增加了难产的可能性。此外，肉牛在妊娠晚期频繁起卧也可能引起腹中胎儿捻转，进一步影响正常分娩过程。[1]

---

[1]　张学刚.肉牛难产的原因及综合防治[J].中国畜牧业，2023（14）：117-118.

（2）产力性难产

在母牛的分娩过程中，要想顺利的从子宫中诞出胎儿，必须具备一定的产力。倘若当母牛在实际生产中展现出产力不足时，分娩周期可能会不必要地延长，从而增加难产的风险。产力不足的原因众多，例如如果母牛在妊娠期间缺乏足够的运动，可能会导致胎儿过大，最终引起难产。另外，部分肉牛由于体质瘦弱，其子宫的收缩力量在生产过程中表现得相对较弱，从而更易于遭遇产力不足和难产的问题。

2. 胎儿因素

在肉牛的繁殖周期中，从配种至妊娠的全过程，适当的营养补充是确保胎儿健康成长的基础。然而，过量的营养供应会引起胎儿体积异常增大，这不仅可能因遗传品种的特性而发生，更多时候是饲养管理中未能依据牛只的实际妊娠阶段调整饲料配方，导致营养过剩。胎儿体积的过度增大进而可能引发胎位不正、胎儿畸形等问题，增加分娩过程中的困难。胎儿畸形的发生，一方面可能源于繁殖配种过程中的近亲交配或管理失当，另一方面也可能与肉牛在繁殖期间营养不足有关。营养不足尤其是特殊微量元素和矿物质的缺乏，可能会导致羊水供血不足，影响产道的润滑性能，最终使分娩过程变得异常艰难。

（二）临床诊断

牛只在临产时表现出明显的不安和痛苦，常见症状包括频繁卧地不愿起立，弓腰努责，回头观察腹部，呼吸急促。乳房出现胀大现象，偶尔会有少量乳汁流出。部分情况下，全身出汗。外阴肿胀，并伴有黄色浆液从阴道流出，有时可见胎衣部分外露，或能观察到胎儿的肢体或头部，但胎儿未能顺利分娩。若分娩过程过长，牛只会表现出极度疲惫，倒卧不起，努责动作减弱或完全停止，偶尔发出痛苦的呻吟。

（三）疾病治疗

1. 手术助产

在进行手术助产之前，必须对病牛采取合适的体位，通常是前低后高站立或侧卧保定，以便操作。治疗开始前，需要对胎儿露出的部分及母牛的会阴、尾根等部位进行彻底清洗，之后使用药液进行冲洗消毒，确保手术区域的清洁。操作者在进行手术之前，同样需要使用药液对手臂进行消毒，并涂抹润滑剂，如液状石蜡，以降低对产道的损伤。手术过程中，操作者将手伸入产道内，进行胎位、产道状态以及胎儿生死情况的检查。针对胎儿姿势不正、位置错误或方向不当引起的难产，需要将胎儿露出部分推回子宫内，随后矫正胎儿姿势。若产道干燥，可以注入消毒的液状石蜡，以润滑产道，便于胎儿顺利分娩。在某些情况下，如胎位矫正困难、产道狭窄或胎儿体形过大，可能需要立即转向剖宫产手术。若胎儿已经死亡，可以采用隐刃刀或线锯将胎儿分割为数块，分别从产道取出，以减轻母牛的分娩负担。

2. 中药治疗

方剂一：党参、白术、炙黄芪各24克，川芎、熟地黄、茯苓各15克，炙甘草、肉桂各12克，白芍18克，当归19克。细致研磨成粉末状，以开水冲调后，待至适宜温度时服用。

方剂二：红花、肉桂、桃仁、牛膝各15克，枳壳24克，当归60克。经精细研磨成细末。利用120毫升黄酒作为溶媒，配合开水调制。服用时待药液温度适宜，以灌服方式进行服用，

（四）疾病预防

1. 做好日常管理和繁殖管理

对养殖场中的初产母牛而言，过早进行配种可能会增加难产的风险。因此，必须确保青年母牛的体重达到成年母牛的70%～80%，以此作为配种的前提条件之一。具体到年龄上，青年母牛需生长至18月龄后方可参与配种活动，以此来有效降低难产的概率。在妊娠阶段，为避免因胎儿体形过大而引发难产，初产母牛在配种时应避免选用纯种肉牛冻精进行人工授精。纯种肉牛犊牛的体形普遍较大，而初产母牛的产道相对狭窄，易造成难产。相较之下，推荐使用和斯坦奶牛冻精进行配种，这种

选择更适合初产母牛的生理条件，可以有效降低难产发生的概率。配种过程中的繁殖管理也是非常重要的。针对性的繁殖管理工作能够避免近亲杂交，减少畸形胎、死胎或僵尸胎的出现。这要求养殖场在进行配种前，必须对繁殖用的冻精的品种、质量进行严格筛选，并结合母牛的生理状态和繁殖历史制订合理的配种计划。

2. 科学饲喂

在妊娠期间，母牛的营养管理直接影响到胎儿的正常生长以及母牛产后的恢复情况。合理的营养供给，不仅需要根据母牛的品种、体形和体重来综合制定饲料配方，还需确保所提供的营养物质全面覆盖，尤其是维生素、矿物质以及微量元素的供应。

在妊娠早期，母牛的饲料配方可依据空怀期间的标准执行，此阶段营养需求并未显著增加。然而，随着妊娠进展至后期，胎儿的生长速度显著加快，此时母牛的日粮量及营养价值需求相应增加，以促进胎儿健康发育。关键在于避免过度或不足的营养供给，保持母牛的体况在最佳状态，既不过瘦也不过肥，以避免妊娠并发症的发生。分娩前后的营养管理也同样重要。分娩前及产后的 3～4 天应避免过量饲喂，特别是高蛋白饲料的投喂应当禁止，以免引起消化不良或其他健康问题。产后初期，建议逐步减少饲喂量，分娩当天尤应控制饲料的供给。从产后的第 3 天开始，按照少量多次的原则逐步增加精饲料的投喂量，直至逐渐恢复至正常的饲喂水平，以支持母牛的恢复和泌乳需求。

3. 保证充足的运动量

在妊娠期间，母牛的运动管理是确保疾病预防及促进健康生产的关键环节。适度运动对于母牛及其胎儿具有多方面的益处。妊娠早期，母牛通过自由活动，可以有效增强体质，提高免疫力。运动通过促进血液循环，来维持营养物质及氧气的有效供给，同时也促进代谢废物的排出，从而维持了母体及胎儿的健康。适当的运动量还能够确保母牛在分娩过程中的生产力，降低难产的风险。运动通过加强肌肉的强度和柔韧性，为顺利分娩奠定了基础。此外，适宜的活动有助于保持胎儿的正确位置，减少分娩时的并发症。

对于接近分娩期的母牛，必须严格控制其运动量。妊娠晚期过度或不当的运动可能会引发不利后果，包括但不限于早产或流产。因此，养殖场应为繁殖牛提供专门的运动场所，同时根据妊娠阶段调整运动计划和强度。在妊娠中后期，除了限制剧烈运动，还可通过轻柔的按摩等方式促进母牛的血液循环。

第四节　产后疾病

一、牛乳腺炎

（一）病因

牛乳腺炎是一种常见的乳腺炎症疾病，由多种因素引起，涉及机械性、物理性、化学性和生物性的作用。

不恰当的饲养管理，如挤奶技术不精熟、乳房清洁不到位或挤奶人员个人卫生不佳，容易造成乳头管黏膜的损伤，进而导致病原体侵入。病原微生物包括大肠埃希菌、葡萄球菌、链球菌和结核杆菌等，通过乳头管进入乳房，触发感染过程。此外，机械性损伤，如乳房受到外力打击、冲撞、挤压或犊牛咬伤，也是触发本病的重要因素之一。值得注意的是，乳腺炎常常是其他炎症性疾病，如子宫内膜炎或其他生殖器官炎症后的继发疾病。

（二）临床诊断

根据临床症状和乳汁的变化，乳腺炎可分为急性型、亚急性型和慢性型三种表现形式。疾病通常在产后哺乳期发生，偶尔在妊娠后期临产前也会出现。

急性乳腺炎的表现为突然发病，乳房发红、肿胀、变硬及疼痛明显，乳汁显著异常且减少，伴随全身症状。感染牛只体温升高，食欲减退，反刍减少，脉搏加快，脱水和全身衰弱显著，情绪沉郁。最急性的乳腺炎发展迅速，症状严重，可能危及生命。

感染亚急性乳腺炎的牛只一般不出现全身症状。最明显的异常是乳汁中出现絮片和凝块，且呈现水样。乳房轻微发热、肿胀及疼痛。

慢性乳腺炎则多由持续感染引起，或是由急性乳腺炎未能得到及时有效的治疗转变而来。疾病呈现为长期保持亚临床型，或亚临床型与临床型交替出现，临床症状长期存在。乳腺组织经久不愈的感染最终可能导致纤维化，乳房萎缩，形成硬结并停止产奶。

牛乳腺炎的诊断依据乳房的肿胀、敏感度增加以及乳汁的质量变化。产奶量的减少或停止也是诊断的关键依据。

（三）*疾病治疗*

1. *西医治疗*

（1）乳房注药法

先挤净患牛乳汁，然后对乳头进行碘酊消毒。接着通过乳房导管向患区注入 2% 盐酸普鲁卡因 4 毫升、青霉素 80 万单位和链霉素 0.5 克。通过轻轻按揉乳房，可促进药物在患区的扩散，增强治疗效果。此法需每天 2～3 次，连续使用 3 天。对于伴有全身症状的患牛，应同时采用全身抗生素治疗，常用的抗生素包括卡那霉素、林可霉素、磺胺类和喹诺酮类等。

（2）冷敷法

针对炎症初期，冷敷法被广泛应用于降低组织液渗出。经过 48 小时后，治疗方式转变为使用 40～50℃ 的 25% 硫酸镁溶液进行热敷，每日一次，每次持续 30 分钟。此法旨在加速炎症区域的血液循环，促进病变组织的修复。热敷之后，采用红外线照射或是涂抹鱼石脂、松馏油等外用药物，以进一步减轻炎症并促进恢复。

（3）乳头药浴

在挤乳后，使用氯己定、新洁尔灭等消毒液进行浸泡，以预防感染，保护乳头不受细菌侵袭。

2. 中医治疗

（1）方剂一：初期需要口服消乳散，外敷金黄散。

消乳散：牛蒡子、连翘、天花粉、紫花地丁各30克，柴胡、皂角刺、生栀子、陈皮、黄芩各25克，生甘草、青皮各15克，将其混合之后研磨为细粉，以开水进行冲服。倘若在哺乳期出现乳汁壅滞，则需要在进行通乳之后再加入王不留行、路路通、木通、漏芦。不直接哺乳或者是采取断奶后出现乳房肿胀的情况，则可以加入适量的焦麦芽回乳，以缓解症状。

金黄散：甘草15克，陈皮、厚朴、苍术、天南星各25克，黄檗、白芷、天花粉、郁金、大黄各30克，混合之后研磨为细粉，以醋进行调和或者采用水调和的方式，涂抹于患病部位。

在成脓期，肿胀未退，脓液形成未溃时，应通过细针刺破引流，避免感染扩散。配合外用药物，如艾叶、葱、防风、荆芥、白矾等药材水煎洗涤患处，有助于减轻炎症，促进伤口恢复。气血两虚状况下，需内服补中益气汤，即党参、陈皮、当归各60克，柴胡、升麻各30克，炙甘草45克，炙黄芪90克，将上述药材混合水煎之后方可服用，旨在调养气血，增强体质，促进恢复。

在溃后期，久不愈合现象常见，需采取特定药物治疗以促进伤口愈合，如内托生肌散，由丹参30克，生黄芪120克，杭白芍、甘草各60克，乳香、没药各45克，天花粉100克，混合研磨为粉状，用开水冲服之后使用。

（2）方剂二

在初期阶段，可采用加味瓜蒌散进行治疗，即甘草、当归、没药、生黄芪、乳香、忍冬藤各30克，蒲公英45克，瓜蒌50克，浙贝母15克，穿山甲15克。通过水煎两次后灌服，连续使用3剂，能有效缓解症状。治疗过程中，还需辅以手工轻揉乳房，促进乳汁的排出。之后采用雄黄散外敷于肿痛区域，可缓解炎症。雄黄散配方为：白及、大黄、龙骨、白蔹各30克，雄黄15克，混合研磨为粉状。

中期病程，若观察到肿块未消散，且内部已形成脓性物质但尚未自行溃破，应采用探针技术抽取脓液，并辅以中药托里消毒散治疗。中药托里消毒散的配方为：当归、延胡索、香附、乳香、皂角刺各30克，连翘、黄芪各50克，穿山甲15克。通过水煎方式制备药液，分两次煎煮。完成制药过程后，需按照指定方式灌服，连续3日。

在后期处理中，若脓液溃破且久治不愈，可采用内服黄芪汤的方式进行治疗。该配方包括：川芎、白芍、肉桂、茯苓、皂角刺、甘草、党参、当归各30克，黄芪、熟地黄各40克，远志、生姜各15克，并配以20个大枣作为药引，通过水煎方式制备药液，分两次煎煮后进行灌服，连续3剂汤药，方可促进牛乳腺炎的恢复，减轻炎症，加快脓液的清除。

3. 针灸治疗

（1）血针

通过取两侧滴明穴放血400～500毫升，有时配合鹘脉穴、滴水穴、阳明穴使用，以达到治疗效果。

（2）水针

在阳明、百会穴注射青霉素80万～160万单位或用0.5%盐酸普鲁卡因注射液100～150毫升，加入青霉素40万单位，直接对乳基穴进行注射，以此来消炎杀菌。

（3）氦氖激光照射

利用滴明穴、通乳穴、阳明穴作为主要照射点，照射距离控制在

10 ～ 20 厘米，每次 10 ～ 15 分钟，每天 1 ～ 2 次，通过激光的照射促进局部血液循环，加速炎症消散。

（4）灸熨

通过对患处进行温热处理，每次 30 ～ 60 分钟，以改善局部血液循环，缓解炎症。

（5）特定电磁波治疗

通过仪器对患部进行照射，每次 60 分钟，每天 1 ～ 2 次，利用特定频率的电磁波促进炎症部位的恢复。

（四）*疾病预防*

饲养管理的优化、牛舍及牛体卫生的保障是基础。挤乳过程中的卫生操作，如定期进行乳头药浴，使用 0.5% 氯己定或 0.1% 新洁尔灭等消毒剂，能有效降低病原体的传播风险。干乳期间，在乳区注入长效抗菌剂可以有效预防乳腺炎的发生，有助于减少病原微生物在非泌乳期的侵袭。日粮中添加左旋咪唑、维生素 C 和必要的矿物质，能够提高乳牛的整体健康状况和免疫力，从而降低乳腺炎的发生率。

二、产后瘫痪

（一）*病因*

产后瘫痪，亦称生产瘫痪或乳热症，在中兽医学中被称为胎风，是一种在牛中较为常见的产科疾病。

该疾病的典型症状为舌、咽、肠道麻痹，知觉丧失以及四肢瘫痪的突然发生。病因通常与血钙的急剧降低有关，血钙水平的下降影响牛体内的神经传导和肌肉收缩功能，进而导致瘫痪症状的出现。尽管血钙降低是其主要病理生理基础，血清中镁的含量变化也可能导致该病的发生。此外，特定品种（如娟姗牛）及家族遗传因素，亦被认定为影响产后瘫痪发生的重要因素。

（二）临床诊断

在初期，病牛表现为精神萎靡，食欲下降，反刍和嗳气减少，偏好卧位，对行走较为排斥，行走时会出现后肢摇摆的情况。此阶段体温通常保持正常，但心跳加速且力量减弱，呼吸变粗并伴有不安表现。随着病情进展到后期，病牛会出现卧地不起的情况，四肢弯曲位于躯干下方，头部向后弯曲至胸部一侧，出现昏睡状态，知觉丧失。此时，四肢末梢呈现厥冷现象，脉搏微弱，呼吸较深且较为缓慢，时有呼噜声，偶尔出现磨牙的行为。

（三）疾病治疗

1. 乳房送风

使用乳房送风器，将空气直接送入乳房，以改善乳腺的血液循环和健康状况。治疗前，必须对除鼓风橡皮球外的所有器械进行严格消毒，确保疗程的安全性。乳头导管插入前，需挤出部分乳汁并彻底清洁及消毒乳头，以减少感染风险。注射抗生素于乳房中可以进一步预防感染。通过在每个乳房中使用鼓风橡皮球注入空气，并立即用纱布条固定乳头，可以有效防止空气过早溢出，促进乳房健康。治疗后，需在2～3小时解除结扎，并在2～4小时后进行挤奶，如治疗效果不佳，可在2～3小时后重复此过程。对于严重病例，多次重复此疗程有助于加速恢复。

2. 静注钙剂

牛产后瘫痪常见于钙代谢失衡，为此有必要静脉注射钙剂。一种方法是使用10%葡萄糖酸钙溶液200～600毫升，注射时间需超过15分钟，以确保药物缓慢进入血液系统，降低副作用风险。另一种方法为5%氯化钙注射液100～300毫升可加入葡萄糖溶液中静脉注射，以改善钙吸收。在症状未获缓解情况下，8～12小时后可考虑再次注射。

3. 中医治疗

（1）初期阶段治疗

初期阶段的治疗目的主要是祛风舒筋、活血补肾，可采用补阳疗瘫汤加减。补阳疗瘫汤加减的配方为：黄芪、当归、桑寄生、川续断、枸杞子、熟地黄、小茴香各30克，川芎、甘草、威灵仙各20克，益智仁、补骨脂、麦芽各45克，青皮25克，混合后研磨为粉状，用开水进行冲服，并等待温却之后进行灌服。该方剂需每天使用1剂，连续服用3～5天，通常情况下便可痊愈。

（2）后期阶段治疗

在后期阶段的治疗中，主要目的便是气血双补，重补肝肾，活血化瘀，祛风除湿，可采用独活寄生汤加减，抑或是十全大补汤加减进行治疗。独活寄生汤加减的配方为：独活、秦艽、杜仲、党参、牛膝、当归、茯苓各30克，桑寄生、熟地黄各45克，防风、白芍各25克，桂心、川芎各15克，细辛6克，甘草20克，混合后研磨为粉状，用开水进行冲服，等待凉温后以灌服的方式进行服用。该方剂需要连续服用4～5天，每天服用一剂。如果出现疼痛并且症状较为明显，可以酌情加入适量的制草乌、制川乌以及白花蛇，以此来达到疏通筋骨、活血止痛的目的。

十全大补汤加减的配方为：黄芪、党参、当归、白术、益母草各50克，甘草、川芎、熟地黄各30克，大枣、陈皮、白芍各40克，升麻、柴胡各25克，混合后研磨为粉状，并用开水进行冲服，等待凉温之后需加入100毫升的白酒，以灌服的方式进行服用。该方剂需连续服用3天，每天服用一剂。

（四）疾病预防

适度运动能提高妊娠母牛的体能，并促进其健康，预防出现产后瘫痪等并发症。在妊娠末期至产后早期，饲料营养应适中，应避免因营养过剩而增加健康风险。优质饲草的供给可以保证母牛获得必要的营养，而且不会导致肥胖。产前及产后补充维生素D，有利于提高机体对钙的吸收与利用，预防产后低钙血症。产后立即给予5%葡萄糖酸钙液注射，可有效预防及治疗低钙血症，增强母牛体质，减少产后并发症的发生。产后72小时内，适度挤奶可减少乳房压力。

三、产后厌食

（一）病因

牛产后厌食症状的发生，源于多方面因素的共同作用。产前饲养管理不当，如饲料结构单一、营养不均衡，以及产时血气耗损严重，尤其在胎儿体积过大或产程过长的情况下，更加剧了正气的损耗和阴血的流失，进而导致气血两虚。分娩后，气血骤然虚弱，卫外之阳不固，导致腠理疏松，外邪因此乘虚而入。同样，若在妊娠期间饲喂失衡，或在饱食后即刻劳作，或长时间饥渴不得饮食，皆可损伤脾胃，造成脾胃虚弱。过多饲喂精饲料亦可能在分娩时导致气血大量亏损，伤及脾胃，使草料在胃内难以腐熟、转化，造成食物停滞。产后母牛的元气亏损，亦可能导致子宫复旧不良，气虚不能摄血，血液因而溢出脉外。产后若感受寒邪，寒气凝滞血脉，胎衣未能及时排出，瘀血与恶血内滞，阻碍新鲜血液的生成与流动，从而形成恶露不绝的情况。因此，牛产后厌食的防治，需综合考虑以上病因。

（二）临床诊断

牛产后厌食是指母牛在分娩后出现的食欲下降甚至不进食的现象。临床上主要表现为食欲减退、体重减轻、反刍次数降低、瘤胃与瓣胃的蠕动声弱、粪便干硬等。病情发展至产后数天至一个月，病牛会出现精神萎靡、前胃弛缓、消化不良、异嗜行为以及空嚼现象。随着病程的进展，牛只会逐渐消瘦，营养状况恶化，表现为贫血等症状。前胃的蠕动次数和力度均有所减少，肠道的蠕动声变得不明显。此外，心音变弱，心动过速，心音区域扩大。

牛产后厌食是一种常见的临床病症，根据病因和临床症状的不同，我们可以将其分为气血双亏型、外感型、伤食型、恶露不尽型和脾胃虚寒型五种证型。

1. 气血双亏型

气血双亏型表现为牛只精神萎靡，体形消瘦，毛色干枯无光泽，活动迟缓，多卧少立。反刍活动的表现为无力甚至完全停止，口腔色泽淡白，舌质软弱，口腔内温度偏低，粪便干稀不定，胃壁松弛无力。此外，阴道内常有污红色液体流出，偶尔伴有轻微腹痛，体温低热不定，脉搏细弱。

2. 外感型

外感型通常发生在产后不久，表现为牛只发热伴随寒战，精神不振，皮肤温度不均，毛发竖立无光泽，表现为拱背卷腹，鼻部流出清涕，伴有咳嗽，口唇微黄，苔薄白。疾病初期，食欲及反刍活动稍有减退，随后逐渐停止，瘤胃蠕动无力，触摸胃壁感到松软，脉象浮弦。

3. 伤食型

伤食型的病牛初期食欲不振，反刍减少，随病情发展逐渐停止摄食和反刍，嗳气酸臭，时有空口咀嚼行为。鼻镜干燥无汗，时有腹痛表现，表现为弓背低头，回头顾腹或后肢踢腹，粪便干燥，颜色偏黑，量少。口腔干燥呈现燥红色，脉搏沉涩，左侧腹壁胀大，压之瘤胃感到坚实，重压下留有压痕，瘤胃蠕动音减弱或停止。

4. 恶露不尽型

恶露不尽型的特征为牛只阴道持续流出污红色恶臭液体，重症牛只产后两个月仍有分泌。随着病情的发展，食欲及反刍逐渐减退或完全停止，部分牛只表现出瘤胃不安和努责。若血瘀转化为热，则恶露分泌减少且黏稠，全身发热，体温升高，口腔色泽淡白或赤红，脉搏细弱或加速。

5. 脾胃虚寒型

脾胃虚寒型的病牛表现为精神萎靡，食欲下降，耳朵下垂，头部低垂，毛发松散无光泽，耳朵、鼻子、角及四肢触感冰凉，口内流出清涎，有时翻胃吐草，口色淡，粪便稀释，尿液清澈，脉象沉缓。此类病状反映了牛只脾胃功能受损，体内寒气过重，导致消化吸收能力下降，体质虚弱。

（三）疾病治疗

1. 气血双亏型

气血双亏型需采取补充气血、和中健脾的治疗方法，如加味十全大补汤。该方剂包括：党参、白术、黄芪、熟地黄、白芍各40克，茯苓、川芎、肉桂各30克，甘草、丁香各20克，当归50克，香附100克，山药、枳壳各60克，生姜10克。将以上药材研成细末，使用开水冲调，待药液温度适宜时，对牛进行灌服。

2. 外感型

外感型则需要祛湿驱寒、解毒以及温中理气，可内服天麻散进行治疗。天麻散的配方为：荆芥、天麻、苍术、川芎、白芷、防风各30克，柴胡、厚朴、当归各50克，薄荷、青皮、生姜、陈皮、槟榔、泽兰各40克。将其混合后研磨为粉状，用开水的方式进行冲服，并等待药液温度适宜时，以灌服的方式进行服用。

3. 伤食型

伤食型的治疗目的主要是健脾、通便，可服用四君三仙丁蔻散进行治疗。四君三仙丁蔻散的配方为：茯苓、丁香、甘草、肉豆蔻各30克，白术、槟榔、党参各40克，焦三仙、厚朴各50克，滑石100克，当归80克，枳壳60克。将上述药材混合后研制为粉末，用温水进行冲服后，以灌服的方式喂给患牛。

4. 恶露不尽型

恶露不尽型的治疗原则为祛瘀通滞，健脾助食，可服用加减生化汤进行治疗。该方剂的配方为：山药、当归、枳壳、党参各60克，三棱、莪术、桃仁、甘草各30克，川芎35克，黄连20克，白术50克。将上述药材研制为粉末之后，用开水进行冲服，并等待药液凉温之后进行灌服。

5.脾胃虚寒型

针对脾胃虚寒型，治疗目的主要为温中健脾，消导助食，可服用养胃助脾散。该方剂的配方为：茯苓、沙参、陈皮、当归、麦冬、五味子各30克，白术、厚朴各40克，党参、山药各50克，石菖蒲、生姜、甘草各20克，大枣10克。将其混合后研制为粉末，并用开水进行冲服，等待凉温之后进行灌服。

（四）疾病预防

适当调整饲料量，特别是在产犊前后期，有助于预防产后厌食症状的发生。产犊前一周，应逐步减少饲料量，至产前三日减至正常量的一半。产犊当日，仅供应充足的热麸皮、盐水或温盐水，避免大量精料的喂养，以减轻消化系统的负担。产后饲养管理需依据母牛的食欲及体况调整饲料量，适当增加矿物质、维生素及蛋白质的摄取，促进健康恢复及乳量增加。一周后，根据母牛的恢复状况，逐步过渡到正常饲养模式。饲料的合理配制对促进母牛采食、消化及吸收极为重要。通过氨化或微贮处理粗饲料如秸秆、稻草等，可显著提高其营养价值及适口性。同时，精饲料的搭配中加入适量的食盐、微量元素及小苏打，能提升饲料的适口性，还有助于促进母牛的消化吸收，从而有效预防产后厌食问题的发生。

四、子宫脱垂

（一）病因

一般而言，体质虚弱、饲养管理不当或劳役过度是子宫脱垂的主要诱因。具体来说，中气不足、肾气亏损导致冲任不固，子宫韧带松弛，从而使胞宫失去正常的悬吊与支持作用，进而翻转脱出。老年经产母牛体质较弱、产前过度劳役、产后过早使用和饲养管理不善，均可导致脾肾两虚、气血不足，从而引发中气下陷，促成子宫脱垂。长期缺乏运动，会使筋脉失去养分，变得弛缓无力。便秘、努责过甚或其他因素导致的腹压突增，也是导致子宫翻转脱出的重要因素。

（二）临床诊断

子宫脱垂的临床表现为阴门外突出圆形肉团，经仔细辨认，大部分情况下为子宫，有时伴随着未脱离的胎衣。该脱出物的两角处向内凹陷，表面覆盖着许多暗红色子叶，即母体胎盘。若脱出时间较长，脱出物会逐渐形成瘀血和发生水肿，颜色转变为黑褐色，类似肉冻状，严重时会发生感染，破溃并流出黄色液体，在寒冷的冬季，还可能因冻伤导致组织坏死。受影响的母牛会表现出疲惫、卧地不愿起立、食欲和反刍作用减少、四肢轻微肿胀以及尿频。在严重的情况下，母牛的整体健康状况会大幅下降。

（三）疾病治疗

1. 手术整复

治疗开始前，病牛需保定，身体前低后高，以便操作。治疗的第一步是使用 1%～3% 温食盐水或白矾溶液清洁脱出部分，即阴道、子宫及其周围区域，目的在于去除附着的污物和坏死组织。随后，采用适量的白矾或冰片粉末涂抹于受影响区域，促进阴道与子宫的收缩。对于已经出现的水肿部位，可以使用小三棱针对肿胀的黏膜进行刺穿，以排出血水、减轻症状。在整复子宫的过程中，术者通过用拳头抵住子宫角的末端，利用病牛的努责间隙，逐步将脱出的子宫推回产道，确保其重新纳入骨盆腔内，并且平展子宫的所有皱襞，以实现子宫的完全复位。术后可以将新砖进行加热，通过垫设醋布在阴门外部进行热熨；在阴唇两外侧各放置 2～3 粒纽扣，纽扣下面朝外，利用线穿过纽扣孔进行缝合并固定。这有助于病牛维持子宫的位置，也减少子宫再次脱垂的风险。

2. 药物治疗

整复子宫后，皮下或肌内注射催产素，剂量为 50～100 单位，能有效促进子宫收缩，减少出血。头孢噻呋钠和双黄连注射液的联合应用，每日 2 次，持续 3 天，可抗感染并促进局部血液循环。氯化钙或葡萄糖酸钙与高浓度葡萄糖溶液联合使用，通过静脉注射，每日一次，连续 3 天，可以补充电解质，提高机体抵抗力。地塞米松磷酸钠具有抗炎和抗过敏的作用，维生素 B 与维生素 C 的添加，可以进一步增强机体恢复能力，促进组织修复。

3. 中药治疗

方剂一：活血化瘀汤加减。川芎、乳香、川续断、没药各 30 克，郁金、乌药、杜仲各 35 克，赤芍、当归各 40 克，甘草 15 克，并加入适量的水酒作为药引，采用水煎的方式进行服用。对于湿热下注、热毒炽盛的症状，可增加黄连、黄檗等清热利湿药物，以消除炎症、减轻病症。若伴有气虚或中气下陷，则应加入黄芪、党参等药物，以健脾补气、提升阳气，增强机体的抗病能力。

方剂二：八正散加减。滑石、车前草各 20 克，栀子、木通、泽泻、茵陈、灯芯草各 25 克，大黄 35 克，土茯苓 30 克。混合之后采用水煎的方式进行服用，每日需服用一剂。

4. 针灸治疗

对百会、命门、尾根、阴俞等穴位进行日常针刺，每日一次，持续 3 日，可以有效促进局部血液循环，增强子宫的自我修复能力。

电针治疗则针对后海和肛脱二穴，这两个穴位位于肛门两侧约 2 厘米，每日 1 ～ 2 次，每次不少于 30 分钟。电针刺激可以加强针刺效果，促进区域内血液循环，有助于减轻子宫脱垂症状。特别是通过 18 ～ 20 号针头在后海穴和肛脱穴注入 0.25% 盐酸普鲁卡因注射液，能够在一定程度上缓解痛感，加速恢复过程。

通过阴脱穴注射 95% 酒精，每日一次，连用两天，旨在通过局部组织硬化预防子宫再次脱出。

（四）疾病防治

加强对产后母牛的营养支持，提供充足的高质量饲料，确保其能够获得必要的营养成分，特别是在产后恢复期间，强化蛋白质、矿物质和维生素的摄取，以促进体质的快速恢复和增强子宫恢复正常位置的能力；改进饲养管理措施，避免产后过早使役和过度劳役，给予产后母牛足够的休息时间，有助于其体力的恢复和腹内压力的减少；保持良好的圈舍环境，避免潮湿和不卫生的条件，可以降低病原体感染的风险，从而减少因感染引起的并发症，包括子宫脱垂。

合理安排母牛的运动，特别是对于长期被限制在狭小空间内的母牛，适度的运动有助于增强筋脉的弹性和力量，维持腹部肌肉的紧致，从而有效预防子宫脱垂。针对有便秘问题的母牛，应通过调整饲料组成，增加粗纤维的比例，促进其肠道蠕动，防止过度努责和腹压增高。定期进行产科检查，及时识别和处理初期的子宫脱垂症状，也是防止病情恶化的关键措施。

五、子宫内膜炎

（一）病因

子宫内膜炎是母牛生殖系统中较为常见的疾病，主要表现为子宫黏膜的黏液性或化脓性炎症。此病状多发于产后或流产后，关键诱发因素包括产房卫生条件不佳、分娩环境污染以及产后护理不当。尤其是在粪便或尿液污染的环境中分娩，以及分娩过程中外阴或尾根部的污染未经彻底清洗消毒，均极易导致子宫内膜的感染。此外，助产过程中手臂与器械的消毒不彻底，以及胎衣未能及时排出体外而腐败分解，恶露停滞不畅，也是引发子宫内膜炎的重要原因。

（二）临床诊断

子宫内膜炎多在产后一周内发生。该病状的主要表现包括体温升高、心跳过速、呼吸频率增加等全身性症状。受影响的牛只表现出精神沉郁、食欲减退、反刍及泌乳量减少等情况。临床观察可见，患牛经常拱腰、举尾，显示不适。阴道分泌物为污红色或棕黄色黏稠脓液，带有腥臭味，其中含有絮状物或胎衣碎片。卧下或排尿时，分泌物排出量会明显增加。

尾根部经常有这种分泌物的干痂。直肠检查可以明显感知到子宫角变粗，宫壁增厚并变硬，同时表现出敏感性，其收缩反应较弱。子宫内有渗出物积聚时，触摸有波动感。

（三）疾病治疗

1. 药物治疗

药物治疗主要包括排出子宫腔内炎性渗出物与抗生素的局部应用。治疗时经常使用 0.1% 高锰酸钾液、0.02% 呋喃西林液、0.02% 新洁尔灭液、生理盐水等溶液进行子宫冲洗，以去除炎性分泌物。冲洗后，为防止炎症复发，需将抗生素直接灌入子宫腔。特别是当子宫壁发生全层炎症且患牛出现严重全身症状时，子宫冲洗可能加剧感染扩散的风险，此时应直接向子宫内投放抗生素。针对全身症状，加强全身治疗措施亦十分重要，包括抗生素注射与输液治疗，以支持牛只的整体恢复。

2. 中医治疗

方剂一：龙胆泻肝汤。药方为黄芩、白芷、栀子、大黄、泽泻、柴胡、甘草、车前子各 30 克，龙胆草、生地黄各 50 克，乳香、没药各 20克。混合后研制为粉末，并用开水进行冲服，等待药液温热之后一次性灌服，需每天一剂。

方剂二：加减完带汤。药方为陈皮、甘草、柴胡各 25 克，山药、炒白术各 60 克，巴戟天、苍术、车前子、薏苡仁各 30 克，当归党参、炒白芍各 40 克。混合后研制为粉末，用开水冲调，待温后灌服，日服 1 剂。根据病情差异，调整方剂成分：气虚显著者，需加入黄芪以增强气力；若痰湿较重，则应去除白芍、柴胡，加入茯苓、半夏、厚朴以利湿解痰；带下量多难以止息时，加用煅龙骨、煅牡蛎，以收敛止带；纳少且粪便溏稀者则需加入白扁豆、莱菔子，以健脾止泻。

（四）疾病预防

关键在于加强母牛的饲养管理，以提高其抗病能力。无论是配种、助产还是剥离胎衣，都需遵循严格的操作规程，避免因操作不当导致疾病的发生。产后，子宫的冲洗与治疗亦应当迅速进行，以防细菌感染。特别是对于流产的母牛，其子宫的处理更应及时，以免病菌滋生，影响健康。此外，牛床与牛舍的卫生消毒同样重要，良好的环境卫生条件可以大大降低疾病的发生率，为牛群提供一个安全、清洁的生活环境，从而有效预防子宫内膜炎等疾病的发生。

第四章 呼吸系统疾病

第一节 上呼吸道疾病

一、喉炎

（一）病因

牛喉炎是一种影响牛喉部黏膜及其下层组织的炎症性疾病，表现为剧烈咳嗽、呼吸困难及咽部的增温、肿胀和敏感。疾病的发生与饲养管理不善有直接关联，如使役负荷过重、奔跑急促可能导致心肺过热，热毒上攻至咽喉部位，引发肿痛。此外，热态下喂养草料或因肺胃积热而使热毒上冲咽喉，同样是导致喉炎的原因之一。外部环境因素，如寒热交替，亦可使郁热生毒，热毒聚集于咽部引发疾病。粗暴操作如胃管投送，以及吸入或食入刺激性气体和物质，也是触发牛喉炎的潜在因素。

（二）临床诊断

在疾病发展初期，干咳为主要症状之一，此时通过接触性诊断，可观察到喉部存在过敏反应。随着疾病的进展，咳嗽症状加剧，尤其是在摄入冷水、食用干料或吸入冷空气时，患牛咳嗽更为频繁，偶尔伴随痉挛性咳嗽。此外，患牛的喉部肿胀，头部及颈部伸展困难，吸气时显著不适。听诊可发现喉部存在大水泡音和狭窄音，这一现象反映了喉部结构受到影响，呼吸道空气流动受阻。随着病情的发展，患牛出现黏液性、浆液性以及黏液脓性鼻液，颌下淋巴结急性肿胀，咽喉障碍，导致食物和唾液通过鼻腔排出。

（三）*疾病治疗*

1. 消除炎症

疾病初期，冷敷为首选方法，利用冰水直接作用于病变部位，可有效缓解局部炎症。随后，以 10% 食盐水进行温敷，每日两次，既能减轻炎症，又有助于维持局部微环境的稳定。局部应用 10% 樟脑酒精或鱼石蜡软膏，通过药物直接作用于患处，进一步减轻炎症反应。对于病情较重的喉炎，建议采用青霉素 80 万国际单位配合普鲁卡因 30 ～ 50 毫升进行喉囊封闭治疗，每日两次，交替注射于喉部两侧，以加强治疗效果。必要时，蒸汽吸入法可作为辅助治疗手段，尤其适用于鼻液黏稠的情况。当分泌物过多或过于黏稠时，可使用 1% ～ 2% 的碳酸氢钠溶液、明矾或鞣酸溶液，有助于减少分泌物，进而起到缓解呼吸困难的作用。①

2. 祛痰镇咳

通过人工喂养给予盐 20 克及茴香末 50 ～ 100 克。此法利于减轻症状，盐的渗透作用与茴香的舒缓效果共同发挥，缓解喉部不适；也可将碳酸氢钠 15 ～ 30 克或远志酊 30 ～ 40 毫升混合温水 500 毫升喂服。碳酸氢钠可以调节体内酸碱平衡，远志酊则有助于缓解咳嗽。杏仁水 35 毫升、氯化铵 15 克加远志酊 30 毫升，同样用温水 500 毫升稀释后喂给牛只。杏仁水和氯化铵的组合对于祛痰具有良好效果，远志酊的加入可以进一步增强镇咳能力。

3. 中医治疗

方剂一：济世消黄散。药方为秦艽、郁金、黄连、黄檗各 30 克，黄

---

① 　侯振华．科学养牛新技术 [M].沈阳：沈阳出版社，2011：92-93.

药子、知母、黄芩、栀子、浙贝母、白药子各 35 克，大黄 40 克，甘草 15 克。混合后采用水煎的方式进行制药，随后将药渣去除，等待药液温热之后灌服。

方剂二：清瘟解毒散。药方为牛蒡子、麦冬、山豆根各 21 克，板蓝根、元明粉、天花粉各 30 克，栀子、黄芩、连翘各 18 克，薄荷、浙贝母各 15 克，大黄 24 克。混合后研制为粉末，并加入 4 枚鸡蛋作为药引，用开水冲调之后，进行灌服。

（四）疾病预防

保持牛舍通风良好，避免湿度过高或过低，降低病原体生存和传播的风险。确保舍内温度适宜，避免极端的温度变化，减少牛只因寒热不适而产生的压力；避免过度劳累牛只，合理规划使役与休息时间，特别是在高温环境下减少高强度的劳作，以防心肺过度负荷，引起体温升高；避免在高温环境下喂食，尤其是热量较高的饲料，应选择清淡易消化的饲料，保持饮水充足，以帮助调节体温和减轻肺胃负担。定期检查饲料质量，避免喂食霉变或含有刺激性物质的饲料；密切监控牛只生活环境的温度、湿度等因素，及时调整，减少寒热刺激。在天气变化明显的季节，采取措施保护牛只不受寒冷或酷热的影响。

二、咽炎

（一）病因

牛咽炎的发病原因多样，涵盖了机械性、物理性以及化学性的刺激。在日常饲养管理中，粗硬或霉败的饲料、温度不适宜的食物和饮水，以及有害气体的吸入，如氨和硫化氢等，都可能成为诱发因素。此外，强刺激性化学物质的误食以及刺激性较强的药物使用不当，也是重要的致病因素。环境和管理不当导致的受寒、感冒或过度劳累等，会显著降低牛的抵抗力，为一些条件性细菌如葡萄球菌、链球菌、巴氏杆菌和沙门氏菌等提供了可乘之机，引发咽炎。特别是扁桃体炎的出现，往往预示着咽部疾病的加重。咽炎还可能由邻近部位炎症的蔓延或转移引起，如喉炎等，甚至一些全身性疾病如尿毒症、牛恶性卡他热等也可能导致咽炎的发生。

（二）临床诊断

患病牛只表现出明显的食欲存在，但吞咽动作时伴随痛苦，常见的行为包括头颈伸展、不愿吞咽，以及将饲料反吐。口角流出的大量黏液及积聚在口腔内的黏液，尤其在低头或张口时突然流出的情况，成为诊断的重要依据。此外，鼻液增多且常含有食糜和唾液。咽部有病变，如出现咽部潮红、肿胀，以及黏液或脓性分泌物。咽部可见溃疡与坏死现象，以及扁桃体有肿胀变色。颌下及咽淋巴结的肿胀和敏感性增高，在严重情况下，牛咽炎可能导致或伴随其他传染性疾病，此时病牛会出现体温升高、心跳加速、呼吸困难等全身性症状，精神状态亦会受到影响，表现为沉郁与倦怠。

（三）疾病治疗

1. 药物治疗

牛舍条件要求温暖干燥且通风良好，以利于病牛的恢复。饲料应选择柔软易消化的类型，常规喂养温盐水以支持生理需求。对于重症病例，推荐通过静脉注射10%～25%葡萄糖液（1000～1500毫升）或实施营养灌肠，避免口服或鼻部给药，防止误咽。外部治疗方面，咽部可以采用温水或白酒温敷，每次20～30分钟，每天2～3次，或应用10%樟脑酒精、鱼石脂软膏局部涂擦，复方醋酸铅散与醋混合成糊状外敷也是一种有效方法。涂药后需保持湿润，每日更换药物一次。磺胺明矾合剂的口服也是治疗选择之一。针对重症，20%磺胺嘧啶钠液50毫升与10%水杨酸钠液100毫升可分别静脉注射，每日两次；使用青霉素（100万～120万单位），通过肌内注射，每日2～3次，以加强治疗效果。

2. 中医治疗

方剂一：清解利咽汤。山豆根50克，连翘、金银花各45克，桔梗、黄芩、黄檗、黄连、板蓝根各 40 克，射干 25 克，芦根 60 克，玄参、七叶一枝花、牛蒡子各 35 克，马勃 20 克，甘草 15 克。若需清热降火可加入 60 克的生石膏，35 克的天花粉；如果大便干燥，需要疏通肠道的话，可以加入 30 克的大黄。药材以清水 3000 毫升煎煮，提取药汁 1500 毫升，重复操作一次，合计得到 3000 毫升药汁。每日一剂，分早、午、晚 3 次给予牛灌服。

方剂二：三根三黄汤。药方为山豆根 50 克，板蓝根、黄檗、黄连、黄芩各 40 克，芦根 60 克，薄荷 25 克，连翘、金银花各 45 克，玄参、七叶一枝花、牛蒡子各 35 克，甘草 15 克，马勃 20 克。对于热性较重的症状，可加入 60 克的生石膏；而针对粪便干燥的情况，则另外加入 30 克的大黄。将上述药材通过水煎的方式，最后灌服给予患牛。

（四）疾病预防

必须确保饲料质量，合理调配，以避免因饲料问题引发疾病。在使用胃管等诊疗工具时，精细操作，防止对牛咽部黏膜造成损伤。同时，圈舍卫生管理不容忽视，要保持环境干净，防止牛因环境恶劣受寒引起感冒，从而降低疾病发生的风险。

三、牛感冒

（一）病因

牛感冒为一种常见的急性发热性疾病，其发病因素复杂，主要与外界自然环境变化及畜体自身的抗病力有关。病因主要归结于风邪（包括风寒与风热）的侵袭，此外，六淫之气和时行疫毒的介入也是导致牛感冒的重要因素。风邪作为六淫之首，能够与其他邪气结合，对畜体造成伤害，尤其在气候变化异常，如寒暖不定时，更易使牛只受到攻击。牛体若因护卫功能下降，如肺卫失调，外邪便容易侵袭，导致感冒的发生。环境突变，如季节交替时寒暖异常，六淫及时行之邪气泛滥，攻击肌表，使畜体无法适应环境变化，从而增加发病率。同时，不当的饲养管理，

・147・

例如寒暖不适或过度劳累，会导致畜体抵抗力下降，肌腠松弛，时邪疫毒便乘虚而入。体质虚弱的牛只，其腠理更为疏松，或在过劳出汗后更容易受到风邪的侵袭。此时，畜体的卫气受损，导致营液外泄，营卫失调，从而引起疾病的发展。

（二）临床诊断

1. 风寒感冒

风寒感冒由外界风寒邪气侵袭肌表引起。此病态以精神倦怠、食欲减退为常见症状，患牛常表现出被毛不顺、拱腰低头、恶寒及发热等症状。典型表现还包括鼻部冷凉、耳朵降温及鼻涕清稀，咳嗽现象或出现。病情加重时，可见高热持续、精神萎靡、食欲全无、反刍作用明显减弱或完全停止。此外，耳朵、鼻子及四肢触感冷凉、皮肤温度不均、全身或局部肌肉颤抖、肢体僵硬等症状也可能出现，影响动物行动能力。从临床观察来看，流涕、咳嗽及脉象浮紧亦是诊断风寒感冒的重要指标。

2. 风热感冒

风热感冒是由风热邪气侵袭肌表引起的疾病。表现为牛只精神沉郁，体表出现发热现象，对冷环境有明显偏好，对热环境感到厌恶。在呼吸方面，表现为呼吸急促，有时伴随咳嗽。鼻腔分泌物增多，呈黏液状，食欲下降，出现口渴想饮水的症状。鼻镜干燥，口内有黏液分泌，舌头颜色偏向红色，呼吸时气息粗重，脉搏呈现浮动而快速的特点。

（三）疾病治疗

在牛感冒的治疗过程中，确保病牛获得充分的休息是基础步骤之一，这有助于其体力恢复，同时减轻疾病的负担。保持充足的饮水和提供易消化的饲料对于维持牛的营养状态和促进恢复亦至关重要。解热剂的应用，如口服阿司匹林（10～25克）或肌内注射30%安乃近、阿尼利定注射液（20～40毫升），能有效降低体温，缓解症状。为了预防继发感染，抗生素或磺胺类药物的并用是必要的措施，能够抑制可能的细菌性感染。对于排粪迟滞的病牛，缓泻剂的使用可以帮助其恢复正常的排便功能。健胃剂的应用对于恢复胃肠道功能，促进食欲和消化吸收具有重要作用。

方剂一：荆防败毒散加减。药方为柴胡、枳壳、羌活、前胡、独活各 25 克，桔梗、荆芥、防风各 30 克，茯苓 45 克，甘草 15 克，生姜 20 克。混合后研制为粉末，用开水进行冲调之后，等待药液温热后灌服。本方剂主要针对由风寒引起的感冒治疗。

方剂二：银翘散加减。药方为淡竹叶、金银花、连翘各 30 克，淡豆豉、荆芥穗、桔梗、牛蒡子各 25 克，薄荷 15 克，芦根 60 克，甘草 10 克。混合后研制为粉末，用开水进行冲调，等待药液凉温之后灌服。本方剂主要针对由风热引起的感冒治疗。

（四）疾病预防

确保牛只的生活环境温暖、干燥且通风良好。在寒冷季节，应加强棚舍的保温措施，避免寒冷空气直接侵袭牛群。反之，在高温季节，应采取适当的降温措施，如增加通风或使用喷雾等方法，以减少热应激的影响；提供营养均衡的饲料，强化牛只的体质和免疫力。特别是在极端的气候条件下，应适当增加能量和维生素的补充，帮助牛只抵御不良气候的影响；定期进行牛群的健康检查，及时隔离和治疗生病的牛只，减少疾病的传播。同时，避免过度劳累，确保牛只有足够的休息时间，减轻体力消耗；定期对牛只进行免疫接种，以预防特定的疾病。针对可能的病原体（如病毒和细菌）进行针对性的免疫，可以有效减少感冒的发生。

第二节　肺部疾病

一、肺气肿

（一）病因

饲料的突然改变，特别是大量采食青草、甘蓝、紫花苜蓿和油菜，容易触发此疾病。这些食物在牛的瘤胃中经过发酵，色氨酸转变为吲哚乙酸，并进一步脱羧形成 3-甲基吲哚。此物质通过瘤胃黏膜吸收进入血液后，对肺泡上皮细胞产生毒性作用，导致肺气肿。

环境因素也是引起牛肺气肿的重要原因。厩舍空气质量差，含有大量潜在的刺激性物质，如尘土、发霉变质的饲料中的小多孢子菌和烟曲霉等，均可刺激肺部，引发肺气肿。此外，病毒和细菌性疾病也是触发肺气肿的因素之一，如大肠埃希菌性乳腺炎等导致的毒血症，以及牛流行热等病症，均可导致肺气肿的发生。

物理或化学性损伤亦不可忽视。金属异物造成的创伤性网胃炎可能进一步损伤肺脏，引发肺脓肿，最终导致肺气肿。有毒气体的吸入，如氯气中毒或金属焊接过程中产生的烟气，也是导致肺气肿的重要原因之一。

（二）临床诊断

肺气肿的特点是肺泡内或肺间质气体积聚，导致肺组织膨胀。该病症引发的主要症状包括胸廓扩大、肺部叩诊发现鼓音、叩诊界限后移及呼吸困难。病理状态下，牛只出现突发性的气喘，严重情况下会张口呼吸，鼻翼扇动，表现出明显的呼吸困难。病患牛只常采取站立姿势，表现出不愿卧地、低头、颈部伸长和舌头伸出的行为，口部可见泡沫。疾病进展到一定程度后，牛只的颈侧部、背部、臀部以及肩胛周围的皮下组织会出现不同程度的侵入性气肿，尤以颈部和肩胛区域最为常见。病变区域可扩散至全身，导致整个身体显得鼓胀。触诊可以感知到皮下气泡的移动，手压时伴随特有的捻发音。肺部叩诊时，患牛表现出过响音，偶尔伴随鼓音性质。听诊时，肺部出现噼啪音或爆鸣音，肺的呼吸音相比正常情况明显减弱。此病症的病程通常为 1 ～ 2 天，但某些情况下可能持续至一周。

（三）疾病治疗

1. 综合治疗

在治疗的过程中，输氧是基础，特别是在严重缺氧威胁生命的情况下。输氧速率应维持在每分钟 5 ～ 6 升，持续时间为 3 ～ 4 小时。初期输氧时，速率宜保持在每分钟 3 ～ 4 升，随后逐步增加，以避免快速变化引发不适。肺气肿常伴随肺水肿，此时，需进行利尿治疗。如果机体体液状态允许，可选用呋塞米进行治疗，剂量调整在 5 ～ 10 毫克 / 千克体重或 25 ～ 50 毫克 /45 千克体重，每日 1 ～ 2 次肌内注射。

为解除支气管痉挛，缓解呼吸困难，可使用阿托品，0.05 毫克 / 千克体重，每日两次肌内注射。同时，采用地塞米松进行消炎和抗过敏治疗，剂量为 10 ～ 20 毫克，肌内或静脉注射，每日一次，连续使用 3 天，有助于控制炎症反应。为防止继发感染，可选用广谱抗生素，治疗周期一般为 5 ～ 7 天。

2. 中药治疗

方剂一：加减葶苈子散。药方为炙杏仁、桔梗、桑白皮、川贝母、紫菀、瓜蒌仁、天花粉各 18 克，玄参、芒硝、黄芩、栀子、知母、甘草、麦冬、大黄各 15 克，葶苈子 20 克。混合药材后研磨为粉状，之后用开水进行冲调，等待药液温凉之后可加入 200 克的蜂蜜作为药引，以灌服的方式给予患牛。

方剂二：加减滋阴定喘散。药方为炙杏仁、苏子、紫菀、白芍、前胡各 18 克，熟地黄、麦冬、沙参、当归、何首乌、山药各 24 克，白及、炙甘草各 15 克，百合、天冬、五味子（炒）、党参、丹参、炙黄芪各 20 克。混合后研制为粉状，用开水进行冲调，等待药液温凉之后加入 10 克的蜂蜜作为药引，以口服的方式进行给药。

（四）疾病预防

改善饲养管理措施，确保牛舍环境的通风与清洁，可以有效避免尘埃和微生物的积累。维持牛舍内部空气流通，减少尘埃飞扬的现象，有助于预防呼吸道疾病。禁止使用霉变饲料可以有效预防该病，因为霉变饲料中的有害物质会损害牛的健康。在饲喂干草时，应避免在牛棚内直接打开草捆，以减少尘土和微生物在牛棚内的扩散。若干草尘埃较多，建议使用湿润的干草，这样可以有效降低尘土的飞扬。为了预防因突然饲喂青草或紫花苜蓿等饲草而诱发的牛肺气肿，建议在饲料中添加莫能霉素或拉沙里菌素，每天按照每头 200 毫克的剂量进行喂养。这种做法能够抑制色氨酸向 3-甲基吲哚的转化，从而降低疾病发生的风险。

二、支气管肺炎

（一）病因

病原菌的侵袭是支气管肺炎发病的直接原因，其中包括巴氏杆菌、绿脓杆菌、大肠埃希菌、葡萄球菌、肺炎球菌等，这些病原体能够直接感染肺部和支气管组织，引发炎症反应。除了病原体，外界不良因素如不恰当的饲养管理、营养不足、劳役过重、气温骤降或幼弱老衰等，均能降低牛只的体质和抵抗力，增加疾病的易感性。此外，特定营养元素（如维生素 A）的缺乏，也会影响呼吸道黏膜的完整性及局部免疫功能，从而降低肺组织对病原菌的防御能力。需要注意的是，牛支气管肺炎还可能是其他疾病如子宫炎、乳腺炎及创伤性心包炎等的继发疾病。

（二）临床诊断

牛支气管肺炎是一种涉及细支气管与肺泡炎症的疾病，其临床表现多样。呼吸加快、咳嗽以及肺部听诊异常呼吸音为该病的典型特征。疾病多源于细支气管炎蔓延，因而亦被称为卡他性肺炎。此病通常影响单个或多个肺小叶，故又称小叶性肺炎。

该疾病主要侵袭年老体弱的牛与犊牛，春季与秋季为高发期。疾病初期表现为支气管炎症状，偶见咳嗽，鼻和支气管分泌物增加，食欲下降。随着病情加重，表现为流鼻液，鼻翼扇动，呼吸浅表，牛只站立时头颈伸直，有时张口呼吸，咳嗽频繁而弱，且多为湿性。体温可升高 1.5～2.0℃，表现为弛张热型。受病影响的牛只精神沉郁，反刍活动停止，食欲减退或完全丧失，瘤胃运动缓慢，粪便干燥且量减少。肺部听诊可发现病变区域的肺泡音减弱。病程初期可听到湿啰音，病情严重时则可听到支气管呼吸音。病变周围组织的肺泡音则显得粗粝，并伴有捻发音。叩诊肺部可发现半浊音或浊音。病牛的脉搏细弱，频率为 90～100 次 / 分钟。

（三）疾病治疗

1. 综合治疗

（1）消炎

青霉素与链霉素的应用是消炎常见的选择，青霉素的剂量一般为 100 万～200 万单位，而链霉素则为 200 万～300 万单位，通过肌内注射的方式，每天 2～3 次给药；磺胺类药物也是治疗中经常采用的抗生素之一，如 10% 磺胺嘧啶钠或 10% 磺胺二甲嘧啶，剂量为 100～150 毫升，肌内注射，每天一次；抑或选用红霉素、新霉素及氨苄西林等抗生素，根据其具体剂量（如红霉素 4～8 毫克 / 千克体重，新霉素及氨苄西林均为 4～11 毫克 / 千克体重）进行肌内注射；而在特定情况下，亦可将 100 万～160 万单位青霉素溶于 15～20 毫升的灭菌蒸馏水中，通过缓慢向气管内注射的方式，直接作用于呼吸道，从而提高治疗效果。

（2）止咳

为缓解咳嗽症状，可采用 100 ～ 150 毫升的复方樟脑酊，100 ～ 150 毫升复方甘草合剂或 30 ～ 60 毫升杏仁水，每日口服 1 ～ 2 次。

（3）止渗和促进吸收

为了制止渗出和加速炎性渗出物的吸收，可以使用 10% 氯化钙注射液 100 ～ 200 毫升，以静脉注射的方式，每日一次；或使用氢氯噻嗪 0.5 ～ 2.0 克，碘化钾 2 克，远志末 30 克与温水 500 毫升混合，作为一次性内服药剂，每日一次。

（4）促进呼吸

对于呼吸困难的病牛，可以通过肌内注射氨茶碱 1 ～ 2 克或皮下注射 5% 麻黄素注射液 4 ～ 10 毫升，来促进呼吸。此举有助于缓解病牛的呼吸不畅。

（5）增强心脏功能

可以选用强心剂，如 20% 安钠咖注射液、10% 樟脑磺酸钠注射液，以提升心脏泵血效率。

（6）防止自体中毒

通过静脉注射撒乌安注射液 50 ～ 100 毫升或樟脑酒精注射液 100 ～ 200 毫升，每天一次，以减轻中毒症状。

2. 中药治疗

方剂一：麻杏石甘汤加减。药方为杏仁、黄芩、金银花、板蓝根、麻黄各 60 克，生石膏 180 克，连翘、甘草各 45 克。混合后加入清水进行煎煮，反复煎煮两次之后分成两次进行灌服。

方剂二：葶苈大枣泻肺汤加减。药方为生石膏 120 克，杏仁、大枣、麻黄各 60 克，葶苈子 45 克，甘草 40 克。混合后加入清水进行煎煮，反复煎煮两次之后分为两次进行灌服。

（四）疾病预防

通过定期对牲畜进行健康检查，隔离疑似病例，以避免病原体在群体中传播。同时，应实施严格的消毒程序，减少病原体在环境中的存活；确保充足、平衡的饲料供应，避免营养缺乏。根据牛只的生长阶段和生产性能调整饲养方案，保证足够的蛋白质、能量、维生素和矿物质摄取；通过合理的饲养管理和营养补给，增强牛只的整体健康状况和抵抗力。特别是维生素 A 的补充，对维持呼吸道黏膜健康极为重要；提供良好的饲养环境，包括合理的密度、良好的通风条件，避免极端气候条件对牛只的影响。保持舍内外环境干净，减少病原体的存活和传播机会；针对常见病原体，如巴氏杆菌、绿脓杆菌等，进行定期疫苗接种，可以有效提高牛只的免疫力，减少疾病的发生。

三、大叶性肺炎

（一）病因

病牛经常因长期过重使役、驱赶过急等导致过度劳累，此外，受寒感冒、运动过量、吸入刺激性气体以及外伤等也是诱发因素。不当的管理和恶劣的卫生环境进一步降低了牛的抵抗力，易于疾病的发生。巴氏杆菌和双球菌的感染与本病的发生有着密切的关系。

（二）临床诊断

大叶性肺炎，亦名纤维素性肺炎，系指肺叶整体遭遇的急性、高温性炎症反应。该疾病的炎症渗出物主要由纤维蛋白性物质构成，因此得名纤维蛋白性肺炎。临床表现为持续高温，患牛呼吸道分泌物呈现特有的铁锈色，肺部检查可见广泛性浊音区，病理进程具有明确的特点。大叶性肺炎按照病因可分为传染性与非传染性两大类。传染性大叶性肺炎属于特定于肺部的传染疾病，而非传染性大叶性肺炎则为一种过敏反应性疾病，特点为同时伴有过敏性炎症反应。

咳嗽是该疾病的首要症状，呼吸时出气比较粗，并且伴有喘息声，呼吸过程会存在一定的困难，同时体温比较高，最高可达或超出 40.5℃，把脉时会发现脉搏比以往要快，基本维持为 80 次 / 分钟左右。病牛会出现身体抖动，并且鼻腔内会有分泌物，呈灰黄色或铁锈色黏涕。对患牛的肺部进行听诊会出现湿性啰音。该炎症的病理过程主要分为四个阶段，分别为充血期、红色肝变期、灰色肝变期以及溶解期，详见表4-1。

表4-1 病理过程阶段划分

阶段	特征	切面特征	组织反应
充血期	病程短促，持续 12～36 小时，肺组织深红色，体积增大，弹性降低	切面湿润，小块组织在水中不下沉	肺部充血与水肿的初期状态
红色肝变期	发病前两天，肺组织坚实如肝，呈红色	切面干燥，有颗粒状物，红色花岗石样，小块组织在水中立即下沉	肺组织的充血与固化，密度增加
灰色肝变期	肺外观先呈灰色，后呈灰黄色，坚固性减小	切面似大理石样斑纹状	炎症过程中肺组织结构复杂性与多样性的表现
溶解期	渗出物被溶解和吸收，肺组织变柔软	切面有黏性浆液	疾病向恢复阶段过渡，肺组织恢复

（三）疾病治疗

1. 药物治疗

10% 安钠咖注射液 20 毫升，采用皮下注射的方式，半小时后需配合新砷凡纳明（914）4.0～4.5 克及生理盐水 500 毫升，通过缓慢静脉注射，以提高药物的生物利用率及疗效。抑或异丙嗪注射液 400 毫克与 30% 安乃近注射液 40 毫升分别通过肌内注射给药。其中，异丙嗪用于处理过敏反应，安乃近和复方氨基比林则针对高热症状进行快速有效的控制。

2. 中药治疗

方剂一：银翘散加减。药方为芦根、金银花、前胡、大青叶各 60 克，桔梗 30 克，杏仁、薄荷、甘草、连翘、玄参、桑白皮各 45 克。将药材混合后研制为粉末，之后用开水进行冲调后，以灌服的方式进行服用。

方剂二：麻杏石甘汤加减。药方为五味子、麻黄、沙参、桔梗、甘草、麦冬各 30 克，生石膏 150 克，桑白皮、黄芩、杏仁、紫苏叶各 50克。将上述药材研制为粉末，用开水进行冲调，采用一次性灌服的方式给予患牛。

（四）疾病预防

合理调配营养，保证饲料质量，满足不同生长阶段的营养需求，能有效提高牛的体质和抵抗力；避免牛只过度劳累和长时间的使役，特别是在极端天气条件下，应减少牛的户外活动，避免因寒冷或过热引发的疾病；定期对牲畜棚舍进行清洁消毒，保持干燥、通风，减少病原体的存活和传播机会。对新引进的牛只进行隔离观察，避免病原体的引入和传播；针对牛大叶性肺炎的主要病原体，如巴氏杆菌、双球菌等，进行定期的疫苗接种，可以有效预防疾病的发生；加强日常监测，对表现出疾病征兆的牛只及时进行隔离和治疗，避免疾病在群体中的传播。

四、传染性胸膜肺炎

（一）病因

牛传染性胸膜肺炎由丝状支原体属的支原体引起。该病原体的特点为缺乏细胞壁，仅具有三层细胞膜。这种病原体形态多变，以类球菌形态为主，同时也可呈现短杆形、丝状分枝、链球形、球形等多种形态。由于其是革兰氏阳性球菌，对外界环境的抵抗力相对较弱，特别是对干燥和高温条件敏感，可以迅速被杀死。然而，在冻干条件下，其毒力能够保持数年，表明在特定的保存条件下，这种病原体能够长期生存。病原体对化学消毒剂的抵抗力也不强。疾病主要通过具有临床症状的病牛传播，而慢性病例和无症状带菌的牛只常因难以被及时发现，构成更大的传染源。病牛在康复后 15 个月～ 3 年，仍可能具有传染性。病原体主要存在于呼吸道分泌物和飞沫中，同时也可以在尿液、乳汁及羊水中检测到。牛只的自然感染途径主要是通过呼吸道。对此病的易感性并不受牛只年龄、性别和季节的影响，但饲养条件较差的环境可能会加剧病情。

（二）临床诊断

疾病潜伏期为 2 ～ 4 周，早期症状可能并不显著，通常以体温异常升高及稀疏的短咳作为初期迹象，随后出现食欲下降、反刍迟缓等症状。随着病情的进展，这些症状会变得更加明显。疾病按病程发展的不同，可分为急性与慢性两种类型。

急性型通常在疾病流行初期出现，病牛体温显著升高至 40 ～ 42℃，呼吸频率加快且出现呼吸困难，多表现为腹式呼吸。患牛常在呼气时发出呻吟声，头和颈部伸直，前肢开张，表现出明显的不适。在肋间按压时，牛只表现出痛感，伴随着频繁且痛苦的咳嗽。部分病例还会出现浆液性或脓性鼻液。胸部叩诊可发现浊音或水平浊音，而听诊可发现肺泡音减弱或消失，啰音和支气管呼吸音的出现，甚至可听到胸膜摩擦音。疾病后期，心音变得衰弱，胸前及颈部皮下可能出现水肿，黏膜可见发绀。随着病情进一步恶化，病牛体重迅速减轻，有时伴有腹泻或便秘，最终可能因窒息或心力衰竭而死亡。

慢性型多源于急性病例的演变，亦有部分病例自始至终呈现慢性进程。病牛常表现为频繁短暂咳嗽，工作效能受损，整体营养状态下降，体重显著减轻。病变区域主要集中于胸腹部及颈部，表现为皮下出现水肿现象。然而，对肺部进行叩诊和听诊，往往难以观察到明显的变化。

（三）疾病治疗

1. 药物治疗

土霉素或链霉素的应用是较为常见的治疗药物。具体用药方法为，依据病牛体重，每千克体重施用 5 ～ 10 毫克，采用肌内注射，每日注射一次，连续使用一周。或者是使用药物新胂凡纳明（914），其使用方法则为每 100 千克体重用药 1 克，采用 10% 的灭菌水进行稀释后进行一次性静脉注射，根据病情 5 ～ 7 天可能需要再次用药，但总次数通常不超过 3 次。在药物治疗的同时，根据牛只的具体病情，可适当配合使用强心、祛痰、利尿、健胃等药物进行辅助治疗，以加强治疗效果。

2. 中医治疗

生石膏、苦参、黄芩各 60 克，紫花地丁 90 克，甘草 18 克。将上述药材进行混合后研制为粉末，用开水进行冲调，一次性灌服，每天灌服两次。

（四）疾病预防

遵循自繁自养原则，严禁从疫区引入牛只。对于必须引进的牛只，必须执行严格的检疫措施，包括进行两次补体结合试验，确保结果均为阴性。只有在接种疫苗四周后，确保安全无疫情风险时，方可进行牛只的运输。运至目的地后，还需执行为期 3 个月的隔离措施，直到彻底确认无疫病，才能将新引进的牛只与原有牛群混养。同时，为降低疫病传播风险，原有牛群也应接种相应的疫苗，以提高群体免疫力，形成有效的疫病防控体系。

第五章　心血管系统疾病

第一节　功能性疾病

一、贫血

（一）病因

牛贫血的发病机制复杂，源于多种内外因素的共同作用，导致气血生成不足，进而引发一系列健康问题。

饲喂不当与营养不足是引发贫血的重要外因，缺乏必需的营养元素会直接影响血液的生成与更新。劳役过度、内伤、长期疾病以及失血等因素，会耗损体力，损伤脾肾功能，加剧贫血症状。脾为血液生成之源，肾为精髓之基，二者功能亏损，无法有效转化水谷精微与精髓，导致血液生成不足。此外，寄生虫侵袭以及某些药物和毒物的负面影响也会损害血液与脾肾功能。从理论上讲，气与血相互依赖，气血双亏会影响心脾两脏的正常功能。心脏依赖于血液的滋养，气血不足时，心失所养，表现为心虚症状；脾负责运化水谷，气虚则脾运失健，导致消化吸收功能减弱。肾藏精生髓，对肝脏的滋养至关重要，肾虚则肝失所养，可能出现虚火偏亢，进一步引发出血或阴虚发热等症状。

（二）临床诊断

贫血表现为红细胞和血红蛋白含量低于正常值或全血量减少，影响广泛，不限于特定品种。中兽医学界将其归类为血虚，认定其属于虚劳范畴。根据发病机制的不同，贫血分为出血性贫血、溶血性贫血、营养性贫血和再生不全性贫血四种类型。除了急性出血性和严重溶血性疾病表现为急性，大多数贫血为慢性进展。

在临床表现上，贫血的肉牛在早期阶段，病症表现不甚明显；随着病情的发展，病牛体重减轻，体力逐渐衰弱。在严重贫血的情况下，病牛的口腔黏膜色泽苍白，机体出现明显的虚弱无力现象，伴随着精神萎靡不振，倾向于嗜睡。此外，贫血还会导致血压下降，脉搏加快而微弱，轻度活动后脉搏速度显著增快，呼吸急促而浅表。心脏听诊，可以发现心音显得低沉而微弱，心浊音区有所扩大。贫血进一步引发的脑部供血不足以及由氧化不全的代谢产物积累引起的中毒症状，如晕厥、视力问题、频繁打嗝、呕吐及膈肌的痉挛性收缩等，均是贫血严重时期的典型表现。在病情极为严重的情况下，病牛可能出现胸腹部水肿、下颌间隙和四肢末端肿胀，体腔内有明显的积液，胃肠道的吸收与分泌功能下降，并伴随腹泻现象，最终因体力完全衰竭而导致死亡。

（三）疾病治疗

1.综合治疗

失血导致的牛贫血，治疗重点在于迅速止血并补充血容量。应用酚磺乙胺肌内注射，每日两次，持续 3～5 日，有助于快速控制出血。同时，通过静脉注射氨甲基苯酸及溶于糖盐水中的维生素 C，既补充了必要的营养成分，又促进了血管的修复与血液的再生。此外，让病牛饮用含硫酸亚铁的水，可有效补充铁元素，是防治贫血的关键手段。

营养缺乏引起的牛贫血，则需通过调整饲料配方来解决。日粮中增加富含铁的食物，如青绿饲料和青贮饲料，是补充铁元素、预防和治疗贫血的有效方法。同时，富含矿物质及微量元素的饲料能够进一步维持牛的整体健康与血液质量。

2. 中医治疗

方剂一：八珍汤。药方为白芍、当归各 45 克，白术、茯苓各 40 克，熟地黄、党参各 60 克，炙甘草、川芎各 20 克。将上述药材混合之后研制为粉末，用开水进行冲调，等待药液温热之后加入 150 克的蜂蜜以及 150 克的黄酒作为药引，一次性灌服。该方剂需每天一剂，连续服用 8～10 天。

方剂二：丹参补血汤。药方为白芍、阿胶、当归各 45 克，制首乌、熟地黄各 60 克，丹参 80 克，炒杜仲 30 克，川芎 20 克。混合之后研制为粉状，用开水进行冲调，等待药液温热之后加入 150 毫升的黄酒作为药引，一次性灌服。该方剂需每天一剂，连续灌服 8～10 天。

（四）疾病预防

提供干净、舒适的饲养环境，以避免因湿冷、脏乱等不良条件导致的疾病发生。定期进行圈舍的清洁消毒，以减少病原体的侵害；根据肉牛的生长发育阶段和生理需求，合理配制饲料，以保证饲料中含有足够的蛋白质、矿物质（如铁、铜、锌等）和维生素，这些都是血液生成的关键元素；避免过度劳役，保证牛只有充足的休息时间，以防止因劳累过度导致的体力消耗和内伤，从而影响血液生成；定期进行驱虫，以减少寄生虫对牛体内营养物质的消耗和对消化系统的损害，避免寄生虫引起的血液损失；定期对牛只进行健康检查，以早期发现并治疗各类疾病，特别是注意预防和控制那些可能导致血液损失或影响血液生成的疾病；在饲料中添加补充剂，如铁剂、B 族维生素等，特别是对于处于生长发育期和高产期的肉牛，以及恢复期的病牛，更应加强营养的补充。

二、心肌炎

（一）病因

急性心肌炎多继发于各种传染性疾病与脓毒性疾病。病原体通过血液传播，可引起心肌直接损伤，导致心肌炎症。常见的原发疾病包括传染性胸膜肺炎、牛瘟、恶性口蹄疫、布鲁氏菌病与结核病等，这些疾病在其发展过程中可能导致心肌受损。局灶性化脓性心肌炎主要继发于菌血症、败血症以及其他伴有化脓灶的疾病，如瘤胃炎—肝脓肿综合征、乳腺炎、子宫内膜炎等。特别是网胃异物刺伤，也可能直接导致心肌损伤，进而发展为心肌炎。

（二）临床诊断

牛心肌炎分为急性非化脓性心肌炎与慢性心肌炎两种类型。

急性非化脓性心肌炎主要表现为心跳显著加快，轻微运动后心跳进一步加速，运动停止后，加速的心跳状态仍持续较长时间，成为确诊心肌炎的关键依据之一。另外，患有此类心肌炎的牛通常会出现心力衰竭、脉搏加速、第一心音增强伴有混浊或分裂音的情况，而第二心音则显著减弱，伴随杂音出现。在心力衰竭较为严重的情况下，病牛眼黏膜呈红紫色，呼吸极为困难，体表静脉血管怒张，以及颌下、肉垂、四肢末端水肿。若心肌炎由感染或中毒引起，除上述症状外，还可能伴有体温升高，血液检测显示红细胞及白细胞数量发生变化。在心肌炎进展至严重阶段时，病牛会显示出精神沉郁、食欲和反刍活动完全停止、全身无力、浑身颤抖、步态不稳等症状。最终，牛可能因心脏功能完全衰竭而死亡。

慢性心肌炎的病程较长，表现为病牛瘦弱无力，行动不便，水肿时而出现时而消失，静脉血管出现充血。心律不齐和心音分裂是其特征，心叩诊界增大，体温多数情况下保持正常。这类心肌炎的发展缓慢，症状变化不如急性心肌炎明显，但持续时间较长，给牛只带来长期的不适和健康风险。

（三）疾病治疗

1. 药物治疗

针对心衰的病例，20% 安钠咖注射液的使用成为常见且有效的选择。

该药物的给药剂量为 10 ～ 20 毫升，每 6 小时重复一次，对于急性心肌炎的初期病例，并不推荐使用该药物。在心脏衰弱显著且动脉压降低的情况下，除了强心剂的应用，还可以在 0.3% 硝酸士的宁注射液（10 ～ 20 毫升）的基础上，添加 0.1% 肾上腺素注射液（3 ～ 5 毫升）进行治疗，既可采取皮下注射，也可与 5% ～ 20% 葡萄糖注射液（500 ～ 1000 毫升）混合后缓慢静脉注射。对于黏膜发绀和呼吸困难的病例，吸氧治疗可有效改善症状，剂量控制在 80 ～ 120 升，流速为 4 ～ 5 升 / 分钟。此外，对尿少水肿明显的病例，采用内服利尿素 5 ～ 10 克方法，可以取得良好的治疗效果。[①]

2. 中医治疗

方剂一：黄连解毒汤。药方为黄连、栀子、黄芩、紫河车各 15 克，黄檗、牡丹皮各 20 克，大青叶、郁金、苦参各 30 克，金银花、连翘各 25 克。混合后研制为粉末，用开水进行冲调，等到药液温热之后灌服。该方剂需每天一剂，连续灌服 3 ～ 5 天。倘若患牛表现出食欲不振的情况，可另外加入适量的枳壳和山楂；而针对大便干燥的症状，则可以加入适量的虎杖、牵牛子和郁李仁。

方剂二：天王补心丹。丹参、远志、白茯苓、天冬、桔梗、生地黄、银柴胡、酸枣仁、板蓝根各 30 克，玄参、五味子、当归、苦参、鹿蹄草各 25 克，七叶一枝花、柏子仁各 20 克，人参、朱砂各 15 克，麦冬 35 克。混合研制为粉末后用开水冲调，灌服。该药剂需每天一剂，连续服用 3 ～ 5 天。

（四）疾病预防

生活环境对牛心肌炎的发生具有重要影响。在潮湿和缺乏透风的条件下，病菌的存活和传播率显著增加，导致心肌炎的发病率升高。因此，优化生活环境是预防牛心肌炎的基础措施之一。应提供干燥、卫

[①] 吕英 . 牛心肌炎的诊断与治疗 [J]. 兽医导刊，2018（7）：2.

生、通风良好的生活条件，从而降低病原体的存活概率，有效减少心肌炎的发生；饲养管理亦是防控心肌炎的关键环节。加强对饲养环境和饲料卫生的监管，对有机毒物、农药等的使用和存储应严格遵循安全准则，以防肉牛因接触有毒物质而中毒。对于含有毒素的植物，应先加工去毒并严格控制投喂量，防止中毒发生。若条件允许，避免使用有毒植物，转而采用合理的粮食量，以降低感染风险；定期对肉牛进行健康检疫和心肌炎疫苗接种，是预防疾病的有效手段。通过牛疫康动物血清实施被动免疫，可以在牛体内促进免疫抗体的产生，增强其对心肌炎的防御能力。对于已发生心肌炎的牛或区域，应在肉牛完全康复或死亡后14 天内，对生活环境进行彻底消毒，以消除病原体，防止疾病的再次发生。

三、心内膜炎

（一）病因

根据病因牛心内膜炎，可分为原发性和继发性两大类。原发性心内膜炎主要由细菌感染引起，涉及的病原体包括化脓性放线菌、链球菌、葡萄球菌及革兰氏阴性菌等。这些细菌通过血液循环侵入心脏，引起心内膜的炎症反应。继发性心内膜炎则常见于其他疾病的并发症，如创伤性网胃炎、乳腺炎、子宫炎和血栓性静脉炎。这类心内膜炎可能由心肌炎、心包炎扩散引起。除上述病原外，维生素缺乏、感冒和过劳等因素也可能诱发心内膜炎，影响牛只的心血管健康。

（二）临床诊断

心内膜炎是一种心脏瓣膜及心内膜的炎症疾病，表现为血液循环障碍、发热及心内器质性杂音。在牛只中，该病常伴随消瘦历史，周期性的、显著且暂时性的产奶量下降。诊断的关键在于心区的听诊和触诊，听诊可发现杂音，触诊则可感知颤动。杂音的强度与受损瓣膜的位置密切相关，进而影响脉搏的大小和压力。左房室瓣或主动脉瓣的损伤程度，亦可通过这些临床表现得到推断。

牛心内膜炎的病程可能持续数周至数月。在疾病的早期阶段，心脏尚处于代偿期，具备一定的耐受性。然而，随着代偿能力的降低，该病可能发展为充血性心力衰竭。该疾病的炎症过程伴随着中度的波动性发热，反映了体内炎症反应的不稳定性。心内膜炎可能诱发包括外周淋巴结炎、栓塞性肺炎、肾炎、关节炎、腱鞘炎、心肌炎等多种并发症，这些并发症进一步加剧了疾病的严重性。病牛体况显著下降，黏膜苍白，心跳加速，并伴有疼痛表现，如带呻吟的呼吸音。受影响的牛只可能出现瘤胃中度胀气、腹泻或便秘、失明、面神经麻痹和肌肉无力等症状，严重时可导致黄疸、突然死亡。许多病例还表现为颈静脉扩张、全身水肿以及心脏收缩期或舒张期杂音，这些症状反映了心脏功能的显著受损。有的牛只在无明显前期症状的情况下，也会出现突然死亡。

（三）疾病治疗

1. 药物治疗

牛心内膜炎主要由化脓性放线菌或链球菌引发。该病症的治疗方式主要依赖于抗生素的应用，以及对症状的综合管理。

青霉素与氨苄西林作为治疗心内膜炎的首选药物，展现了其针对特定病原体的高效治疗作用。青霉素的用量调整在22000～33000国际单位/千克体重，每日两次，或氨苄西林10～20毫克/千克体重，同样每日两次，连续使用至少3周，以确保疗效。在临床实践中，对于血液培养结果显示的革兰氏阴性菌或对青霉素有抗性的革兰氏阳性菌，医治方案需要依据药物敏感性测试和最小抑菌浓度来调整，以选用更为合适的抗生素。

针对出现静脉扩张、腹下水肿或肺水肿等并发症的牛只，除了抗生素治疗，还需适量使用利尿剂（如呋塞米），以减轻症状。但鉴于病牛常有食欲减少症状，过量使用利尿剂可能导致电解质失衡和脱水，因此在使用呋塞米时需谨慎，通常剂量为0.5毫克/千克体重，每日2～3次。

治疗过程中，还需注意牛只可能出现的关节疼痛或强直，以及原发性或继发性的肌肉骨骼疾病，对此，口服阿司匹林可作为有效的辅助治疗手段。阿司匹林的使用剂量为 15.60 ～ 31.08 克，每日两次。对于有充血性心力衰竭症状的牛只，还应考虑限制其食盐的摄入量。治疗牛心内膜炎的过程至少需要持续 3 周，通过监测食欲、产奶量的变化和体温来评估治疗效果。尽管心杂音可能在治疗过程中持续存在或有所变化，但这并不妨碍治疗的总体效果。

2. 中医治疗

方剂一：清热宁心汤。药方为生地黄、夜交藤各 50 克，牡丹皮、黄连、淡竹叶、栀子各 30 克，连翘 25 克，甘草 15 克，白茅根 35 克，石膏 120 克（先煎）。将上述药材混合后加入适量清水进行煎煮，取汁之后可以加入 6 枚鸡蛋以及 150 克的蜂蜜作为药引，一次性灌服。该药剂需每天一次，连续灌服 3 ～ 5 天。

方剂二：清心补血汤。药方为茯神、麦冬、炒酸枣仁、五味子、当归、生地黄各 40 克，人参 50 克，陈皮 20 克，白芍、栀子各 30 克，炙甘草 15 克，川芎 25 克。将上述药材混合后加入适量的清水进行煎煮，取汁之后需加入 6 枚鸡蛋清与 150 克的蜂蜜作为药引，服药方式为一次性灌服。该方剂需每天一次，连续灌服 3 ～ 5 天。

（四）疾病预防

通过改善养殖场的卫生条件，定期消毒，可以减少病原体的传播风险。对新引进的牛只进行隔离观察，避免携带病原体的牛只引入养殖群；确保饲料质量，提供均衡的营养，特别是补充必要的维生素和矿物质，以增强牛只的免疫力，减少由维生素缺乏导致的心内膜炎的发生；对养殖中的牛只进行定期健康检查，早期发现并治疗乳腺炎、子宫炎等可能导致继发性心内膜炎的疾病；对于创伤性网胃炎、心肌炎等疾病，一旦发现应立即进行治疗，避免疾病蔓延至心脏导致心内膜炎；对于某些可通过疫苗预防的病原体，如链球菌、葡萄球菌，应纳入免疫计划，通过疫苗接种减少疾病的发生。

四、循环虚脱

（一）病因

血容量减少是导致循环虚脱的主要原因之一，可能由急性大量失血、剧烈呕吐腹泻、重症胃肠道疾病以及前胃和真胃疾病导致的严重脱水，或是大面积烧伤等情况引起。此外，各种微生物感染，包括大肠埃希菌、金黄色葡萄球菌、绿脓杆菌、病毒、衣原体、支原体及血液原虫等，也是触发牛循环虚脱的关键因素。过敏反应亦可导致此病情发展，剧烈的疼痛感和神经损伤（如手术、外伤或脑脊髓损伤等）同样不容忽视。这些原因均能引发血管舒缩功能的紊乱，导致相对血容量不足，进而触发牛循环虚脱的发生。[①]

（二）临床诊断

发病初期，牛只可表现出精神上的萎靡不振，黏膜较为苍白，观察牛只的鼻镜可发现没有汗液，同时伴随心率的加快。随着病程的不断发展，黏膜尤其是齿龈和结膜，颜色从正常转为暗红至发绀。齿龈毛细血管充血时间延长，从正常的约 1 秒增至 5 ～ 6 秒。同时，患牛出现眼窝下陷、皮肤弹性下降、尿量减少等症状。病情的进一步加剧，导致体温随之降低。病牛的体温可以降至 36℃ 以下，甚至低于 35℃，伴随皮肤冰冷的现象。此时，患牛多卧地不起，呈现昏睡状态。随着食欲和反刍活动的消失，以及瘤胃蠕动音的减弱或消失，患牛的消化系统功能几乎完全停滞。病程后期，患牛血液黏稠度增高，静脉穿刺时血液流动困难，易堵塞针头，同时可能出现无明显原因的出血性倾向。

---

① 许干华，钟桂海，朱万柏，等.家畜循环虚脱的诊疗 [J].养殖技术顾问，2016(12）：112.

（三）疾病治疗

1. 药物治疗

（1）补充血容量

补充血容量的主要目的是维持有效的循环血量，保护肾功能，同时减少血液的黏稠度，促进微循环，防止弥散性血管内凝血现象的发生。乳酸林格氏液的静脉注射是常见的补液方式，其作用在于调整体液平衡，改善血液循环。添加 10% 低分子右旋糖酐注射液（分子量为 2 万～ 4 万）可进一步优化治疗效果，通过降低血液黏稠度，疏通微循环，为防止弥散性血管内凝血提供了重要保障。除此之外，5% 葡萄糖生理盐水、生理盐水、复方生理盐水及 5% ～ 10% 葡萄糖注射液也是补充血容量的有效选择。

（2）纠正酸中毒，调节血管舒缩机能

应用 5% 碳酸氢钠注射液，剂量为 50 ～ 100 毫升，经静脉注入，稀释比例为 3 ～ 4 倍，注射速度需缓慢以避免潜在副作用，或将碳酸氢钠添加至乳酸林格氏液中，与补充血容量措施同步进行。补充血容量后，需调节血管的舒缩能力，此时可使用山莨菪碱，每次剂量为 5 ～ 8 毫克，通过皮下注射方式给药。

2. 中医治疗

方剂一：加味生脉散。药方为当归、麦冬各 50 克，党参、黄芪各 80 克，五味子 30 克。将上述药材混合后加入适量的清水进行煎煮，之后取汁并加入 150 克的蜂蜜作为药引，一次性灌服。该方剂需每天一次，连续灌服 3 ～ 5 天。倘若体温高升不退、大便干燥可加入 40 克的牡丹皮以及 60 克的生地黄；如若脉极细而软，似有似无，则可以加入 50 克的阿胶（烊化）、30 克的石斛以及 15 克的甘草。

方剂二：人参四逆汤。药方为制附子（先煎）、人参各 50 克，炙甘草 25 克，干姜 100 克。将上述药材混合后加入适量的水进行煎煮，之后取汁并加入 150 克的蜂蜜作为引子，以灌服的方式给予患牛。该方剂需保持每天一次，连续灌服 3 ～ 5 天。

（四）疾病预防

通过合理的饲养管理和营养补给，确保牛只维持适宜的水和电解质平衡，预防因脱水和电解质失衡导致的血容量减少。对于发生大量失血或严重脱水的情况，应及时补充液体和血液，以恢复血容量；加强圈舍卫生管理，定期进行消毒，以减少病原体的传播。针对易感染牛只实施定期疫苗接种，以提高群体免疫力。一旦发现感染，应立即隔离病牛，并根据病原体种类给予相应的治疗；对于已知的过敏原，应尽量避免接触。在使用疫苗或药物时，应注意观察牛只的反应，对于有过敏史的牛只，应慎重选择药物并监测其反应；定期对牛群进行健康检查，及时发现和处理前胃和真胃疾病、胃肠道疾病等可能引起血容量减少的问题。通过定期监测，早期识别疾病迹象，可以及时采取措施，防止病情发展至循环虚脱。

第二节　损伤性疾病

一、创伤性心包炎

（一）病因

牛创伤性心包炎是一种由外部尖锐物体穿透引发的心包炎症。牛在采食过程中，由于其独特的口腔结构和采食习惯，容易摄入尖锐的外物，如铁钉、铁丝、玻璃片等。这些硬性物质在牛的胃内活动时，特别是在网胃区域，由于网胃与心包之间仅有一层薄膈隔离，极易穿透至心包，造成心包损伤。穿透至心包的尖锐物体不仅会直接对心包造成物理性损伤，还会携带胃内的微生物直接侵入心包，引发感染。这种感染初期表现为心包的充血、出血、肿胀及渗出，随着病情的发展，渗出液可能会从浆液性、纤维素性变为化脓性甚至腐败性，极大地增加了治疗难度，严重时甚至威胁到牛的生命。

（二）临床诊断

病发时期，患牛表情显得沉郁，食欲明显下降，反刍活动变慢或完全停止，鼻镜失去湿润，行走时显得格外谨慎，疼痛表现明显，如拱背行为，对转弯或下坡路行走显得极为抗拒。通过触诊方式，轻击或用力按压牛的网胃区及心脏区域，患牛会表现出疼痛反应，如持续呻吟、不断躲避，肘部向外展开，肘后肌肉区域出现震颤及出汗，这些症状通常伴随前胃功能弱化及慢性瘤胃膨胀的情况。

创伤性心包炎的患畜心跳速率异常，每分钟心跳次数可达 70～110 次，颈部静脉出现异常肿胀，肿胀程度可类比于拇指大小，颌下、颈部、胸部下方及胸前等区域可能出现水肿现象。体温逐渐升高，脉搏加快，呼吸频率也增高。通过叩诊方法可发现心浊音区域扩大，上界可扩展至肩部水平线，后方可达第 7～8 肋骨间；可见心包摩擦音及拍水音的出现，此时心音和心跳动作明显减弱。疾病发展到后期，常见胸膜粘连、心包脓肿及败血症的并发症。

（三）疾病治疗

1. 药物治疗

保守疗法，为了减轻症状，可采取对症治疗，消除炎症，可用青霉素 240 万单位、链霉素 200 万单位，肌内注射，每日 2 次；磺胺嘧啶钠首次量为 30～40 克、维持量 15 克，碳酸氢钠加入等量，灌服，每日 1 次，连用 1 周以上。用药期间应给予充足饮水。亦可止咳、泻下、健胃及镇痛等。

2. 中药治疗

清热宁心汤。药方为生地黄、夜交藤各 50 克，牡丹皮、黄连、淡竹叶、栀子各 30 克，连翘 25 克，甘草 15 克，白茅根 35 克，石膏 120 克（先煎）。将上述药材混合后加入适量清水进行煎煮，取汁之后可以加入 6 枚鸡蛋以及 150 克的蜂蜜作为药引，一次性灌服。该药剂需每天一次，连续灌服 3 ～ 5 天。

（四）疾病预防

确保放牧区域和喂养场所清洁，定期检查并清除可能成为牛摄入风险的尖锐物质，如铁钉、铁丝、玻璃片等。在牛的生活和活动区域铺设安全的床垫材料，以减少牛因躺卧不当而受到伤害的风险；对饲料进行彻底检查，确保饲料中不含有尖锐的异物。使用质量合格的饲料，避免使用地面捡拾或回收的饲料，因为这些饲料很可能含有金属碎片或其他危险物质；在牛群中安装监控设备，及时发现并处理摄入异物的行为。通过行为观察，及时识别并隔离那些具有摄入异物行为的个体，以防其伤害自身或影响其他牛；定期进行兽医健康检查，及时发现并处理可能引起心包炎的其他健康问题。这包括对牛群进行定期的体内外寄生虫控制，以及及时的疫苗接种，以增强牛的整体抵抗力。

二、传染性心包炎

（一）病因

牛传染性心包炎由特定病毒或细菌引起。这类病原体直接攻击牛只的心脏组织，尤其是心包部位。心包作为心脏的保护层，一旦受到感染，会出现炎症反应，表现为积液或纤维素沉积，影响心脏正常功能。感染途径多样，包括受到污染的水源、饲料以及病原体携带者的直接或间接接触。在自然界中，病原体的传播效率受到多种因素影响，例如动物密度、养殖环境的卫生条件以及个体之间的交互作用。一旦环境条件适宜，病原体便可迅速在牛群中扩散，导致疾病的暴发。

（二）临床诊断

通常患牛表现为发热、呼吸困难、心跳加速等特征性症状。通过详细的体格检查，尤其是对心脏区域的仔细听诊，能够检测到异常的心脏音，如心包摩擦音等，这些都是诊断的关键指标。

（三）疾病治疗

治疗初期，采纳经验性抗菌策略，施用速诺（阿莫西林克拉维酸组合制剂），每千克体重的药物剂量为 0.2 毫升进行皮下注射，每日一次，持续 3 天。随着牛只饮食欲望的恢复，根据药敏试验结果调整治疗方案，将药物调整为速诺片剂，每千克体重的药物剂量为 25 毫克，口服，每 12 小时一次，持续使用 5 周。

（四）疾病预防

加强对养殖场环境的监管，包括但不限于定期的清洁消毒，以及确保饲料与水源的安全。这有助于减少病原体的传播风险，降低疾病暴发的可能性；实施有效的生物安全措施，如限制外来人员与动物的接触，对进入养殖区的个体进行严格的卫生检查，可有效控制病原体的引入。此外，对于已经暴发疾病的养殖场，应立即隔离病例，防止疾病进一步扩散。免疫接种是预防牛传染性心包炎的关键手段之一。对牛只进行疫苗接种，可以显著提高它们对特定病原体的抵抗力，减少疾病的发生率。

第六章　仔畜疾病

第一节　消化系统疾病

一、犊牛腹泻

（一）病因

犊牛腹泻是一种影响幼年牛只健康的常见病症，根据其成因可大致分为感染性腹泻与消化不良性腹泻两类。

1. 感染性腹泻

感染性腹泻源于犊牛体内大肠埃希菌、沙门氏杆菌、冠状病毒、轮状病毒或球虫等病原体的侵袭，通过破坏消化道黏膜，干扰正常的消化吸收过程，引发腹泻。

2. 消化不良性腹泻

犊牛在出生初期，特别是在吸吮母乳的最初阶段或出生后 1～2 天，管理不当易导致该病症的发展。一个重要的因素是犊牛未能及时摄取初乳，或初乳喂养量不足。初乳中含有丰富的免疫球蛋白，对新生犊牛的免疫系统发育至关重要。若犊牛未能获得足够的初乳，其体内免疫球蛋白不足，就会导致抗病能力下降，增加患消化不良性腹泻的风险。

若母牛在妊娠期间营养不全价，如日粮中缺乏必要的蛋白质、维生素和矿物质，也会对犊牛造成不利影响。不仅会引起母牛营养代谢紊乱，还会阻碍胎儿的正常发育，使犊牛出生后体质衰弱，进一步降低其抗病能力。母牛营养不良还可能导致其乳汁中必要营养成分的缺失，影响犊牛的健康成长。不良的养殖环境，如低温、缺乏透光、阴冷潮湿以及通风不良等条件，都是诱发犊牛消化不良性腹泻的重要因素。这些环境条件会直接影响犊牛的舒适度，还可能间接导致病原体的增殖，从而增加犊牛患病的风险。

（二）临床诊断

1. 感染性腹泻

（1）大肠埃希菌感染

此类腹泻多在犊牛出生后 10 日内出现。1～3 日龄的新生犊牛尤为脆弱。未能及时摄取初乳或存在消化障碍的个体，更易突发此病。急性病例通常在犊牛出生后的 2～3 日内发生，表现为急性败血症，伴随发热及间歇性腹泻，病程若延续 2～3 天，可能导致死亡。相较之下，10日龄内犊牛的慢性病例症状较轻，可能表现为食欲减退或完全丧失，排出水样稀粪。随后，犊牛可能出现鼻黏膜干燥、皮肤弹性降低、眼球凹陷等脱水症状，偶尔伴有不安、兴奋的神经症状，进而发展为昏迷。在严重的病例中，体温下降，个体显示出虚脱和衰竭的迹象，可能因继发性肺炎而死亡。

（2）沙门氏杆菌感染

沙门氏杆菌引发的犊牛腹泻在 1 月龄左右的犊牛中较为常见。该疾病特征为急性发作，患犊体温可升至 40℃，伴随着血性下痢，排泄物中混杂黏液与纤维素絮状物，且会出现后肢踢腹的行为。在病情严重的情况下，犊牛会出现脱水与衰竭现象，若未能及时治疗，可能在 5～6 天内死亡，死亡率较高。

（3）病毒性感染

犊牛腹泻尤其是新生犊牛，多由病毒性感染导致，涉及多种病原体。

其中，轮状病毒与冠状病毒为主要致病因子。轮状病毒通常攻击 1 周龄以内的幼犊，而冠状病毒感染则更多见于 2～3 周龄的犊牛。该疾病特征为急性腹泻综合征，表现为犊牛精神萎靡，食欲下降至完全丧失，伴有呕吐现象以及排泄黄白色稀状粪便。此类症状会影响犊牛的成长发育，还可能导致严重的脱水和电解质紊乱，增加幼犊的死亡风险。

（4）球虫感染

犊牛球虫病是一种常见于 1 月龄以上犊牛的寄生虫疾病，特别在 4～9 月温暖潮湿的季节，发病率较高。病犊表现为下痢、里急后重，排便带血且有恶臭；随着病程的发展，食欲减退，被毛变得粗乱无光。观察可见黏膜苍白、出现贫血症状，病重牛犊常躺卧不愿起立。在诊断此疾病方面，饱和盐水漂浮法是一种有效的实验室检测手段，通过检查患病牛犊粪便中的球虫卵囊进行确诊。

2. 消化不良性腹泻

消化不良性腹泻是一种影响 12～15 日龄犊牛的常见疾病，其特征为犊牛发生腹泻，粪便可能为灰白色、褐色或黄色粥样稀薄状，偶尔可见未被消化的凝乳块混入其中。在某些情况下，腹泻可能呈现为水样，极端情况下会如水枪般从肛门喷射而出。这类犊牛的排粪频率较高，粪便臭味较轻，但会造成身体沾污。若转为慢性状态，由于肠道内容物过度发酵，可能引起自体中毒，甚至诱发继发性肠炎，导致腹泻症状进一步加剧。

（三）疾病治疗

1. 感染性腹泻

（1）犊牛大肠埃希菌病

在应用抗生素方面，可采用广谱抗生素或敏感抗生素进行治疗。

脱水情况严重的病犊牛需采取强心补液措施，并辅以维生素 B 和维生素 C 的使用，以便有效纠正酸中毒状况。还需注意低血糖、低血钾和代谢性酸中毒的纠正。在抗生素治疗方面，青霉素的使用剂量范围为 80 万～160 万单位，链霉素则需使用 100 万单位，氨苄西林的推荐剂量为

80万单位。恩诺沙星注射液的应用剂量为20毫升，通过肌内注射的方式施用，每日两次，分别在早晚，连续进行3～5天的注射。

针对危重腹泻患病犊牛，可采用静脉补液的方式，将10%氯化钾注射液以50～80毫升的剂量加入静脉滴注，每日1～2次，持续3～5天，可以显著改善患病犊牛的脱水状态。也可采用口服补液方案，通过将氯化钠3.5克、氯化钾1.5克、碳酸氢钠2.5克与葡萄糖粉20克混合于1000毫升常水中，每次以50～100毫升/千克体重的剂量，日服3～4次，以进一步稳定电解质平衡，促进恢复健康。疗程中，每头病犊每日口服诺氟沙星2.5克，分2～3次服用，辅以静脉注射6%低分子右旋糖酐注射液、5%葡萄糖氯化钠注射液、5%葡萄糖注射液、5%碳酸氢钠注射液各250毫升，以及氢化可的松注射液100毫升和10%维生素C注射液20毫升的混合液，一次性静脉滴注。轻症病犊日滴注1次，而重症或危急症状病犊则需增至日滴注两次，连续3～5天。对于出现抽搐、昏迷等神经症状的病犊，还需静脉注射25%硫酸镁注射液40毫升，以缓解相关症状，加速康复过程。[①]

针对本病的预防，需保持牛舍环境清洁，避免犊牛与粪便的直接接触，便于减少病原体传播。产后12小时内确保犊牛摄入足量初乳，有助于提高其免疫力。同时，母牛怀孕期间应提供全面均衡的营养饲料，以支持胎儿的健康发育。供应清洁的饮水，允许犊牛自由饮用0.1%～0.5%的高锰酸钾水，可以消除潜在的病原体，进一步防范感染性腹泻的发生。

（2）犊牛沙门氏杆菌病

化学药品方面，氟苯尼考以20毫克/千克体重剂量口服，日服3次，或以该剂量一半肌内注射，持续5～7天。此症状治疗可借鉴犊牛大肠埃希菌病的药物方案。中药治疗方案，针对1～2月龄病犊，配方包含

① 汤喜林，施力光，陈秋菊.肉牛健康养殖与疾病防治[M].北京：中国农业科学技术出版社，2022：221.

黄檗、黄连各 30 克，白头翁 100 克，泽泻、生地、元参、猪苓各 20 克，炒槐花、白术、炒丹皮、秦皮、炒栀子、党参、黄芩、苍术、侧柏叶各 15 克。所有药材研磨成细末，加入 500 毫升的开水进行冲泡，待温度适宜后灌服，每日一次，连续使用 5 天。

此疾病的预防需从提高养殖环境卫生和饲养管理水平入手。确保牛舍环境通风良好，干净无尘，避免湿度过高，是降低病原体生存率的关键。母牛在分娩前后的乳房卫生管理可以有效减少乳源性的传播。高质量的饲草和饲料是保障犊牛健康成长的基础，可以避免因饲料污染而导致的疾病发生。定期对养殖场进行消毒，能有效减少病原体的传播。针对疫情高发区，通过给妊娠母牛及其所生犊牛注射牛副伤寒灭活疫苗，分别在产前 1.5～2 个月和犊牛 1～1.5 月龄时进行，能显著提升群体的免疫力。

（3）病毒性腹泻

由病毒引起的腹泻，因为目前还没有直接针对此类病毒的有效药物，在治疗上存在一定的挑战，因此可使用中药方案提升治愈率。对于 1～3 周龄的病犊，采取的中药方案包含熟地、茯苓、神曲、白芍、当归、麦芽、党参、泽泻各 10 克，地榆、石榴皮各 12 克，黄檗、罂粟壳、黄芩各 15 克，甘草 20 克，山楂 14 克。以上药物加水 1000 毫升，煎煮至 500 毫升，待温度适宜后分 2～3 次给予病犊口服，每日一剂，连续使用 5 剂。

加强饲养管理、定期检疫、隔离和净化环境，是防控此病发展的关键措施。一旦发现犊牛出现腹泻症状，应立即进行隔离和治疗，以避免疾病的进一步传播。

（4）寄生虫性腹泻

对 1 月龄以上的病犊，采用阿维菌素片进行口服治疗，剂量为 5～8 毫克 / 千克体重，每日两次，3 天为一疗程。治疗期间，确保将服用驱虫药后一周内的粪便集中堆积并进行发酵，此举有助于消灭残留的寄生虫卵。

对于此病的预防，牛舍需要保持良好的通风和干燥，避免积水，并定期进行消毒，减少病原体的存活。对于哺乳母牛，需要定期擦洗乳房，防止乳房感染影响牛犊。同时，保证饲料和饮水的清洁，避免粪尿污染，是保障犊牛健康成长的基础。犊牛与成年牛的分开饲养能有效减少疾病的传播，为犊牛提供一个更为安全的生长环境。

2. 消化不良性腹泻

初始阶段，暂停乳食 8 ～ 10 小时，采用口服补液盐进行初步的电解质补充与水分平衡调整。灌服 150 ～ 200 毫升的液状石蜡油，能有效促进肠道内容物的排出，为后续治疗奠定基础。第二日需采用磺胺脒与碳酸氢钠各 4 克，混合使用，每天 3 次喂服，连续 2 ～ 3 天，此法旨在控制可能的继发感染及调节酸碱平衡，防止酸中毒的发生。对于腹泻并伴有脱水症状的犊牛，需迅速补充电解质，故而通过静脉注射 5% 碳酸氢钠注射液 250 毫升、5% 葡萄糖注射液 300 毫升及 5% 葡萄糖氯化钠注射液 500 毫升，每日 1 ～ 2 次，连续 2 ～ 3 天，能有效缓解脱水症状。针对病犊腹泻带血的情况，采用维生素 K 注射液 4 毫升进行肌内注射，每日两次，直至粪便中无血迹，可以补充凝血因子，减轻出血症状。

二、犊牛便秘

（一）病因

新生犊牛在分娩前由于胎粪积聚，可能导致分娩后便秘的问题。若新生犊牛未能及时获取初乳，或哺喂初乳的时间延迟，将会对其消化功能造成不利影响，进而可能导致便秘；大量饲喂品质不佳的合成乳或代乳粉也是导致消化不良或便秘的一个重要因素；品质不佳的饲料不能提供犊牛所需的营养，从而影响其消化系统的正常运作；先天性的发育不良、早产或体质衰弱的幼犊因肠管弛缓和蠕动无力而发生便秘；母牛妊娠期营养的缺乏，如钙、磷和维生素 A 的不足，可导致犊牛体质瘦弱，胃肠功能不全，从而增加了便秘的风险。这些因素共同作用于犊牛，影响其健康状态，进而可能导致便秘的发生。

（二）临床诊断

犊牛便秘会表现出吃奶次数减少、肠音减弱及明显的不安症状。患病犊牛常出现弓背、摇尾、努责等行为，有时还会踢腹、卧地并回顾腹部。在某些情况下，病犊腹痛剧烈，导致其前肢抱头打滚，随后出现精神沉郁、不吃奶的症状。观察患病犊牛，可见结膜潮红带黄色，呼吸与心跳速度加快，肠音减弱或完全消失，表现出全身无力，终至卧地不起。这些症状逐渐加剧，导致全身衰竭，犊牛呈现出自体中毒的症状。尤其是在排粪时，由于粪块堵塞肛门导致的痛苦，有的犊牛会大声鸣叫。粪块堵塞还可能引起肠臌胀，这是继发性的一种病理现象。

（三）疾病治疗

1. 药物治疗

用 80～100 毫升的温肥皂水或液状石蜡进行灌肠，能够促进干粪排出，若症状未缓解，可考虑重复灌肠。对于病情较为严重的犊牛，可采用 10～250 毫升的液状石蜡、10～30 毫升蓖麻油以及 20 克的硫酸钠，或者是 10～30 克的硫酸镁，并配以 200～300 毫升的清水，进行灌服，可以有效缓解便秘症状。当犊牛出现腹痛现象时，可以加入 3～5 克的水合氯醛，并与上述药物进行混合之后，一次性灌服，能够有效减轻腹痛。

2. 中药治疗

方剂一：四君子散加味

白术（炒）、当归、枳实、茯苓、党参、香附各 30 克，甘草（炙）15 克，槟榔 10 克。将上述药材进行混合并研制为粉末，加入 3 升的开水进行冲调至黏稠状，等待温热之后再加入 100 毫升的蜂蜜，采用一根微导管进行灌服。该方剂需每天一次，连续灌服 3 天。

方剂二：当归苁蓉汤

番泻叶、炒枳壳、木香、厚朴各 15 克，麦芽、醋香附各 20 克，肉苁蓉、当归各 50 克，神曲 30 克。将上述药材混合后研制为粉末，并加入 3 升的开水冲调为黏稠状，等待温度适宜之后再添加 200 毫升的麻药，采用一根微导管进行灌服。该方剂需每天一次，连续灌服 3 天。

（四）疾病预防

犊牛刚出生时，应立即给予初乳，便于预防便秘。初乳富含营养，还包含必要的抗体，能够有效提升犊牛的免疫力。为了确保初乳的质量和数量，有必要加强对母牛的喂养管理。通过优化饲料和管理，可以直接影响初乳的产量和品质，从而对犊牛的早期健康产生积极影响。同时，对于体质较弱的犊牛，需及时补充糖溶液，进而增强其体质。糖溶液能够迅速提供能量，帮助这些犊牛抵抗疾病、健康成长。

三、犊牛消化不良

（一）病因

妊娠期间母牛饲料的质量直接影响到胎儿的发育状况。若饲料质量不佳，特别是在蛋白质、维生素和矿物质供给不足的情况下，母体的营养代谢会出现紊乱，进而影响胎儿的正常发育。这种营养上的不足会导致犊牛出生后体质虚弱，脾胃功能不佳，从而容易发生消化不良的情况。新生犊牛在出生后的初期，如果不能摄取到足够的高质量初乳，其消化系统的功能发展会受到影响。初乳中的营养成分对犊牛早期的免疫功能和消化系统的发育至关重要。若初乳摄入不足或质量不佳，如缺乏维生素 A 可能导致新生犊牛的消化道黏膜上皮角化，缺乏 B 族维生素可能影响其胃肠蠕动功能，缺乏维生素 C 可能减弱犊牛的胃肠分泌功能，进一步加剧消化不良的风险。

饲养管理条件对犊牛的健康也起到决定性的作用。不良的饲养管理，如舍内温度过低、缺乏阳光、潮湿阴冷或过度闷热拥挤、通风不畅等，都会对犊牛的健康产生不利影响，使其更容易感染疾病。犊牛处在这样的环境中，容易受到外界不良因素的侵袭，导致疾病的发生。母乳的质量和哺乳环境的卫生状况同样关键。母乳中如果含有病原微生物及其毒素，或者乳头和哺乳器械的消毒处理不严格，都可能成为犊牛消化不良的促发因素。

（二）临床诊断

消化不良的犊牛精神萎靡，倾向于躺卧，表现出明显的食欲下降，甚至完全拒食。体温方面，通常维持在正常范围或略低。病犊的消化系统受到影响，表现为腹泻，粪便呈粥样或水样，颜色多为黄色或深黄色，偶尔出现暗绿色，散发酸臭味，同时混有小气泡及未完全消化的凝乳块或饲料残渣，伴有轻度腹胀和腹痛症状。腹泻持续不止会导致皮肤失去弹性，眼球凹陷，站立困难。当肠道内容物发生发酵和腐败，吸收过程中产生毒素时，体温会上升，腹泻加剧，粪便中含有大量黏液和血液，散发出恶臭和腐臭。疾病晚期，体温骤降，可能出现昏迷状态，最终导致死亡。

（三）疾病治疗

1. 药物治疗

药物治疗的核心是减轻胃肠道刺激和促进恢复。饥饿疗法作为初步措施，禁食8～10小时，配合生理盐酸水溶液（食盐5克，33%盐酸1克，凉开水1000毫升）或温红茶水250毫升的给予，有助于减轻胃肠负担。在病情较轻，未出现严重腹泻的情况下，油类或盐类缓泻剂的使用能有效排出胃肠内容物，进一步减少胃肠道刺激。为加速犊牛恢复，人工初乳的补充不可或缺。配方为1000毫升的鲜温牛乳，10毫升的生理盐水，10～15毫升的鱼肝油，3～5个鸡蛋，每日需补充5～6次，每次确保1000毫升。对于持续腹泻的犊牛，鞣酸蛋白、碱式硝酸铋、颠茄酊等内服药物的应用，能有效控制病情，减轻症状。

在处理单纯性消化不良情况时，内服酵母片、乳酶生或胃蛋白酶等药物，可有效促进消化功能的恢复，加快食物的分解与吸收。同时，考虑到消化不良可能伴随或引发的肠道感染问题，呋喃唑酮、链霉素、磺胺脒等抗生素的使用有助于预防与控制感染。在遇到肠道内容物腐败发酵的状况，除了上述抗生素的应用，还需恰当使用乳酸、鱼石脂等药物，以抑制有害菌群的过度生长，恢复肠道微生态平衡。

2. 中医治疗

方剂一：参芪莲肉散。药方为白术、党参、杜仲（炒）、茯苓各20克，莲子肉、熟地黄各30克，山药25克，炙甘草、山茱萸各10克，炙黄芪50克。将上述药材混合之后研制为粉末，加入开水进行冲调，并等待药液凉至合适的温度之后添加100毫升的黄酒，以灌服的方式喂给患病犊牛。该方剂需每天一次，连续灌服3～5天。

方剂二：参苓白术散。药方为炙甘草、桔梗各10克，山药25克，白扁豆、薏苡仁、莲子肉各30克，砂仁15克，茯苓、党参、白术各20克。研制为粉末之后加入开水进行冲调，并等待凉温之后添加100毫升的黄酒，以灌服的方式喂给患病犊牛。该方剂需每天一次，连续灌服3～5天。

（四）疾病预防

对妊娠母牛的饲养加强管理，关键在于营养的增加，包括蛋白质、脂肪、矿物质和维生素的供给，同时改善卫生环境，确保每日至少3小时的运动时间，促进母牛健康，从而提高乳质和乳量。

对于犊牛而言，早期获得充足、高质量的母乳是非常有必要的。母乳是犊牛获得初生免疫力的主要来源。若母乳供应不足或质量不佳，应及时采用人工哺乳，选择合适的代乳品，保证犊牛的营养需求得到满足。此外，犊牛的卫生条件对其健康影响极大，应保持犊牛生活环境的清洁，定期进行消毒，减少疾病的发生。

四、犊牛隐孢子虫病

（一）病因

隐孢子虫病是一种影响多种脊椎动物，包括人、牛、猪、犬等240种动物的传染病，犊牛在 5～15 日龄时特别易感。病原体的传播途径主要是粪一口。具体而言，携带病原体的牛的粪便中含有丰富的虫卵。当粪便污染了饲料、饮水和环境时，健康的牛只通过摄取这些被污染的物质而受到感染。除此之外，其他一些携带病原体的动物也可能成为牛受到感染的源头。

（二）临床诊断

犊牛隐孢子虫病由隐孢子虫引起，传播速度快，危害程度大。当犊牛感染量大时，病症表现为腹泻、食欲不振、精神萎靡不振，表现出明显的虚弱无力状态，体重显著下降。病程长度一般为 6～14 天，部分病例可能出现复发情况。需要注意的是，该病症有时会与其他肠道病原体如轮状病毒、冠状病毒、细小病毒、大肠埃希菌及艾美尔球虫等共同感染，使病情更为复杂，治疗难度增加。确诊犊牛隐孢子虫病的关键在于粪便检查，通过查找粪便中的卵囊来确认病症，常采用饱和盐水或食糖溶液浮集法来浓集粪便样本中的卵囊，以便观察和诊断。

（三）疾病治疗

犊牛隐孢子虫病的治疗面临较大挑战，由于缺乏特效药物，临床上需采用多种药物进行治疗。如螺旋霉素、盐霉素、多粘菌素和呋喃西林对于本病具有一定的疗效，能够在一定程度上控制疾病的发展。在牛舍卫生管理方面，5% 氨水及 10% 福尔马林对杀灭卵囊有效，是重要的环境消毒措施。

（四）疾病预防

第一，及时饲喂初乳是预防犊牛隐孢子虫病最简单且有效的方法。犊牛应在出生后 0.5～1.0 小时内开始喂初乳，并在出生后 12 小时内摄入 4 升高质量的初乳，首次喂 2 升，间隔 12 小时再喂 2 升。初乳中含有丰富的抗体，可以帮助犊牛建立被动免疫，抵抗隐孢子虫等病原体的感染。第二，牧场应确保犊牛的生活环境干净、干燥、舒适，以减少致病菌的滋生和传播。保持牛舍、饲喂设备和饮水源的清洁卫生，定期使用能杀死隐孢子虫卵囊的消毒剂如 10% 福尔马林、5% 氨水等，进行消毒。牧场应避免使用低质量的代乳粉，以防犊牛因营养不良而降低免疫力。第三，做好分娩母牛的免疫注射工作。在干奶期和产前，应给母牛注射相关的疫苗，以提高其免疫力，并产生高质量的初乳。新生犊牛应及时与母牛分离，以降低从母牛那里感染隐孢子虫的风险。第四，对于已经感染隐孢子虫的犊牛，应及时进行隔离和治疗，以防疾病在牛群中扩散。虽然目前尚无确切疗效的抗隐孢子虫药物，但可以通过加强补液、防止脱水等支持疗法来缓解症状。临床实践中有一定疗效的药物如克林霉素、阿奇霉素等，也可以考虑使用。

第二节　呼吸系统疾病

一、犊牛肺炎

（一）病因

在犊牛的生长发育过程中，营养的供给不足，尤其是蛋白质、维生素、矿物质等营养物质的缺乏，会直接影响其体质和抗病能力，使犊牛在出生后更容易受到肺炎的侵袭。犊牛的呼吸系统发育不完善，免疫系统也未能完全建立，这种生理特点使它们对于环境变化和病原体的抵抗力相对较弱。

环境因素是诱发犊牛肺炎的另一关键因素。当犊牛所处的环境出现温度骤变、湿度过高或通风不良时，其呼吸道黏膜容易受损，进而增加了患呼吸道疾病的风险。例如，低温和潮湿的环境会损害犊牛的呼吸道防御机制，为病原体提供了可乘之机。此外，密闭和空气不流通的圈舍环境会造成有害气体和病原体浓度增高，进一步加剧了犊牛肺炎的发病风险。

（二）临床诊断

犊牛肺炎的发病经过通常可划分为急性型、亚急性型以及慢性型 3 个类别，主要影响 1～2 月龄的犊牛。患病犊牛体温可上升至 39.5～42℃，表现出精神沉郁，食欲下降或完全丧失，倾向于卧倒不起。两侧鼻孔有浆液性或黏液脓性的分泌物流出，呼吸明显困难，伴随着咳嗽症状，脉搏次数增加。胸部听诊可检出干湿啰音或捻发音，为临床诊断提供重要依据。

（三）疾病治疗

1. 药物治疗

青霉素与链霉素混合使用，采用肌内注射，每日需注射两次，能有效抑制细菌生长，减少感染。卡那霉素，以 15 毫克/千克体重剂量注射，每日需要注射两次，对多种细菌具有良好的抗生作用。磺胺二甲基嘧啶 150 毫克，可注射也可口服，每日需两次，通过抑制细菌的代谢途径，阻止其繁殖。对于病情较重的犊牛，还需辅以强心剂、补充体液和祛痰药物，以支持其生理机能，加速恢复过程。

2. 中医治疗

方剂一：麻杏石甘汤加味。药方为杏仁、桑白皮各 15 克，炙麻黄、桔梗、葶苈子各 10 克，金银花、黄芩、连翘、栀子、板蓝根各 20 克，甘草 5 克，生石膏 50 克（打碎先煎）。混合药材之后加入适量的清水进行煎煮，反复煎煮两次之后，将两次提取的药液再次混合后进行煎煮，等到凉温之后添加 100 毫升的蜂蜜，以灌服的方式喂给。该方剂需每天一次，连续灌服 3～5 天。

方剂二：苇茎汤加味治疗。药方为薏苡仁、栀子、茯苓、冬瓜仁、陈皮各 30 克，清半夏、桃仁各 15 克，滑石、桔梗、木通各 10 克，苇茎、黄芩各 50 克，川贝母 20 克。将上述药材混合之后研制为粉末，加入适量开水进行冲调，并将药液凉至合适的温度之后加入 100 毫升的黄酒，采用一根微导管进行灌服。该方剂需每天一次，连续灌服 3～5 天。

（四）疾病预防

确保怀孕母牛获得充足的营养，对于培育健康体质的犊牛至关重要，因为良好的营养状态直接影响到犊牛的免疫力与生长发育。在犊牛出生后，加强饲养管理，尤其是保持温暖、避免受寒，是预防犊牛肺炎的有效手段。适宜的温度与清洁的环境可以显著减少犊牛受到感染的风险。

二、犊牛副伤寒

（一）病因

犊牛副伤寒是由鼠伤寒沙门菌、都柏林沙门菌等细菌引起的一种感染症，主要影响犊牛。感染途径多样，既包括犊牛之间的直接接触，如接触患病或带菌牛的粪便及口鼻分泌物，也涉及间接感染，比如通过摄取被沙门菌污染的饮水、饲料、垫草、牛乳或乳头等。需要注意的是，一些犊牛可能在出生前就已在母牛的子宫内感染了沙门菌。此外，无论是患病犊牛还是治愈后的带菌牛，都有可能向环境排放大量的沙门菌，从而增加感染的风险。

未对犊牛进行分类分圈舍饲养，及时隔离治疗患病个体的措施缺失，是诱发疾病的重要因素。牛圈舍卫生条件不佳，长期未进行清洁消毒，加之饲料与饮水污染，为沙门菌提供了繁殖和传播的条件。此外，犊牛若患有其他疾病，免疫力下降，更易感染副伤寒。牛舍的防风保温措施不足，也可能增加犊牛受寒感染的风险。

（二）临床诊断

犊牛副伤寒的潜伏期一般为 1 ～ 2 周。疾病按病程长短可以分为两种类型：急性败血型和慢性型。

急性败血型表现为犊牛体温升高，精神状态低落，食欲丧失，呼吸频率增加，随后出现腹泻症状，粪便中混有黏液、血液及伪膜，散发恶臭，最终因脱水而死亡，病程通常为 5 ～ 7 天。若病程延长，犊牛可能出现关节肿胀，并伴有支气管炎和肺炎，表现为咳嗽和气喘症状。成年牛的临床表现与犊牛相似，但多数情况下为散发性。特别是妊娠中的母牛，有较高的流产风险。

慢性型往往由急性型发展而来，其中腹泻的症状会逐步缓解直至消失，但随之而来的是呼吸困难和咳嗽现象的加剧，且从鼻孔排出的分泌物由最初的黏液性质转变为脓性。疾病的进展还可能导致支气管炎演变为肺炎，体温上升，以及在后期出现关节炎症状，特别是腕关节和跗关节的肿大和跛行，显示出疾病的严重性。在慢性阶段，病牛的身体极度衰弱，疾病持续时间一般为 1 ～ 2 周，但在严重情况下可能延长至 1 ～ 2 个月。

（三）疾病治疗

1.药物治疗

在药物选择上，链霉素的肌内注射是常见的治疗手段，每日两次的注射频率，确保药效的持续与稳定，同时注射过程需缓慢进行，以减少药物刺激，防止犊牛产生反抗行为，保障注射人员的安全。另外，抗沙门菌病血清需要通过肌内注射给药，量为 100 ～ 150 毫升，显示出良好的疗效。对于伴随关节疼痛的情况，通过注射 1% 普鲁卡因进行缓解，注射量根据具体情况调整，为 15 ～ 30 毫升，注射后需要对病牛的关节进行适当的固定，以利于药物效果的发挥。针对出现的肺炎症状，采用青霉素与链霉素的组合治疗，每种药物 100 万单位，每日两次，连续使用 7 天，以期达到最佳治愈效果。止痢方面，白头翁散作为草药治疗选择，每日一剂，连续使用 4 天，根据病情变化，调整药物用量与使用频率，直至病牛完全康复。[①]

2. 中医治疗

药方为黄芩、秦皮、苍术、丹皮（炒）、党参、栀子（炒）、槐花（炒）、白术、侧柏叶各 15 克，元参、泽泻、生地、猪苓各 20 克，白头翁 100 克，黄檗 32 克，黄连 30 克。将上述药材混合之后研制为粉末，加入适量的开水，分两次进行冲调，等到药液温度适宜之后进行灌服。该方剂需每天一次，连续灌服 5 天。

（四）疾病预防

提升机体的抗病力和消除可能的诱发因素，可以有效减少疾病的发生率。一旦牛群中出现疾病，必须立刻采取隔离措施，对病牛及携带病原体的牛进行治疗，防止疾病的进一步传播。此外，病牛停留过的区域、圈舍以及使用过的工具等都需要进行彻底消毒，以消灭病原体，防止疾病再次暴发。对于死亡的动物，应采取深埋或焚烧的方式处理，以确保病原体不会通过土壤或空气传播，保护牛群的健康。

接种疫苗也是一种有效的预防方式。尤其是在疫情流行区，通过牛副伤寒灭活菌苗的注射来进行主动免疫，能显著降低疾病的发生率。根据犊牛的年龄，灭活菌苗的注射量及方式有所不同。对于 1 岁以下的小牛，肌内注射 1～2 毫升的疫苗；而 1 岁以上的牛则需要注射 2～5 毫升。接种疫苗后 10 天，需要再次注射同样剂量的疫苗以强化免疫效果。在牛群中一旦发现牛副伤寒的病例，对于 2～10 日龄的犊牛，应立即注射 1～2 毫升的灭活菌苗以预防疾病的扩散。孕牛在产前 1.5～2 个月注射疫苗，可以提高所产犊牛的免疫力，犊牛在 1～1.5 月龄时需注射一次疫苗，以进一步保护其免疫系统。需要注意的是，体质瘦弱或患病的牛

---

① 王金好, 戈林兴. 犊牛副伤寒病在生产上的诊断及治疗[J]. 吉林畜牧兽医, 2021（9）: 86-87.

不宜注射疫苗，以避免可能的副作用。注苗后，部分牛只可能出现轻微的反应，如精神不振、减少食欲、产奶量减少等，这些反应一般在 2～5 天可自愈，无须过度治疗。

三、犊牛流行性感冒

（一）病因

犊牛流行性感冒是一种急性及热性的传染疾病，源自牛流行性感冒病毒。该疾病多在气候寒冷的冬季，或是在晚秋与早春这些气候波动显著的季节中频发。气候的寒冷、日夜间的温差扩大、气温的波动性加剧，以及牛舍的保温效能不足，均为导致此病发生的关键因素。在未能充分加强犊牛的保健与保温措施的情况下，一旦遭遇冷风或雨雪的袭击，体质较弱的犊牛极易被感染。一旦感染，该病毒能在牛群中迅速传播，从而导致牛场犊牛流行性感冒的快速暴发与流行。

（二）临床诊断

疾病初期，病患犊牛通常展现出精神萎靡不振，偏好卧息而减少活动量。清晨时段伴有轻微咳嗽。随着疾病的进展，病患犊牛的精神状态进一步下降，表现出弓背和乍毛的体态，其鼻镜呈现干燥且不出汗的状态，同时伴有清涕和流泪现象，咳嗽的频率增加。在病情严重的阶段，犊牛的体温可能会超过 40℃，失去进食欲望，粪便减少且呈干燥状态。极端情况下，病患可能长时间卧地不起，表现出严重的咳嗽和呼吸困难，有时伴随腹泻，但死亡率较低。

（三）疾病治疗

1. 药物治疗

治疗此疾病，采取正确的药物干预至关重要。病犊发现后，立即实施隔离措施，以避免疾病进一步传播。治疗方案包括使用板蓝根注射液或者是柴胡注射液，具体剂量为 0.10～0.20 毫升 / 千克体重或者 0.05 毫升 / 千克体重，分别肌内注射，每天一次，持续 35 天。对于高热不退的犊牛，建议使用 30% 安乃近注射液 10 毫升或复方氨基比林注射液 15 毫升，采取肌内注射，每天两次，连续注射 3～5 天。此外，咳喘症状严重的犊牛，增加 5% 地塞米松磷酸钠注射液 2 毫升的治疗，以缓解呼吸困难。防止继发感染，采用盐酸林可霉素注射液，剂量范围为 0.05～0.10 毫升 / 千克体重，肌内注射，每天一次，持续使用 3～5 天。补液治疗也非常必要，应用 10% 葡萄糖注射液 500 毫升与 20% 维生素 C 20 毫升，配合青霉素 320 万～400 万国际单位静脉注射，每天一次，持续 3～5 天，以支持机体恢复。①

2. 中药治疗

药方为金银花、野菊花各 20 克，一枝黄花、薄荷、陈皮、紫苏各 10 克，混合后添加 800 毫升的清水进行水煎，至 300 毫升后，等待药液凉温之后，分 2～3 次灌服给患病犊牛。该方剂需要每天一次，连续灌服 3～5 天即可。

（四）疾病预防

寒冷季节降临之际，牛舍的修缮和改造是防寒保暖必不可少的，如增设挡风板、使用柔软秸秆铺设牛床，既能有效防风，又可保持温暖，避免冷风侵袭。此外，犊牛的饲养管理需加以强化，确保初生犊牛能够及时获取充足的初乳，同时保证清洁、充足的饮水供应。对于已患病的犊牛，应坚持早发现、早治疗的原则，以实施及时和有效的治疗。牛舍的日常清洁和消毒是预防疾病传播的另一项基本工作，应使用 0.2%～0.5% 过氧乙酸进行日常消毒，以及每周 1～2 次使用 3% 氢氧化钠对牛舍的关键区域进行彻底消毒，如运动场、牛床和走道等，从而建立一个清洁、健康的养殖环境。

① 刘鹏.冬春常见犊牛病防治 [J].浙江畜牧兽医，2021（2）：44-45.

第三节　营养缺乏性疾病

一、佝偻病

（一）病因

犊牛佝偻病的发生与妊娠期母牛及其后代在饮食中维生素 D 的摄取不足密切相关。当妊娠母牛在冬季长时间处于室内饲养，缺少青绿饲料和日光照射，导致其饲料中维生素 D 含量不足，进而影响胎儿骨骼的正常发育，形成先天性骨骼发育不全。此外，分娩后，如果母牛继续保持相同的饲养管理条件，其乳汁中维生素 D 的缺乏将进一步导致犊牛后天性骨骼发育不足。因此，保障母牛及犊牛获得足够的绿色饲料和充足的日光照射是防治犊牛佝偻病的关键。即使维生素 D 的供给能够满足犊牛的需求，钙和磷在母乳及犊牛饲料中的适当比例也是维持犊牛正常骨骼发育的必要条件。缺乏这两种矿物质将可能导致佝偻病的发生。

（二）临床诊断

犊牛佝偻病的主要表现为异嗜癖、消化功能失调、跛行以及偏好卧倒等行为。病患犊牛的前肢腕关节向外侧凸出形成内弧圈状弯曲，后肢跗关节内收，造成后腿呈现"八"字形分开站立的姿态。此外，胸骨端的肋骨呈现串珠状肿大，胸廓变形，严重时可影响正常呼吸。脊柱出现变形，多见于上凸的弓背状姿势。疾病还会导致四肢各关节肿大，尤其是腕关节和跗关节的肿大更为明显，进而影响走路能力。在重症情况下，犊牛可能因不慎倒地或挣扎而导致滑骨韧带附着点剥脱，进一步加剧病情。

（三）疾病治疗

1. 药物治疗

治疗犊牛佝偻病，主要依靠维生素 D。①骨化醇（维生素 D_2）采取口服方式，每日剂量定在 5 万～10 万单位，或选择皮下、肌内注射的途径，剂量提升至 200 万～400 万单位，每隔一天执行一次，持续 3～5次完成一整个疗程。②维生素 D 胶性钙的使用，每次剂量为 5～10 毫升，采取皮下或肌注方式，每天或每隔一天一次，3～5 次构成一疗程，根据情况，可连续进行 2～3 个疗程。[①]该治疗方案侧重于通过提供充足的维生素 D，促进骨骼健康，预防或纠正佝偻病症状，确保犊牛骨骼结构的正常发展和健康成长。

2. 中医治疗

方剂一：益智通关散。药方为巴戟天、益智仁、川芎、补骨脂、炒白术、当归各 20 克，肉桂、广木香、红花各 15 克，干姜、炙甘草各 10克，牡蛎 50 克。药材混合之后研制为粉末，并用适量的开水进行冲调，等待药液凉温后可加入 100 毫升的黄酒作为药引，以灌服的方式服用。该方剂需每天一次，连续灌服 3～5 天。

方剂二：健步通关散。药方为生地黄 30 克，骨碎补、白芍、怀牛膝、黄檗、当归、天冬、知母各 20 克，红花 10 克，龙骨、牡蛎各 50 克。混合后研制为粉末，加入适量的开水进行冲调，等待药液凉至适宜的温度之后加入 80 毫升的食醋，进行灌服。该方剂每天需要一次，连续灌服3～5 天。

（四）疾病预防

妊娠期与分娩后的母牛，需确保其饮食中包含足量的青绿饲料与青干草，同时要保证充足的日光照射，以利于其健康及后代的成长。犊牛断乳后，其饲养管理亦应遵循相似原则，确保饲料中含有丰富的青绿植

---

① 李贵兴.家畜疾病诊疗手册 [M].上海：上海科学技术出版社，2009：359-360.

物，同时安排适宜的户外活动，使之充分接受阳光的照射。饲料的补充应考虑到营养的全面性，加入豆科和禾本科植物种子以及骨粉等成分，旨在通过提供综合营养成分，促进犊牛的骨骼健康与生长发育。

二、新生犊牛孱弱症

（一）病因

怀孕期间，若母牛的饮食中蛋白质、维生素、矿物质（如钙、磷）以及微量元素的供应不足，将直接影响到胎儿的发育，造成其出生时体质弱、生长发育不全。母牛在产前若遭受某些产科疾病（如妊娠毒血症、产前截瘫）或传染病（如布鲁氏菌病）的侵扰，也会导致胎儿先天不足，进一步加剧新生犊牛的孱弱情况。早产也是导致新生犊牛孱弱的重要因素之一。早产犊牛往往生理功能不完善，抵抗力低下，更难以在出生后的关键时期保持良好的生长发育态势。出生后的环境条件，尤其是温度，对初生仔畜的健康状态有着直接的影响。如果环境温度过低，而且未能及时采取有效的保温和护理措施，新生犊牛的生命活力会受到严重影响，从而加剧其孱弱症状。

（二）临床诊断

新生犊牛孱弱症是一种常见于初生牛犊中的疾病，表现为明显的生理及行为异常。患病犊牛常展现四肢无力、肌肉松弛的特征，难以站立，或站立时不稳，移动时易失去平衡。在哺乳方面，病犊难以主动寻找奶头，即使找到也因力不从心而难以吸吮。从生长指标来看，这些犊牛的身高与体重均低于同龄健康犊牛的平均水平。此外，耳朵、口腔、鼻部以及神经末梢的温度偏低，心跳加速但微弱，呼吸浅而弱，反应能力减缓，对环境变化的感知能力下降。多数情况下，这些症状还会伴随着呼吸道或消化道感染的现象。

（三）疾病治疗

1. 综合治疗

治疗过程中，将患病犊牛置于保育室，确保环境温度维持在 38.5 ～ 40.0℃。此举有助于增强病犊的体能，降低应激反应的发生率。对于无法自主进食的仔畜，需采取人工辅助喂养初乳或奶粉的方式，确保营养供给。药物治疗方面，应用葡萄糖注射液（10.0% 浓度 400 毫升）、过氧化氢（30 ～ 40 毫升）或葡萄糖注射液（25.0% 浓度 250 毫升）、维生素 C（10 毫升）、强心安钠咖（0.2% 浓度 5 毫升）、氯化钠注射液（10% 浓度 10 毫升）进行静脉注射，每日一次，连续进行 3 ～ 5 天。肌内注射维丁胶钙注射液（5 毫升），根据病情严重程度，1 周后可能需再次注射。为了预防压疮的发生，对于不能自立的仔畜，应定期翻动，并且每天辅助其站立，实施辅助运动，通过这种方式加强体能锻炼，促进恢复健康。[①]

2. 中药治疗

方剂一：药方为甘草、人参、白芍、川芎各 10 克，茯苓、山药、当归、白术、黄芪、茯神、熟地黄、石菖蒲各 15 克。将上述药材混合后加入适量的清水进行煎煮，分两次进行口服。

方剂二：药方为当归、石菖蒲、麦冬各 15 克，远志、乳香、茯苓、人参、川芎各 10 克。将上述药材混合后加入适量的清水进行煎煮并取汁，等待凉至适宜的温度之后加入 0.3 克的朱砂作为药引，一次性灌服。

（四）疾病预防

在新生犊牛孱弱症的预防中，母牛的免疫接种有助于降低患病率。免疫接种作为一种直接且有效的手段，能够显著降低疾病传播的风险，进而降低养殖成本和提高养殖效益。在母牛的妊娠期间，执行严格的清洁和消毒程序是防病的关键措施。环境的卫生状况直接影响到母牛以

---

① 杨绒，张静，杨卫. 新生犊牛孱弱的治疗 [J]. 新疆畜牧业，2014（10）：52.

及未出生犊牛的健康，良好的环境可以有效避免疾病的发生，保障母牛的抵抗力不被降低。对母牛的定期观察也是预防疾病的重要环节。一旦发现有患病迹象，应立即进行诊断和治疗，确保疾病不会影响到胎儿的健康。

妊娠期母牛的综合管理可以预防新生犊牛羸弱症的发生。在此期间，环境条件的优化是基础措施之一。独舍饲养可减少牛只间的接触，从而降低因拥挤或打斗引起的流产风险。适宜的温湿度、良好的通风以及合理的光照，不仅有利于母牛健康，也为胎儿的正常发育提供了有利条件。定期的牛舍清洁与消毒，能有效避免病原体的滋生，降低疾病传播风险。饲料营养的合理调配同样至关重要。随着妊娠进程，母牛对营养的需求呈现出不同的变化，因此根据妊娠的不同阶段调整日粮配比，以满足其营养需求，是确保母牛及其胎儿健康的关键步骤。渐进式的饲料转换方法，可以减轻母牛消化系统的负担，促进其更好地吸收营养。同时，饲料需要妥善贮藏，避免饲料霉变，保证饲料质量，对预防新生犊牛羸弱症的发生具有积极作用。

第七章　中毒性疾病

第一节　代谢性中毒疾病

一、酮病

（一）病因

牛酮病作为一种典型的代谢疾病，其发生与血糖代谢负平衡紧密相关，分为原发性与继发性两大类。

原发性牛酮病的发生根源在于不合理的饲养管理，尤其是过量提供高蛋白、低能量的饲料，同时糖类的供给不足。这类情况多见于牛只的妊娠后期及泌乳初期。不仅如此，饲喂含量过高的、发酵程度过度的低质青贮饲料，或是由于前胃功能失调导致脂肪酸过量生成，以及体态过度肥胖的牛只，也是原发性酮病的高风险群体。

继发性牛酮病则与其他疾病的并发有关，如产后瘫痪、子宫内膜炎以及电解质失衡等，如低磷血症或低镁血症，这些都可能增加牛患酮病的风险。

（二）临床诊断

牛酮病亦称醋酮血症，是一种因糖、脂肪代谢失衡导致的营养代谢性疾病。该病症由血糖含量降低及血液、尿液、乳汁中酮体含量异常升高所标志。临床上，根据症状的不同，牛酮病可分为消化型和神经型两种表现形式，前者以消化功能障碍为主，后者则表现为神经系统紊乱。典型病症包括低血糖、高血脂、酮血症、酮尿症、脂肪肝及酸中毒等。此外，该病还会导致体蛋白的大量消耗和食欲下降，甚至完全丧失。

1. 消化型

患牛表现出对精饲料的拒食，偏好食用干草和污染的垫草。此外，从其呼出的气体、皮肤和尿液中，可闻到醋酮或烂苹果般的特异味道。另一明显症状为牛奶易产生泡沫，并带有醋酮味，这些均指向了代谢异常的问题。随病情进展，反刍功能会受到影响，停止反刍，且观察到鼻镜干燥无汗，动物出现舔食泥土和脏污垫草的异常行为，甚至啃咬栏杆。部分牛只可能出现顽固性腹泻，或者腹泻与便秘交替发生，粪便形态呈干燥的球状，外表黏附有黏液。从外观上看，患牛体重减轻，体形消瘦，眼窝下陷，有时伴随眼睑痉挛的症状。严重脱水导致皮肤弹性降低，毛发粗糙、无光泽。行动踉跄，甚至出现卧倒不起的情况。黏膜苍白或出现黄疸。

2. 神经型

患牛除展现消化型常见的临床表征外，还会出现口角流涎、涎液中带有泡沫、行为异常表现为兴奋不安、狂暴摇头、眼球震荡及做圆圈运动等症状。要注意肌肉尤其颈部肌肉的痉挛现象，有时甚至会发展为全身抽搐，显示出疾病的神经系统受损程度。随着病情的进展，患牛可能出现更为严重的神经抑制现象，包括四肢轻瘫或后部不全麻痹，头和颈部弯曲异常，反应迟缓至嗜睡状态。通过观察可发现，大多数患牛体温会降至正常范围以下。

（三）疾病治疗

1. 西医疗法

50% 葡萄糖注射液 1000 毫升与地塞米松磷酸钠 30 毫克的联合使用，

通过静脉注射，每日一次，持续 3～5 天，以提高血糖浓度，减少酮体生成；抑或碳酸氢钠注射液 1500 毫升和辅酶 A500 单位的配伍，也是通过静脉途径给药，同样是每日一次，连续 3～5 天，此法用于改善酸碱平衡，增强细胞内能量代谢。此外，丙酸钠 300 克 / 天口服，分两次给药，连续 10 天，有助于调整内环境，促进代谢平衡。针对神经型酮病患牛，除了上述治疗措施，还需要通过胃管每日两次灌服水合氯醛（10 克），持续 3～5 天。

在牛酮病的治疗过程中，对于那些神经症状未能获得缓解的患牛，医疗专家建议可以从两种不同的治疗方案中选择其一进行应用。

方案一：使用 10% 葡萄糖酸钙注射液，每次用量为 500 毫升，通过静脉注射的方式施用，日均一次，持续时间为 3～5 天。同时，还需配合 10% 安钠咖注射液，每次用量为 20 毫升，采取肌内注射的方式施用，日均一次，连续 3 天。

方案二：使用 5% 氯化钙注射液 300 毫升与 5% 葡萄糖注射液 500 毫升，这两种液体可以单独使用或混合后通过静脉注射的方式施用，日均一次，持续时间为 3～5 天。同时使用 10% 安钠咖注射液，每次用量 20 毫升，通过肌内注射的方式施用，日均一次，连续 3 天。

2. 中医治疗

方剂一：白术、山楂、茯苓各 40 克，当归、川芎、陈皮、半夏、莱菔子、熟地黄、白芍、木香、厚朴各 30 克，党参、神曲、苍术各 60 克，黄连、草豆蔻各 25 克，干姜 15 克，甘草 20 克。将上述药材进行混合之后，加入适量的清水进行煎煮，凉至合适的温度，进行灌服。该方剂需要每天 1～2 次，连续灌服 5～7 天。

方剂二：白芍、菊花子、麦冬、枸杞子、泽泻各 45 克，当归、酸枣仁、生龙骨、生牡蛎、山茱萸、山药各 60 克，茯苓、甘草、川芎各 30 克，生赭石 120 克。加入适量的清水进行煎煮，需要注意的是该方剂需要反复煎煮两次，分为两份，一早一晚进行灌服。

（四）疾病预防

牛酮病的防控核心在于科学的饲养管理与日粮的合理配置，强调必须保证足量的糖类摄取。特别是在分娩前 6 周，建议日粮中加入丙酸钠 100 克或甘油 350 克，以生糖物质的形式补充，旨在调节代谢，防止酮症的发生。对于有条件的牛场，周期性地检测牛尿中的酮体含量，是早期识别及干预酮病的有效手段。尤其针对有酮病历史的牛只，此举可实现疾病的早期发现和及时治疗，有效缩短病程，提高治愈率，并显著减少因病导致的生产损失。

二、瘤胃酸中毒

（一）病因

牛瘤胃酸中毒的发病机理与牛只饲养管理密切相关。在冬春季节，尤其是犊牛、老龄牛和产后母牛更易发生此病。该病发病的根本原因在于瘤胃对于大量含糖饲料的消化过程中，乳酸的过度产生。牛只摄取大量的水果、玉米、小麦、燕麦、高粱、红薯、马铃薯、甜菜和青贮饲料等含糖量高的饲料，或过度细致的饲料，会加重瘤胃的负担，导致瘤胃内乳酸菌迅速繁殖并产生大量乳酸及其他酸性物质。饲料突然更换或饲喂不当导致牛只过度饥饿后暴饮暴食，同样会诱发此病。糖类物质在瘤胃内的积聚促使乳酸菌异常增多，乳酸及脂肪酸的累积导致瘤胃 pH 值下降，渗透压上升。这一变化影响瘤胃蠕动功能，降低瘤胃的消化效率，还会导致瘤胃内出现积液和脱水现象，进一步引起病牛血液黏稠度增加和酸中毒的发生，严重威胁牛只的生命健康。

（二）临床诊断

牛瘤胃酸中毒通常发生于牛只摄取大量谷物饲料之后的 3～5 小时。该疾病的临床表现多样，初期可能表现为牛只精神状态沉郁，眼见黏膜呈现潮红或发绀色泽。病牛的食欲明显下降，常见磨牙虚嚼和流涎现象，口腔散发出酸臭味。观察到的另一关键症状为瘤胃膨胀，通过冲击式触诊可感知振水音，而蠕动音则不复存在。病牛的粪便稀软或呈水样，并伴有酸臭味。生理指标上，脉搏加速，呼吸频率增高，明显的脱水现象导致皮肤干燥、眼窝凹陷以及排尿量减少或完全停止。部分病牛会表现出异常兴奋，狂躁不安，表现出无目的的盲目运动或圆周运动。疾病进展到后期时，牛只会出现卧倒不起、角弓反张、眼球震颤等症状，最终进入昏迷状态并导致死亡。

（三）疾病治疗

1. 综合治疗

在牛瘤胃酸中毒的治疗中，紧急救治是首要任务，目标是立刻停止瘤胃内乳酸的继续产生，同时实施补液强心解毒措施，保障胃肠消化功能的正常运作。其一，使用 0.1% 的高锰酸钾溶液、1% 的碳酸氢钠溶液或 1% 的氯化钠溶液进行反复洗胃，调整瘤胃内的 pH 值至 7.0，此举有利于停止乳酸的进一步产生。治疗过程中，通过灌入 80 万单位的青霉素和 1.5 克的普鲁卡因，以抑制溶血性链球菌的生长，从而控制瘤胃炎症的发展。其二，采用 20% 的安钠咖溶液进行肌内注射，剂量为 10～20 毫升，以及 500～1000 毫升的 5% 碳酸氢钠溶液进行静脉注射，或者使用浓糖、复方盐水和维生素 C 进行静脉注射，以此来强化心脏功能并解除体内毒素。其三，刺激瘤胃蠕动，通过使用 4～20 毫克的新斯的明或 40～60 毫克的毛果芸香碱进行皮下注射，促进瘤胃的正常运动。其四，降低颅内压和缓解神经症状，如通过静脉注射 500～1000 毫升的 20% 甘露醇或 25% 山梨醇，以减轻神经系统的压力。

2. 中药治疗

方剂一：柴胡 40 克，大黄、莱菔子、椿皮各 60 克，常山 35 克，麦芽、山楂、枳实各 50 克，六曲 100 克，槟榔 45 克，甘草 25 克。将上述药材混合后研制为粉末，并与患牛日常食用的饲料进行混合。带有药末的饲料只需每天喂养一次即可，连续喂养 3～5 天。需要注意的是，针对怀孕期间的患牛，需要将上述方剂中的麦芽去除。

方剂二：芒硝、郁金各 150 克，甘草、菊花各 15 克，黄药子、连翘、板蓝根各 20 克，玄参 40 克，泽泻 35 克，黄檗、金银花、栀子各 25 克，大黄 65 克。将上述药材混合之后研磨为粉状，加入患牛日常食用的饲料中。带有药末的饲料需每天喂养一次，连续喂养 3 ~ 5 天。[1]

（四）疾病预防

合理的饲料搭配是预防此疾病的基础，要根据牛在不同生长阶段的需求，精准控制饲料中营养成分的比例。具体来说，块茎类、秸秆类和精细饲料的饲喂量需严格控制，以避免因饲料发酵产生过多酸性物质而降低瘤胃 pH 值。在此基础上，饲料中添加 2% 的碳酸氢钠能有效中和瘤胃中的酸性物质，使瘤胃 pH 值保持在 5.5 以上，有利于瘤胃的健康和功能维持。

饲料更换是一个细致且需谨慎的过程，应逐步进行，以旧饲料与新饲料的共同饲喂过渡，防止因饲料更换导致牛应激，进而诱发疾病。此外，日常饲料中加入保健性中药，可以增强牛群的免疫力，降低疾病发生率。饲喂管理上，控制牛的采食量和饲喂时间，避免因长时间饥饿导致暴饮暴食的情况发生。饲料的存放也需统一管理，防止牛偷食或误食，进一步避免疾病的发生。确保牛群有充足的运动时间，尤其是饲喂后的运动，有助于瘤胃蠕动，促进饲料的消化吸收。放牧时应避免短时间内大量进食牧草、秸秆或误食其他物质，保护消化道功能。牧场的卫生状况直接关系到牛群的健康，因此牛舍的清洁消毒工作不容忽视。定期清理粪便，更换垫草，保持通风和光照，定期进行消毒，为牛群提供一个干净、健康的生活环境，是降低疾病发生概率的重要措施。

---

[1] 艾斯马依力·卡地尔.牛瘤胃酸中毒的中西医结合治疗方法[J].北方牧业,2024(4): 43.

三、脂肪肝综合征

（一）病因

牛脂肪肝综合征是一种常见于产后牛只中的营养代谢疾病，其病因主要与过度饲喂相关，导致牛只在产犊前后出现过度肥胖现象。产后，牛只食欲减退，能量摄取不足，体重急剧下降，肝细胞内开始大量蓄积脂肪，进而引发脂肪肝综合征。该病症与多种营养代谢病、传染性疾病及生殖系统疾病的发生紧密相关，包括产乳热、酮病、乳腺炎以及胎盘未能及时排出等。

（二）临床诊断

牛脂肪肝综合征的发生时间通常位于产犊前 2 ～ 3 周至产后 4 ～ 5 周。该疾病的发病率相对较高，对牛的健康和生产性能构成了严重威胁。特别是那些体重过重的母牛，在分娩后期会迅速消瘦，症状与酮病十分相似。患病牛往往会出现产后瘫痪、胎衣不下、产褥热等并发症，一般在分娩后 7 天左右，这些症状开始显现。牛只表现为精神状态沉郁，食欲减少甚至完全丧失，被毛失去光泽。此外，奶量减少，瘤胃蠕动变慢，通过呼吸、尿液和粪便排放的丙酮气味，以及尿液中的酮体呈阳性，都是该疾病的特征性表现。这些症状与酮病高度相似，但使用针对酮病的常规治疗手段往往难以取得效果。部分患病的牛只可能会突然表现出兴奋状态，并出现黄疸，最终因无法站立和陷入昏迷而导致衰竭死亡。

（三）疾病治疗

牛脂肪肝综合征或称肥胖母牛综合征，治疗手段尚未达到明确和统一的标准。目前采取的方法主要是提高血糖水平，借此促进体内脂肪的分解和代谢。具体方式包括静脉注射葡萄糖、甘油或丙酸盐，以及糖皮质激素的应用。同时，合成类固醇的使用旨在加强蛋白质的合成过程，进一步支持脂肪的分解代谢。此类治疗的核心目标是恢复牛体内的正常能量平衡，减轻肝脏负担，促进健康状态的恢复。

（四）疾病预防

确保饲养环境的稳定，避免突然的饲料变化，是降低发病率的关键。在饲料配比上，应充分考虑能量与蛋白质的平衡，防止脂肪积累过量。对于即将产犊的母牛，合理的过渡饲料管理尤为重要，适当增加能量密度，以支持产犊后的高能量需求，同时避免产后体重过快下降。监测牛只的健康状态，对早期发现有脂肪肝倾向的个体实施干预，通过调整饲养管理措施，可有效控制疾病的发展。此外，加强对牛群的定期体检，对于识别高风险个体，实施个体化预防措施同样重要。

四、肌红蛋白尿病

（一）病因

牛肌红蛋白尿病主要见于肌肉发达、体况良好的肉牛。该疾病的发生与饲养条件密切相关，特别是在饲喂高糖精料的背景下，若肉牛在停止劳作一至数日后未相应减少精料的摄取量，会导致肌糖原的过量储备。当肉牛恢复劳作，这种储备的突然释放可能导致疾病的暴发。疾病的机制涉及肌糖原储备的过量以及在剧烈运动时肝糖原快速转化为血糖，进一步促进了肌糖原的分解，导致血乳酸和肌乳酸的积累增高。除此之外，环境因素如寒冷刺激，以及饲料成分如维生素 E 的不足、磷酸盐含量过高等，也是诱发此病的因素。

（二）临床诊断

牛肌红蛋白尿病的临床表现多样，根据病情的轻重可分为不同阶段。轻症阶段，牛只后腿运动能力下降，表现为不灵活，伴随战栗和全身出汗的症状。当疾病进展至中度阶段，患牛的后躯负重能力明显减弱，常见蹄尖着地，甚至出现犬蹲姿势，这一阶段的特征表现为运动障碍的加剧。在病情发展至重症阶段时，患牛卧地不起，尽管有挣扎站立的行为，但很快会因为力不从心而再次倒地，表现出严重的运动障碍及体力消耗。

病牛的腰部和臀部肌肉会出现肿胀、硬化及麻痹现象，对外界刺激如针刺的反应迟钝，严重者甚至出现肌肉萎缩和跛行。咽肌麻痹导致吞咽困难，这些症状共同指向中枢神经系统和肌肉系统的损伤。牛肌红蛋白尿病的一个显著标志是排出肌红蛋白尿。这是由于肌肉组织的破坏导致大量肌红蛋白释放进入血液，随后通过肾脏滤过排出体外。患牛的尿液在病发初期呈现暗红色或红褐色，随着疾病的发展，尿色会逐渐变淡。这一现象在病发后 2 ～ 4 天内较为明显，轻症牛只可能不出现尿色变化。病程初期，患牛呈现呼吸急促和结膜潮红的症状；随着病情加重，会出现精神沉郁、食欲减退或完全丧失、体温升高以及脉搏和呼吸加快等全身性症状，结膜颜色变为蓝紫色。

（三）疾病治疗

1. 西药治疗

应用 5% 碳酸氢钠溶液 500 ～ 1000 毫升，每日两次，可有效纠正酸中毒现象。同时，林格氏液 2000 ～ 3000 毫升，缓慢静脉滴注，有助于补充体内流失的电解质和水分。20% 的安钠咖 20 毫升肌内注射，5% 的维生素 B_1 和维生素 C 各 20 毫升的肌肉或静脉注射，连续使用 5 天，对于缓解病牛的肌肉疼痛及维持机体正常代谢具有积极作用。对于卧地不起且频繁挣扎的患牛，适量给予镇静剂可减少其体力消耗，有助于疾病恢复。在抗菌消炎治疗方面，通过肌内注射青霉素 400 万单位和链霉素 200 万单位，每日 3 次，以及地塞米松 40 毫克，每日两次，连续 5 天，能有效控制炎症反应和细菌感染。对于皮肤磨损的处理，局部涂抹碘酊能够防止继发感染，加速愈合过程。

2. 针灸治疗

治疗中选取的主要穴位包括百会、肾俞、巴山及大胯 4 个穴位。百会穴定位于腰荐十字部，也就是最后一个腰椎与第一荐椎棘突间的凹处，通过毫针直刺 6.0 ～ 7.5 厘米来进行治疗。肾俞穴位于百会穴旁 6 厘米处，每侧各有一穴，治疗时毫针直刺 6 厘米。巴山穴的位置则是百会穴与股骨大转子连线的中点，每侧各一穴，通过毫针直刺 10 ～ 12 厘米进行操作。

大胯穴位于髋关节前下缘，具体位置为股骨大转子前下方约 6 厘米的凹陷处，每侧各一穴，治疗时毫针沿股骨前缘向后下方斜刺 6 ～ 8 厘米。

在治疗的过程中，每日挑选两个穴位进行操作。利用毫针穿刺至适宜深度，通过捻转和提插手法刺激穴位，激发患牛产生特定的反应，如提肢、弓腰、摆尾及肌肉收缩等。当这些反应发生时，连接电针机，启动电源，调整频率，并逐渐增加电流强度，直至达到患牛可承受的最大节律性抽动强度。治疗每次持续 30 分钟，每隔 5 分钟调整一次电流输出和频率，以避免患牛对电针产生耐受性。电针结束后，应逐步降低电流输出和频率至零，关闭电源，并移除导线夹，拔出毫针，对针孔进行消毒处理。此种针灸治疗应每日进行两次，上午一次，下午一次，连续进行 5 天。

3. 中药治疗

（1）清热活血散

药方为连翘、白芍、白茅根、当归各 50 克，乳香、桃仁、土鳖虫、红花各 30 克，柴胡、大黄各 35 克，淡竹叶 40 克，生地黄 60 克，甘草20 克。将上述药材混合后研制为粉末，加入适量的开水进行冲调，等待药液凉至适宜的温度之后加入 200 毫升的黄酒作为药引，进行灌服。该方剂需每天灌服一次，连续灌服 3 ～ 5 天。

（2）秦艽散

药方为炒蒲黄、天花粉、淡竹叶、栀子、车前子、红花、白芍、当归、黄芩各 30 克，秦艽 40 克，甘草 20 克，大黄 25 克。将上述药材混合之后研制成为粉末，并加入适量的开水进行冲调，等待药液凉至适宜的温度之后加入 200 毫升的黄酒，进行灌服。该方剂需每天灌服一次，连续灌服 3 ～ 5 天。

（四）疾病预防

全饲养期间，合理的饮食调配发挥着基础而关键的作用。提供豆科与禾本科干草，确保动物摄取足够粗纤维，同时搭配适量精料，补充必需的常量元素与微量元素，以维持正常的生理机能。特别是在冬末初春季节，应强化蛋白质与维生素的补给，以应对寒冷天气对牲畜健康的潜在威胁。此外，冬季保暖与防寒措施不可忽视，包括适当的住所温度控制及保温设施的使用，保证动物体感舒适，减少疾病发生。适度的劳役与运动对维持生理功能平衡、促进血液循环及消化吸收均有积极影响，应避免长期静卧不动或过度劳累。一旦发现疾病迹象，应迅速采取措施，包括导尿、灌肠以及应用强心剂、镇静剂、镇痛剂及营养剂等治疗，以缓解症状，支持机体恢复。确保病牛处于安静状态，铺设柔软垫草，定时翻身，预防压疮，同时多提供饮水，促进新陈代谢，加速康复过程。

第二节　饲料中毒性疾病

一、亚硝酸盐中毒

（一）病因

多汁类饲料在长期堆积或受到自然环境因素如日晒、雨淋的影响下，容易发酵或腐败变质。在这一过程中，饲料内原本含量较低的硝酸盐会被进一步氧化，转化为亚硝酸盐。亚硝酸盐在一定条件下的积累，对牛的健康构成了严重威胁。以青菜为例，新鲜的叶菜类饲料中亚硝酸盐的含量普遍低于0.1毫克/千克，然而当这些饲料放置4天后，其亚硝酸盐的含量可升至2.4毫克/千克，继续放置至6～8天时，饲料开始腐烂，亚硝酸盐含量激增至340～384毫克/千克。牛如果食用了大量这类含有高浓度亚硝酸盐的发霉或腐败饲料，极有可能遭受亚硝酸盐中毒。[①]

在养殖领域，饲料青贮的发酵处理是提高饲料品质、确保动物健康成长的关键环节。饲料原料的水分管理和科学的原料搭配是此过程中的重要因素。然而，部分养殖户未能准确把握饲料原料水分的适宜范围，忽视了原料搭配的科学性，导致饲料水分超标。在青贮发酵处理过程中，过量的水分会促使耗氧发酵现象发生，进而影响青贮饲料的质量，甚至导致青贮失败。当牛只摄食这类质量不佳的青贮饲料时，容易导致亚硝酸盐中毒。亚硝酸盐中毒是一种由于摄取过量亚硝酸盐而导致的中毒现象，其机制主要涉及牛的胃肠道功能。在牛的胃肠道功能异常时，胃肠道内的亚硝酸盐还原菌会迅速增长繁殖。若此时牛摄食了大量含硝酸盐的蔬菜类作物，体内的亚硝酸盐在还原菌群的作用下会迅速经历氧化还原反应，硝酸盐被转化为亚硝酸盐，从而触发亚硝酸盐中毒。

（二）临床诊断

牛亚硝酸盐中毒是一种急性消化系统疾病，常见于牛只摄取大量含亚硝酸盐的饲料后。疾病发作通常在采食后 5 小时，表现为尿频等早期症状，随后病状迅速恶化。受影响的牛只出现精神不振、流涎、呕吐、腹痛和腹泻等消化系统异常，体温降低，耳朵、鼻子、四肢甚至全身变得异常冷。进一步观察可见，黏膜色素沉着，显示为发绀，呼吸功能受到严重影响，表现为极度困难。心率加快，动物站立不稳，行走时身体摇晃，肌肉出现震颤。血液颜色的变化也是该病的重要标志，可见咖啡色或酱油色的血液。在病情严重的情况下，牛会迅速进入昏迷状态，出现痉挛，最终因窒息而死亡。

---

① 曲宝胜.奶牛常见中毒性疾病诊断和预防[J].畜牧兽医科学：电子版，2021（17）：49-50.

（三）疾病治疗

1. 药物治疗

特效解毒剂如亚甲蓝和甲苯胺蓝，通过静脉注射方式施用，能有效降低体内亚硝酸盐的毒性。具体用药量为1%亚甲蓝液按每千克体重0.1～0.2毫升计算，配方包含亚甲蓝1克、纯酒精10毫升及生理盐水90毫升。5%甲苯胺蓝注射液也按每千克体重0.1～0.2毫升的剂量静脉注射。维生素C的应用旨在提高机体抗氧化能力，剂量为5%维生素C注射液60～100毫升，通过静脉注射给药。此外，50%葡萄糖注射液300～500毫升的静脉注射，旨在提高血糖水平，以支持机体能量代谢。治疗还包括抗生素的使用及大量饮水，通过向瘤胃内投药，减少细菌对硝酸盐的还原作用，从而降低亚硝酸盐在体内的积累。

2. 中药治疗

通过选用特定的中药成分，如200毫升10%～20%的石灰水清澈溶液，结合小苏打75克、生大蒜100克、雄黄50克以及2个生鸡蛋，混合均匀之后以灌服的方式进行服药，可以有效促进病牛体内毒素的排出。灌服频次为每日两次，持续2～3天。为增强排毒效果，治疗前需对患牛进行放血处理，选取耳尖或尾尖作为放血部位。

（四）疾病预防

牛亚硝酸盐中毒的预防，需通过精细化的养殖管理措施来实施。在饲养过程中，提供新鲜的青绿饲料是基础，同时避免青绿饲料长时间堆放是关键。因为长时间堆积会促进饲料内部发生化学反应，增加亚硝酸盐的生成。更为重要的是，禁止提供发霉、腐烂或霜冻的青绿饲料给牛食用，以免引起健康问题。夏秋季节青绿牧草的供给较为充足，养殖户通常倾向于使用这些饲料投喂牛。然而，收获后的牧草不可堆积发酵，以防内部产热导致氧化还原反应的发生，进而引发亚硝酸盐积累，威胁牛的健康生长。故而，应将牧草分散摊放，确保其通风干燥，避免霉变和质量下降。同时，确保牧草干净、无露水，可以有效降低亚硝酸盐中毒的风险，为牛提供一个安全健康的生长环境。

针对青绿饲料的处理，避免在加热过程中密封容器，以防长时间焖煮导致亚硝酸盐累积。这一方法能够降低亚硝酸盐在饲料中的浓度，减少其与血红蛋白的接触机会，从而保障血红蛋白的正常功能，即有效携带氧气。通过增加富含糖类物质的饲料，可以提高牛的总体营养状况，促进健康。在饲料中添加特定量的维生素，尤其是维生素 A、维生素 C 和维生素 D，添加量分别为每吨饲料 200 毫克、150 毫克和 200 毫克。这些维生素通过参与氧化还原反应，帮助抑制亚硝酸盐与血红蛋白的不良反应，保持血红蛋白功能的正常发挥。此举减轻了亚硝酸盐对牛健康的潜在威胁，也为牛的营养补充提供了一个有效途径，从而维护牲畜健康，防止亚硝酸盐中毒的发生。

二、氢氰酸中毒

（一）病因

牛氢氰酸中毒是一种因摄取含氢氰酸衍生物较多的植物或误食氰化物农药而引发的疾病。特定植物如高粱、玉米幼苗、豌豆、木薯等，天然含有氰甙配糖体，这是氢氰酸的一种衍生形态。对牛类而言，一旦摄取量超出安全阈值，便可能触发中毒反应。除自然来源外，人造化学物质如氰化钠、氰化钾及钙腈酰胺等氰化物农药同样具有高毒性。若牛只误食，亦会导致中毒。此类中毒事件通常发生在牧场或农田环境中，管理不善或缺乏对有害植物及化学物质的适当控制，便是其主要原因。

（二）临床诊断

牛氢氰酸中毒是一种急性中毒疾病，常见于误食含氰甙类化合物植物的牛只。此类中毒事件发生迅速，多在摄取毒性植物半小时内显现出中毒症状。典型表现包括站立不稳、呻吟声、情绪表现为焦躁不安，以及流涎、呕吐等。患牛可见黏膜表现为潮红色，血液颜色呈现鲜红，表明氧合血红蛋白增多。在进一步病程发展中，呼吸系统表现突出，如呼吸困难、头部抬高伸长颈部努力呼吸，且呼出的气体中可检测到苦杏仁味。这是因为氰化物分解产生的苯甲醛带有此种特征性气味。肌肉痉挛、出汗以及体温维持在正常范围内，也是此类中毒的症状。随着病情加重，患牛出现精神不振、无力以致不能站立，最终卧倒不起。临床观察到的结膜发绀、血液暗红、瞳孔扩大及眼球震颤等现象，均指示了中毒对中枢神经系统的影响。牛只在这一阶段可能因窒息而迅速死亡。该病程的发展速度极快，从出现症状到死亡，时间短则数分钟，长则不超过两小时。

（三）疾病治疗

中毒牛只的治疗需立即采用具有特殊疗效的解毒剂，如硫代硫酸钠与硝酸钠等。治疗过程中，静脉注射是药物传递的主要方式，其中涉及的药物包括1%亚甲蓝液、1%亚硝酸钠液以及10%硫代硫酸钠液，其使用剂量需根据牛的体重计算，每千克体重注射1毫升的量度。在具体的救治程序中，一开始应注射1%亚硝酸钠液，继而在3分钟后，再注射10%硫代硫酸钠液，以确保毒素得到有效中和。在特殊情况下，若上述药物无法获取，可考虑使用亚硝酸钠或亚甲蓝液作为替代品。此外，为了防止氢氰酸在胃肠道内的进一步吸收，可以向瘤胃内注入30克硫代硫酸钠，或者使用0.1%高锰酸钾液、3%过氧化氢液进行洗胃，以降低中毒后的风险。

（四）疾病预防

在防范牛氢氰酸中毒的过程中，应严格控制饲料的选择与处理。尤其是高粱和玉米幼苗等含氰甙类植物的使用应被禁止，因其富含的氰甙类物质极易导致牛只中毒。亚麻籽饼作为饲料的使用，需经过彻底煮沸处理，以降低其中氰化物的含量，并注意饲喂量不宜过多，以免引起中毒现象。饲喂时应配合其他类型的饲料，以平衡营养、减少氰化物的摄取。对于含氰甙类的中药，如李仁、桃仁、杏仁等，其在饲喂中的使用也应谨慎，避免因用量过大而引发中毒。同时，防止牛只误食氰化物农药也是预防氢氰酸中毒的重要措施。

三、菜籽饼中毒

（一）病因

牛食用未经处理的菜籽饼后会发生中毒现象，其主因在于菜籽饼内含有芥子苷、芥子酸及芥子碱等有害物质。芥子苷在特定条件下，即在芥子水解酶的作用下，会转化为挥发性的芥子油，这种油具备强效的组织渗透及破坏能力。因此，当牛大量摄取未经去毒处理的菜籽饼时，这些有毒成分会在牛的体内积聚，触发中毒反应。

（二）临床诊断

牛菜籽饼中毒是一种严重的疾病，表现为一系列的临床症状，包括精神状态沉郁，反应能力迟钝，以及瞳孔明显散大。患病牛只的口腔黏膜出现发绀现象，鼻镜可能呈现干燥或湿润状，常伴有口吐白沫、舐槽、咬牙、空嚼等行为。观察还可见到耳尖及四肢末端的温度下降，表明血液循环受到影响。患病牛只的食欲明显减退或完全丧失，反刍活动停止，瘤胃蠕动音变弱或消失，粪便中含有大量黏膜和血液，尿频现象加剧。行动时跟跄不稳，后肢不时踢腹显示出腹部不适。从心脏和呼吸系统表现来看，脉搏加快而微弱，心律出现不齐和间歇，第二心音弱，呼吸急促，超过80次/分钟，伴有咳嗽和粉红色泡沫状鼻漏。一般情况下，体温维持在正常范围，但产奶量会显著下降。在疾病严重阶段，牛只会卧倒不起，表现出明显的呻吟声，全身力量消耗殆尽，体温下降，心力衰竭，终至虚脱死亡。

（三）疾病治疗

牛菜籽饼中毒引发的溶血性贫血，可采用20%磷酸二氢钠溶液，通过皮下注射或静脉注射的方式给药，每日一次，连续使用3～4天，旨在缓解贫血症状。硫酸亚铁作为补铁疗法的一部分，按2～10克配制成0.5%～1.0%的溶液口服，持续10天，以补充铁元素，促进红细胞的生成。面对便秘状况，采用液状石蜡、鱼石脂、酒精及 1% 盐水配合使用，通过一次性导服，以缓解症状。对于腹泻问题，则建议使用活性炭以及呋喃唑酮或磺胺脒进行治疗，通过一次性导服并每日两次，以减轻症状。若存在食欲减退问题，推荐使用五倍子、龙胆、大黄 3 种草药，通过水煎服用，并在灌服时加入干酵母片，以促进食欲恢复。

对于出现肺水肿的情况，推荐使用 5% 氯化钙 100～200 毫升，或者 200～600 毫升 10% 葡萄糖酸钙，配合 500 毫升 10% 葡萄糖静脉注射，以减轻病情。在肺气肿症状的缓解中，硫酸阿托品（每毫升含 0.5 毫克）通过 15～30 毫升皮下注射发挥作用，或者采用盐酸麻黄素（每毫升含 1 毫克）0.05～0.50 克皮下或肌内注射，以及氨茶碱（每 5 毫升含 1.25 克）1～2 克肌肉或静脉注射，均能有效扩张支气管管腔，缓解支气管痉挛。为进一步改善代谢功能与恢复肺组织功能，可使用亚硝酸钾溶液 10～15 毫升，每日两次，连续服用 10 天。紧接着，使用碘化钾 3 克加碘化钠 2 克，每日两次，同样连续服用 10 天，以期达到良好的治疗效果。

（四）疾病预防

菜籽饼作为一种饲料资源，因其含有有毒成分而需经过处理才能安全使用。实践中，坑埋法、发酵中和法和水浸法是去除菜籽饼毒性的有效方法。坑埋法通过将菜籽饼埋于土坑中两个月，能够实现 99.8% 的去毒效果。而发酵中和法通过发酵处理菜籽饼，可以中和绝大部分有毒成分，达到 90% 以上的去毒率。使用温水或清水浸泡菜籽饼半日，也能显著降低其毒性，保障饲用安全。在使用菜籽饼喂养牲畜的过程中，若发现牲畜出现中毒现象，应立即停止食用菜籽饼，并采取适当的治疗措施，以避免进一步的健康损害。

四、棉籽饼中毒

（一）病因

牛棉籽饼中毒的病因主要源自棉籽饼中所含的棉酚毒素。这类毒素在未经处理的棉籽饼中存在较高浓度，长期饲喂这种饲料会引发慢性中毒；饲料的单一性以及蛋白质水平的不足也会加剧中毒的风险；缺乏维生素 A 或维生素 A 供给不足也被证明是中毒发生的促进因素之一。尤其在犊牛这一生理阶段，由于其瘤胃发育不完全，更易受到中毒的影响。棉籽饼中毒的发生是一个综合因素的结果，其中棉酚毒素的存在是直接的致病因素，而饲料的营养成分以及动物自身的生理特点则是间接影响因素。

（二）临床诊断

牛棉籽饼中毒表现为多系统症状，主要包括消化系统症状如食欲减退、消化紊乱、腹泻，以及代谢系统异常如贫血、尿频、尿淋漓或尿闭等。还可伴有呼吸系统症状如呼吸困难，视觉系统症状如夜盲症，以及神经系统症状如精神异常。孕牛患病时可能导致流产或死胎。这些临床表现反映了牛体内毒素的多系统影响，其中以肠道吸收毒素后引起的消化系统症状和毒素对代谢和神经系统的直接损伤为主要机制。

（三）疾病治疗

1. 药物治疗

牛棉籽饼中毒目前尚未有特效解毒药物可供应用，因此采取的是对症治疗策略。治疗过程中，首先需要立即停止向患畜投喂棉籽饼，并暂时禁食，以减缓病情恶化。常用的药物治疗包括口服硫酸钠或硫酸镁溶液，剂量范围为 400～800 克，并须配合适量的水以促使其溶解，并一次投入。同时，还可通过静脉注射给予 500～1000 毫升 25% 葡萄糖溶液、20 毫升 10% 安钠咖以及 100 毫升 10% 氯化钙溶液，每日两次。这些药物在治疗中可有效缓解牲畜的中毒症状，但需严格控制剂量，以避免不良反应的发生。[①]

---

① 许尚忠，魏伍川.肉牛高效生产实用技术 [M].北京：中国农业出版社，2002：285.

2. 中医治疗

方剂一：牛黄清肝消肿方。药方为黄芩、黄檗、郁金各 32 克，决明子、石决明各 48 克，生地、白矾、茵陈、龙胆、杭菊各 45 克，甘草 16 克。将上述药材混合后研制为粉末，并加入适量的开水进行冲调，灌服。该方剂需要每天灌服一次。倘若病牛的四肢出现浮肿的情况，则需要加入木瓜、当归、牛膝、川芎各 16 克，苍术 64 克，防己 32 克，同时将上述药材中的白矾与决明子去除，之后加入适量清水进行煎煮，等待药液凉至适宜的温度后进行灌服。

方剂二：苇茎汤。药方为苇茎、薏苡仁各 150 克，冬瓜仁 120 克以及桃仁 45 克。将上述药材混合后加入适量的清水进行煎煮，并去除药渣提取药液，等待凉至适宜的温度之后进行灌服。此外，也可以先将苇茎单独进行煎煮，而其他的药材则研制为粉末，用煎煮好的药液进行冲调后，灌服。该方剂的主要功能为清肺化痰，逐瘀排毒。苇茎汤中含有的苇茎等成分能够清热解毒、化痰散结；薏苡仁具有利水消肿、健脾益气的作用；冬瓜仁则具有清热利尿、解毒消肿的功效；而桃仁能行气活血、润肠通便。这些药物相互配合，可以有效地促进体内毒素的排出，缓解病情。

（四）疾病预防

可通过将棉籽饼浸泡于 0.1% 硫酸亚铁溶液中 24 小时，以去除毒性成分，确保饲料安全性。在饲喂时，应采用间歇饲喂法，即周期性地进行饲喂，如连续喂养两周后停止一周，以减缓潜在毒性对牲畜的影响。此外，应严格控制饲料日量，最好根据牛的营养需求量身定制合理的饲料配方，以确保牲畜获得全面而均衡的营养供给。对于怀孕牛、哺乳牛及犊牛，应特别注意不喂或减少喂食未经脱毒的棉籽饼，以避免可能的毒素传递对其健康产生负面影响。

五、马铃薯中毒

（一）病因

马铃薯中毒是由于马铃薯长时间贮存、过度暴晒或保存不当，导致其内含龙葵素增加。龙葵素是一种毒性物质，通常情况下马铃薯中含量很低且不会引起中毒。然而，当马铃薯腐烂、发芽或霉变时，其内的龙葵素含量会显著增加。牛食用这些变质的马铃薯后易中毒。此外，腐烂的马铃薯中还可能存在其他毒素，而未成熟的马铃薯则富含硝酸盐。这些物质同样会对牛的健康构成危害。这些因素综合作用，使牛在摄取受影响的马铃薯后，发生中毒现象。

（二）临床诊断

马铃薯中毒是由牛食用富含龙葵素的马铃薯及其茎叶引起的一种病理生理过程，其临床表现主要包括神经功能紊乱、胃肠炎和皮疹等症状。

轻度中毒主要表现为消化道变化，即胃肠型，患牛常出现精神沉郁、食欲减退、反刍停止和嗜睡等症状。此外，体温常在 38 ～ 39℃，心跳加快和呼吸频率增加，同时出现呕吐、流涎、瘤胃臌胀、腹痛和腹泻等消化道症状。部分患牛还可能在口唇、肛门、尾根和乳房等部位出现湿疹或水疱性皮炎。

重度中毒病牛主要表现为神经系统症状，称为神经型中毒。病发初期，患牛表现出焦虑不安的行为，随后转为沉郁和认知功能减退。其神经反应迟钝，后肢无力，步态不稳，行走时摇摆不定。同时，患牛还出现严重的腹泻，粪便呈现带血的稀状。呼吸困难、气喘以及心力衰竭也是常见症状。如果未能及时治疗，患牛可能在 2 天内死亡。此外，部分患牛表现为皮疹型症状，伴随着溃疡性结膜炎和口腔炎症状，腿部可能出现水疱和鳞屑状湿疹。

（三）疾病治疗

1. 综合治疗

利用 1% 石灰水洗胃，其目的在于中和有机酸、沉淀毒物以减少吸收，从而防止病情进一步恶化。此举具有经济实惠的特点，可快速执行，降低治疗难度。盐类泻药，如硫酸钠或硫酸镁，以 8% 溶液通过胃管投服，可促进毒物排出，同时阻止其被吸收，有效预防全身性中毒的发生。

静脉注射 5% 碳酸氢钠具有明显的纠正酸中毒作用，能够迅速改善患畜的全身机能。在此基础上，注射适量的葡萄糖和中枢兴奋剂可有效促进解毒过程，并刺激心跳和呼吸中枢的活动。针对危重病例，采取静脉放血的方式可以部分清除体内毒素，为后续治疗提供更为有利的条件。而后，通过大量快速输液的手段，可加速毒素从尿液中排出，有效减轻患畜的中毒程度。在输液过程中，需选择适宜的液体，如 5% 葡萄糖和生理盐水，并添加强心剂以维持心脏功能的稳定。需要特别注意的是，输液时应优先注入盐类溶液，随后再给予葡萄糖，以避免因体内酸中毒和呼吸抑制而导致葡萄糖代谢障碍，加重病情。

2. 中医治疗

方剂一：金银花土茯苓解毒饮。药方为黄檗、黄连、黄芩、蒲公英各 30 克，龙胆草、山豆根、枳壳、山慈菇、菊花、大黄、连翘各 50 克，土茯苓、金银花各 100 克，甘草 20 克。将上述药材混合后研制为粉末，并加入适量的开水进行冲调，等待药液凉至合适的温度之后加入 150 克的蜂蜜作为药引，灌服。

方剂二：复方清热利湿健脾汤。药方为黄檗、黄芩、大黄、茯苓、远志、党参、黄连、猪苓、茯神、白术各 30 克，丹参 40 克，地榆 50 克，甘草 100 克，滑石 200 克。将上述药材混合后加入适量的清水进行煎煮，在第一次完成煎煮后提取药液，之后再次煎煮两次，并分别提取药液，之后将 3 次煎煮后的药液进行混合，分成 4 份，每隔 6 小时灌服一次，该方剂需连续灌服 3 天。

（四）疾病预防

一方面，为有效预防此类中毒事件，必须从源头着手，加强对马铃薯中毒的认识与预防，通过宣传和培训加强农牧民的意识，使其了解马铃薯中毒的危害及其防范措施。此外，正确的马铃薯储藏和保管方法也至关重要，以确保其质量和安全。禁止饲喂发芽、腐烂变质、发霉、皮肉青紫的马铃薯是一项有效的措施，可以避免因食用受污染的马铃薯而导致中毒事件发生。在饲喂时，应选择干净、卫生、正常、煮熟的马铃薯，并与其他饲草饲料相结合，以提供均衡的营养，从而降低中毒发生的风险。

另一方面，加强饲养管理也是预防马铃薯中毒的重要举措之一。定期清洁卫生、保持圈舍环境的干净整洁，能够有效减少病原菌的繁殖，降低中毒发生的可能性。牧草种植、干草储备等措施可以确保牲畜在冬季和春季有充足的饲料供应，从而提高其越冬度春的能力，降低其因饥饿而食用受污染马铃薯的风险。

六、栎树叶中毒

（一）病因

牛栎树叶中毒现象，源自牛摄取富含高分子栎丹宁的栎树叶。这些高分子栎丹宁在牛的消化系统中经过生物降解作用后，转化为多酚类化合物，如没食子酸、邻苯三酚、间苯二酚、连苯三酚等，进而通过肠黏膜被吸收，通过血液循环分布至全身各器官组织，触发毒性反应。此类毒性作用在牛体内主要导致胃肠道出血性炎症以及肾小管变性，终至肾功能衰竭乃至死亡。

该病理现象呈现明显的季节性特征，多发于早春季节，尤其是3—6月间。此时，牛群因采食新生栎树叶而出现中毒症状。通常，牛群在大量食用栎树叶后 5 ～ 15 天，病症开始显现。

（二）临床诊断

栎树叶中毒，俗称水肿病，是牛因摄取过量的有毒栎树叶引发的季节性及地区性中毒现象，主要表现为消化系统障碍和体液异常积聚。病情通常在牛摄食栎树叶后 5～15 天显现初期症状，包括精神不振、食欲下降、反刍活动减少等。初期，患牛偏好干草，瘤胃蠕动弱，肠音沉闷，随后可能出现腹痛、磨牙、频繁回头看向腹部及后肢踢腹等行为。粪便排泄延迟，呈现干燥、颜色加深，表面常覆盖大量黏液或纤维性黏稠物，偶尔混有血液。在病情加重的情况下，可能排出有腥味的焦黄色或黑红色糊状粪便。随着肠道病变进一步发展，除了舌苔出现灰白且腻滑的现象，还可见到深层黏膜上形成的豆大小浅溃疡。鼻镜表现为干燥，病程后期甚至出现龟裂情况。

（三）疾病治疗

1. 综合治疗

治疗方案的设计旨在快速促进胃肠内容物排出，减轻毒素对机体的损害。具体方法包括灌服菜籽油 250～500 毫升，利用其润滑作用帮助毒素排出。同时，瓣胃注射 1000～2000 毫升 1%～3% 氯化钠溶液或一次性灌服 250～500 克蜂蜜，配合 10～20 个鸡蛋清，有助于稀释胃内毒素，促进其排泄。通过静脉注射补充 300～500 毫升 5% 碳酸氢钠溶液，连续 2～3 天，可以调节体内酸碱平衡，缓解毒素引起的代谢紊乱。

在处理特定症状如水肿、腹腔积水时，利尿剂可以促进体液排出。对于呼吸减慢、心力衰竭、肾性水肿等严重症状，一次性静脉注射 1000 毫升 5% 葡萄糖生理盐水、1000 毫升林格氏液、20 毫升 10% 安钠咖注射液，可以改善循环、支持心脏功能，并促进肾脏排毒。晚期病例出现尿毒症时，可采用透析疗法以清除血液中的毒素。此外，为控制炎症反应，还需给予抗生素治疗，可选择口服或注射方式，以降低细菌感染风险，保护机体免受进一步损害。[①]

2.中医治疗

方剂一：当归、肉苁蓉、白术、郁李仁、牛蒡子、党参各60克，升麻、泽泻、牛膝、茯苓各45克，火麻仁、绿豆各120克，肉桂30克，甘草24克。将上述药材混合后加入适量的清水进行煎煮，并去除药渣提取药液后，加入500毫升的植物油作为药引，进行灌服。

方剂二：陈皮、甘草、干姜各30克，当归、泽泻、茯苓、肉桂、白术、猪苓各45克，党参60克、黄芪120克。将上述药材混合后加入适量的清水进行煎煮，并提取药液后加入200克的蜂蜜作为药引，灌服。

（四）疾病预防

牛栎树叶中毒是一种因摄取过量栎树叶导致的疾病，其毒性主要来源于栎树叶中的栎丹宁及其降解产物。牛日粮中栎树叶的比例超过50%就可能引发中毒现象，而一旦比例超过75%，死亡风险急剧增加。因此，控制牛摄取栎树叶的数量至关重要。在栎树叶的摄取管理上，建议避免在栎树林区进行放牧，同时不采集栎树叶作为饲料喂养牛只，亦不使用栎树叶作为垫圈材料。在预防措施方面，高锰酸钾的使用是一种有效的干预措施。肉牛一旦摄取栎树叶，可通过灌服高锰酸钾水进行解毒处理。具体方法为将2～3克高锰酸钾粉末溶解于4000毫升清洁水中，持续灌服直至肉牛不再摄取栎树叶。高锰酸钾的氧化作用能够分解栎丹宁及其降解产物，从而减轻或避免中毒现象的发生。

---

① 洪梅,吴道义,马金萍,等.牛栎树叶中毒的诊断和治疗[J].当代畜牧,2023(11):21,34.

第八章　传染性疾病

第一节　病毒性疾病

一、口蹄疫

（一）病因

口蹄疫是一种高度接触性的动物疾病，主要影响有蹄哺乳动物，如牛、羊、猪等。该疾病的发生，归因于口蹄疫病毒。该病毒具有极高的传染性和广泛的宿主范围。该病毒属于口蹄疫病毒（*Aphthovirus*）属，是一种单股核糖核酸（ribonucleic acid，RNA）病毒，包含多个血清型，分别为 A、O、C、南非 1、南非 2、南非 3 和亚洲 1 型。其中，A 型和 O 型的分布最为广泛，对畜牧业的威胁也最为严重。病毒的多型性和易变性导致各血清型之间无交叉免疫性。

口蹄疫病毒具有较强的外界抵抗力，能在干燥的环境中保持活性。在自然环境中，含有病毒的组织、受污染的饲料、草料、皮毛及土壤等都可能成为传播源，保持传染性数周至数月。粪便中的病毒在温暖季节能存活 29～33 天，冻结条件下甚至可以越冬。然而，口蹄疫病毒对酸和碱极为敏感，可以被酸性或碱性的消毒剂有效杀灭。

（二）临床诊断

牛口蹄疫作为一种高度传染性疾病，其潜伏期短，为 1 ～ 7 天，能迅速在牛群中扩散。疾病暴发初期，感染牛只会出现体温异常升高至 40 ～ 41℃，精神状态低落，这是病毒侵入体内后的初步反应。随着病情的发展，口腔黏膜及齿龈部位将会形成大小不一的水疱，伴随大量白色泡沫状涎液排出，显著影响牛只的采食行为，导致反刍停止。这些水疱通常在形成后的 1 天内破裂，形成溃疡，进一步加剧牛只的痛苦和不适。

牛只蹄部也会出现水疱，且这些水疱破裂速度快，对牛只行走能力和站立稳定性造成严重影响，蹄部病变可能持续 2 ～ 3 周。在某些情况下，部分牛只的病情会出现突然恶化，展现出机体衰竭、拒食、心律不齐以及行走困难等临床症状，极端情况下可能因心脏停搏导致突然死亡，死亡率为 25% ～ 50%。需要注意的是，犊牛在感染后，其水疱症状不如成年牛明显，更多表现为心肌炎或出血性肠胃炎，但其死亡率仍然极高。

（三）疾病治疗

1. 综合治疗

牛口蹄疫的治疗方法多样，包括使用食醋、2% 明矾水、0.1% 高锰酸钾水和 5% 硼酸水清洗口腔，旨在减轻病变部位的炎症和疼痛。用碘甘油洗漱口腔，以及将 2% ～ 5% 冰硼散（冰片与硼砂、芒硝按 1：10：10 比例混合）直接涂抹于溃烂处，是治疗口腔病变的常见做法。此外，蹄部和乳房皮肤的消炎处理也至关重要，通常采用肥皂水或 2% ～ 3% 硼酸水清洁，干燥后涂抹 30% 鱼石脂软膏或消炎软膏以促进愈合。对于蹄部可能接触到的污物，治疗后的包扎是防止二次感染的重要措施。这些方法均体现了对病症的直接干预，旨在控制感染，缓解症状，加速恢复过程。

2. 中医治疗

方剂为连翘败毒散。药方为芒硝 250 克，丹皮 25 克，连翘 60 克，贯仲、桔梗、豆根、枳实、花粉、甘草、赤芍、生地、木通、二丑各 30

克，大黄 45 克，荆芥 20 克。将上述药材混合后，研制为粉末，并加入适量的开水进行冲调，等待药液凉至适当的温度之后进行灌服。

（四）疾病预防

强化饲养管理，是预防此病的基础。若有疑似病例出现，若有迅速报告与送检，对病原进行精确鉴定，根据毒型施打合适疫苗，此举对控制疫情扩散至关重要。对疫区内进行封锁、隔离、消毒及治疗，严防病毒外溢。家畜的流动须经过严格检疫，确保不携带病毒。对疫点进行彻底消毒，包括但不限于粪便和死畜的安全处理，至关重要。采用多种消毒手段，如粪便堆积发酵以及畜舍地面使用氢氧化钠溶液喷洒，均可有效杀灭病毒。此外，肉品处理亦不可忽视，自然熟化产酸可在短时间内将 pH 值降低至 5.5 以下，快速消灭病毒。对于疫情频发区域，定期注射疫苗是非常有必要的，以提高群体免疫力，降低疾病发生率。

二、牛流行热

（一）病因

牛流行热由牛流行热病毒引起，此病毒亦称牛暂时热病毒，隶属于弹状病毒科暂时热病毒属。该病毒的结构由 5 种结构性蛋白质与一种非结构性蛋白质构成，表现出弹状至钝头圆锥形等多样的形态，直径大约为 73 纳米，而长度则变化为 70～183 纳米。特别地，短弹状及圆锥形的病毒粒子实际上是功能不全的病毒实体，其存在可能对病毒在组织培养中的增殖产生干扰。值得注意的是，该病毒在极端的 pH 值条件下，即 pH 值低于 5 或高于 10 时，极易失活。

牛流行热是一种通过呼吸道传播的疾病，病牛成为该病的主要传播源。除了呼吸道传播，吸血昆虫的叮咬以及与病牛接触的人员和工具也可能成为该病的传播途径。该病的流行特点具有显著的季节性，主要在每年的 6—9 月，即雨季和高温季节，疫情暴发速度快，短时间内能够导致大量牛群发病，形成地方性或广泛性的流行。同时，该病的流行周期具有一定的规律性。所有年龄和性别的牛都有可能感染牛流行热，但数据显示，青壮年牛的发病率相对较高，而8岁以上的老年牛和6月龄以下的幼牛罕见发病。在性别方面，母牛，尤其是妊娠期的母牛，感染该病的概率高于公牛，且产奶量较高的牛发病率也相对较高。尽管牛流行热的发病率较高，但大多数病例表现为良性，即病情较轻，治愈率高。

（二）临床诊断

牛流行热，一种由特定病毒引起的急性传染疾病，特征为急剧发热、全身性症状明显，对家畜健康和农业经济均构成严重威胁。该病症发作迅速，伴随持续高热，潜伏期一般为3～7天，其间牛只可能未表现明显病症。病程进展至发热阶段，体温可超过40℃，并持续2～3天。病牛极度虚弱，皮肤温度异常，眼结膜红肿，表现出对光线敏感的症状，如流泪等。进一步症状包括鼻镜干燥、鼻液流出、口角流涎及食欲下降等。

随着病情的加剧，反刍功能中断，初期粪便干硬，继而变软，有时伴随腹泻。尿量减少，尿色浑浊。病牛行动迟缓，强行行走时步态不稳，由于关节肿胀和肌肉疼痛可能出现跛行，严重时甚至无法站立。奶牛的产奶量会显著下降或完全停止，妊娠母牛可能发生流产或产下死胎。除了上述症状，该疾病还会引起显著的呼吸系统变化，表现为呼吸急促，呼吸频率可能超过80次/分钟。听诊可以发现肺部音高亢，支气管呼吸音粗糙，并伴有苦闷的呻吟声。在极个别重症案例中，病牛可能因肺气肿导致肺纵隔破裂，气体扩散至身体多部位，导致全身性皮下气肿。

（三）疾病治疗

1. 综合治疗

牛只一旦确诊患病，立刻实施隔离措施至关重要，避免疾病进一步传播。对于尚未出现症状但可能已经接触病源的健康牛只，需要采用高免血清进行紧急预防注射。

治疗方面，当牛只体温升高时，推荐通过肌内注射复方氨基比林或安乃近来降低体温，剂量分别为 20 ～ 40 毫升和 20 ～ 30 毫升。对于病情严重的牛只，应使用大剂量的抗生素进行治疗，包括青霉素和链霉素等，以静脉注射的方式给药，每天两次。同时，为了维持体内电解质平衡和促进恢复，应使用葡萄糖生理盐水、林格氏液、安钠咖及维生素 B 和 C 等辅助药物。尤其是对于存在四肢关节疼痛的牛只，采用水杨酸钠溶液进行静脉注射，以缓解疼痛症状。对于因高热导致的脱水以及胃内容物干涸问题，推荐通过静脉注射林格氏液或生理盐水，同时向胃内灌注 3% ～ 5% 的盐类溶液，以改善牛只的整体状况。

2. 中医治疗

方剂一：方药九味羌活汤加减。白芷、黄芩、生姜、甘草、川芎各 45 克，防风、羌活、苍术各 50 克，细辛 30 克，同时加入 3 根大葱作为药引，加入适量的清水进行煎煮，提取药液，灌服。倘若出现寒热交替的情况可加入柴胡；而针对走路跛行的患牛，可以加入牛膝、木瓜以及千年健。

方剂二：解毒化燥汤。黄檗、枳实、防风、麻黄、荆芥、桂枝、芒硝、厚朴、大黄各 20 克，生石膏、黄芩、杏仁各 30 克，黄连、薄荷各 10 克，绿豆 100 克，加入 200 克的红糖作为药引，添加适量的清水进行煎煮，等待药液凉至适宜的温度后灌服。

（四）疾病预防

牛流行热的预防关键在于加强卫生管理。管理不善容易导致发病率升高，病情加重，死亡率亦随之增高。为降低此病的发生，可通过接种疫苗来提高牛群的免疫力。一种方法是结晶紫灭活苗的接种，即初次接种量为 10 毫升，通过皮下注射方式进行，继而在 5 ～ 7 天，再次注射 15 毫升以增强免疫效果，其免疫保护期能持续 6 个月。另一种选择是病毒裂解疫苗，首次皮下注射 2 毫升，之后间隔 4 周，再进行一次同等剂量的注射。为确保效果，建议在每年 7 月前完成上述预防接种程序。

三、牛副流感

（一）病因

牛副流感由Ⅲ型牛副流感病毒引发，属于接触性传染病，以高热、呼吸困难和咳嗽作为主要临床表现。此疾病通常在牛只运输后出现，因此又被称为运输热或运输性肺炎。其特点为突然暴发，传播速度快且猛烈，呈现流行态势。虽然此病的发病率较高，而死亡率相对较低，不受牛只的年龄、性别及品种的影响。传播途径多样，既可以通过空气、飞沫进行，也能垂直传播，病牛及带毒牛是主要的传染源。此病一年四季都可能发生，但更多见于天气突变的早春、晚秋以及寒冷季节。

（二）临床诊断

牛副流感为一种呼吸道疾病，表现为牛只精神状态沉郁，食欲减退，反刍活动减少，伴有咳嗽和呼吸加速。患牛还会出现流涎和流涕的症状，眼结膜发炎，体温略有升高。通常该病情不致命，患牛在7天后可逐渐恢复正常。对于牛副流感的诊断，除了依据患牛的临床表现和疾病的流行趋势进行初步判断，还需通过兽医实验室对患牛的血液和鼻分泌物进行采集，进而进行病毒的分离与鉴定，以确诊该疾病。

（三）疾病治疗

1. 药物治疗

给予病牛肌内注射复方奎宁或阿尼利定，每次40毫升，每日两次，持续3天。继之使用30%的安乃近注射液或氨基比林注射液，用量20～30毫升，配合青霉素与链霉素混合给药，其中青霉素的剂量为500万～800万国际单位，链霉素为3～5克，同样每日两次，连续使用两天；直接肌内注射10%的氨基比林，每次30毫升，每日两次，连续3天。

在补充治疗方面，采用葡萄糖和生理盐水、安钠咖以及安乃近进行静脉注射。其中，葡萄糖和安乃近的浓度分别为25%和30%，用药剂量分别为1500毫升、1500毫升、40毫升、30毫升，每日一次。此外，使用葡萄糖、安钠咖、维生素 B1 及维生素 C 进行静脉注射，葡萄糖和安钠咖的浓度分别为 10% 和 20%，剂量分别为 1500～2000 毫升、25 毫升、400 毫克及 3 克，每日两次，连续 2～3 天。

2. 中医治疗

加味麻杏石甘汤。杏仁、炙甘草、桔梗、百部、紫菀、陈皮、白前各 30 克，生石膏 150 克，麻黄 20 克。将上述药材进行混合后研制为粉末，并加入适量的开水进行冲调，等待药液凉至合适的温度后进行灌服。该方剂需每天灌服一次，连续灌服 3 天。

（四）疾病预防

牛副流感是一种尚未开发出疫苗的动物疾病，因此在日常管理中需确保圈舍环境的清洁、干燥及保持适宜温度，以有效减少病原体的存活与传播。一旦发现疫情，应立刻将患病牛只进行隔离，并对其进行专门的治疗与护理，以避免疾病的进一步扩散。同时，对圈舍、饲槽及各种使用过的器具进行彻底消毒，以便阻断传播途径、控制疾病蔓延。

四、水疱性口炎

（一）病因

牛水疱性口炎是一种由水疱性口炎病毒引起的传染性疾病。该病毒归属于弹状病毒科，水疱性病毒属，分为两个血清型及多个亚型，且不同型别间不存在交互免疫反应。其对外界环境及常规消毒剂的耐受性较低，可被 2% 氢氧化钠溶液或 1% 甲醛溶液在短时间内有效灭活。

传播路径主要通过携带病毒的牛只，经由水疱液和唾液中的病毒排出，进而感染健康牛只的损伤皮肤黏膜。昆虫叮咬亦可成为传播途径之一。需要注意的是，本病的流行呈现出一定的季节性特征，尤其在夏季及秋季初期发病率较高。

（二）临床诊断

牛水疱性口炎的潜伏期通常为 3～7 天。在疾病发展的初期，患牛的体温会上升至40℃，表现出精神沉郁、食欲下降、反刍减少等症状，同时饮水量增加，口黏膜及鼻镜干燥，耳根部会感到发热。当舌头和唇部黏膜上突然出现水疱时，牛只的体温会回落至正常水平。这些水疱大小不一，最小的如豆粒般大小，而最大的可达到核桃大小，内部充满了黄色的透明液体。在1～2天，水疱会破裂，暴露出下面的红色烂斑，舌上的皮肤甚至可能会出现大面积脱落，导致患牛流出白色泡沫状的口涎，采食变得困难。经过数天，牛只能够恢复正常采食，但口腔内的病变需要十几天时间才能完全愈合。此外，少数患牛的乳房或蹄部皮肤也可能出现水疱，可能导致上皮层剥脱。病程一般持续1～2周，这种疾病通常不会导致死亡，成年牛感染的概率高于1岁以下的犊牛。

（三）疾病治疗

1. 综合治疗

针对口腔病变，0.1%高锰酸钾溶液的应用可有效清洁糜烂区域，去除坏死及结痂组织。治疗后，碘甘油的涂抹或冰硼散的撒布有助于加速愈合。舌头病变的处理则采用0.2%聚维碘酮喷洒，与鸡蛋清混合的口疮散共同作用，促进舌面恢复，建议药物每日交替使用3～4次。流涎严重时，1%～2%的明矾溶液冲洗可减轻症状。蹄部病变的治疗策略包括使用2%甲醛溶液浸泡蹄部10～15分钟，此法不仅能有效消毒，还能减轻蹄部病变带来的不适。浸泡后，需彻底擦洗并用纱布包裹蹄部，为患牛提供干净的生活环境，减少与污染物的接触，避免疾病复发。

2. 中医治疗

药方为黄檗、连翘、黄连各20克，甘草、板蓝根、黄芪各30克，金银花50克，麦冬、沙参、栀子各15克。将上述药材混合之后加入2500毫升的清水，先对这些药材进行浸泡，一般浸泡时间为30～50分钟，之后用温火进行煎煮，时间为30～40分钟，确保最后提取的药液为1000～1200毫升，过滤掉药渣之后，等待药液凉至适宜的温度后便可以灌服。该方剂需每天灌服一次，连续灌服 5 天。[①]

（四）疾病预防

良好的动物管理与卫生条件是阻断病毒传播链的基础。日常管理中，对牛舍、饲料槽及饮水设施进行定期检查和清理，能有效降低疾病发生的概率。通过避免交叉感染，保障饲料和水源的清洁，不仅可以减少病原体的潜在感染源，还能为动物提供一个更为安全的生活环境。动物的营养状况直接影响其免疫系统的功能。故而，确保动物摄取足够的营养和水分，是增强其免疫力的关键一环。根据牛只体重，合理添加饲料，确保每日饮水量，对维持动物健康状态、提高疾病抵抗力具有重要意义。

建立健全的动物监测体系，对于早期发现疫情和疑似病例至关重要。养殖场内的动物健康状况需要得到持续关注，一旦发现异常，应及时报告相关部门，采取隔离和控制措施，有效阻断病毒的进一步传播。面对疫情暴发，临时的区域封锁和交通管制措施成为限制病毒扩散的有效手段。控制动物流动和牛产品的交易，可以在一定程度上减缓病毒的传播速度。

养殖场工作人员在接触疑似或确诊病例时，应采取适当的个人防护措施，包括穿戴口罩、手套和防护服等，这是减少病毒传播风险的必要步骤。同时，加强对畜牧业从业人员和养殖户的宣传教育，提高他们对疫病防控的认识，培养良好的卫生习惯和动物监测意识，有助于预防牛水疱性口炎的传播。

五、牛传染性鼻气管炎

（一）病因

牛传染性鼻气管炎由特定病原体导致，该病原体包括牛传染性鼻气管炎病毒及牛疱疹病毒 I 型。病毒粒子的形态为圆球形，直径范围为

---

① 张俊华.牛水疱性口炎的发生、诊断与防治 [J].中国动物保健，2024（3）：31-32.

115～230纳米。病毒的稳定性在不同环境条件下表现出显著差异：它能较好地耐受碱性环境和低温状态，但在酸性环境和高温条件下稳定性较差。具体来说，当环境的pH值低于6时，病毒迅速失去活性；而在pH值为6.9～9.0的环境中，其活性则能得到较好的保持。温度对病毒的影响同样明显，4℃的低温条件下病毒能够存活30～40天，而温度达到零下70℃时，病毒仍能在数年时间内保持活性。此外，病毒对乙醚、氯仿、丙酮、甲醇及多数常用消毒药物敏感，这些物质可在24小时内彻底杀灭病毒。

牛传染性鼻气管炎的发生源于病牛及带毒牛，其中部分康复牛只仍可能长期携带病毒，时间可达17个月或更久。该病毒通过鼻、眼及阴道分泌物及精液排出，当易感牛接触到这些被病毒污染的分泌物时，便有可能通过呼吸道或生殖道受到感染。尤其在饲养密集、通风条件差的环境下，疾病的传播风险显著增加，冬春季节舍饲期间尤为常见。此外，病毒的传播途径多样，除了直接接触感染，空气飞沫传播也是主要途径之一。

（二）临床诊断

牛传染性鼻气管炎亦名牛媾疫、坏死性鼻炎或红鼻子病，具有急性、热性、接触性传播特征。该疾病主要表现为鼻腔与气管黏膜的炎症，伴随发热、咳嗽、流鼻液及呼吸不畅等症状。某些病例中还可能并发结膜炎、阴道炎、龟头炎、脑膜炎或肠炎等症状，并有可能导致流产。

牛传染性鼻气管炎根据病毒侵害的不同部位，表现为多种临床类型，包括呼吸道型、生殖器型、结膜炎型、流产型、脑膜炎型和肠炎型。其中，以呼吸道型为最常见的表现形式。呼吸道型牛传染性鼻气管炎主要特征为病牛出现高热（40℃以上），伴随咳嗽，在呼吸时可表现出困难的临床症状，同时眼睛会流泪、流涎以及流黏液脓性鼻液等，鼻黏膜呈现高度充血状态，有时可见灰黄色小脓疱或小型溃疡。之所以称之为"红鼻子病"，是由于鼻镜的发炎充血，表现为火红色。生殖器型则多通过交配传播，表现为母牛阴门流出黏液脓性分泌物，外阴和阴道黏膜出现充血与肿胀，严重情况下可发生黏膜表面溃疡甚至子宫内膜炎。对公牛而言，龟头、包皮内层和阴茎充血，小脓包形成后变为溃疡。妊娠牛感染后，在3个月内便会发生流产。脑膜炎型主要影响犊牛，表现为神经系统症状，如沉郁或兴奋、视力不济、共济失调等。肠炎型则见于2～3周龄的犊牛，感染后的犊牛往往会出现腹泻的情况，并且还会有血便。

（三）疾病治疗

1. 综合治疗

牛传染性鼻气管炎目前尚无特效药物可供治疗。面对此病，及时隔离病例、阻断传播途径及加强消毒措施是控制病毒扩散的关键步骤。在这些预防措施的基础上，根据牛只展现的不同症状，采纳多种治疗手段以缓解病情，降低致死率。

治疗方式包括但不限于抗菌、消炎和强心补液等方法，旨在防止继发感染的发生。例如，针对病牛出现的高热症状，20%安钠咖注射液能够通过肌内注射形式有效降温，建议剂量为每头牛50毫升，每日一次，持续3～5天，以达到最佳治疗效果。此外，0.1%高锰酸钾溶液对于缓解牛只眼部、鼻部和口腔的炎症亦显示出良好的效果，通过对患处进行清洗，可以显著减轻炎症。为了预防继发性感染，头孢噻呋钠粉针剂的肌内注射使用被证明是一种有效的治疗方法。按照每千克体重6毫克的剂量，每日一次，连续治疗3～5天，可以有效控制病情发展。[①] 在进行这些治疗的同时，还需注意强心补液，以维持牛只的生命体征稳定。

2. 中医治疗

方剂一：生石膏、代赭石各90克，牛蒡子、黄芩、柴胡、玄参、连

---

① 曾蕾.肉牛传染性鼻气管炎的流行病学、临床特点、诊断要点与防治 [J].现代畜牧科技，2020（2）：99-100.

翘各 30 克，薄荷、桔梗各 20 克，板蓝根 120 克，黄连 12 克，生牡蛎 240 克，马勃、甘草、升麻各 18 克。混合药材之后加入适量的清水进行煎煮，并等待药液凉至适宜的温度后灌服。

方剂二：牛蒡子、黄芩、连翘、柴胡、桑白皮、玄参、蒲公英各 30 克，薄荷、桔梗各 20 克，马勃、甘草、升麻各 18 克，板蓝根 120 克，黄连 12 克，薏苡仁 90 克。加入适量的清水进行煎煮，一次性灌服。

（四）疾病预防

1. 加强饲养管理

牛传染性鼻气管炎的防控，关键在于加强饲养管理，特别是在规模化牛场的环境下，制定和执行完善的饲养管理制度显得尤为重要。细致的管理措施有助于提升饲养效率，确保牛群健康。在饲料管理方面，应从正规渠道购买饲料和原材料，科学配制日粮，以满足牛只的营养需求，保持营养的均衡。此外，饲料草料的储存也需注意，应放置于干燥且通风的环境中，避免饲料的发霉变质，确保饲料的质量安全。饮水管理同样重要，需确保牛只饮用的水质清洁，避免使用被污染的水源，冬季还需注意防止水源冰冻。牛舍的光照和通风条件直接影响到牛群的生活环境，良好的光照和通风条件对预防疾病的传播具有积极作用。同时，针对不同季节的特点，进行适时的防寒保暖和避暑措施，可以有效减轻牛只因温度变化引起的应激反应，促进牛群健康稳定发展。

2. 及时接种疫苗

疫苗通过激活牛只的免疫系统，使其产生针对特定病原体的抗体，从而有效降低了牛传染性鼻气管炎的发病率。因此，制定科学合理的免疫接种计划，完善免疫接种程序，对于防控牛传染性鼻气管炎至关重要。

推荐使用牛病毒性腹泻／黏膜病、牛传染性鼻气管炎二联灭活疫苗，对 2 月龄以上的牛只进行免疫接种。接种程序要求首次接种后 3 周进行一次加强免疫，每次接种量为 2 毫升，之后每隔 4 个月进行一次免疫接种，以确保牛只能够获得持续的保护。养殖户在接种疫苗前需对疫苗的有效期与质量进行仔细检查，确保疫苗的安全性与有效性，避免使用过期或质量不佳的疫苗。在疫苗接种前后1周，避免给牛只使用抗生素类药物，因为这些药物可能会影响疫苗效力的发挥，降低免疫效果。疫苗接种后，如牛只出现呼吸加快、肌肉震颤等不良反应，应立即采取措施，如注射肾上腺素进行救治，以预防可能的严重后果。

3. 完善生物防控管理

鉴于此病毒性质及其传播速度，养殖场的生物防控需要细致入微，确保能够有效隔断疾病传播链。养殖环境的严格管理，尤其是新引进种牛的隔离和检疫，是预防此类传染病的关键。对于新引种的牛只，实施至少一个月的隔离饲养，以监测其健康状态，防止可能的疫病传入。此举是基于疫病潜伏期的理解，确保在合群前识别出任何潜在的健康问题。在隔离期间，通过对新引进个体进行详细的健康监测，可以及时识别并隔离患病或疑似患病的牛只，有效减少疾病在牛群中的传播。同时，提高卫生管理和消毒工作的重视程度，便于切断病毒传播路径。通过每日清理牛舍内的粪便、定期更换垫草以及执行彻底的消毒程序，可以显著降低病原体在环境中的存活率。使用多种消毒剂进行轮换，如高锰酸钾、甲酚皂溶液、氢氧化钠及过氧乙酸等，不仅可以确保消毒效果的全面性，还能防止病原体对特定消毒剂产生抗性。

六、牛病毒性腹泻—黏膜病

（一）病因

牛病毒性腹泻—黏膜病（BVD-MD）是一种常见的接触性传染病，由 BVD-MD 病毒引发。其主要特征包括腹泻、口腔及食道黏膜的炎症和糜烂。该疾病还会导致妊娠母牛发生流产、死胎或畸形胎。BVD-MD病毒属于黏膜病毒科，具有单股 RNA 基因组。该病毒具有高度变异性，可分为两个生物型，即细胞病（Cytopathic，C）型和无细胞病（Noncytopathic，NC）型。感染后，NC 型病毒可导致免疫耐受，从而使患牛成为长期病毒携带者。该病毒的粒子形态多变，常见为圆形或略带变形，其直径范围为 50～80 纳米。病毒粒子表面配备有明显的纤突结构，增加了其识别宿主细胞的能力。病毒对外界环境的适应性表现出明显的温度依赖性。高温条件下，尤其是达到 56℃时，病毒活性迅速减弱，能够被有效灭活。反之，在低温环境下，特别是在 -60～-70℃的条件下，病毒能够保持稳定，甚至通过真空冻干技术保存多年，显示出其对低温环境的强大适应能力。此外，病毒对特定化学物质如乙醚、氯仿以及胰酶等，表现出敏感性。

牛病毒性腹泻—黏膜病的传播主要依赖感染个体之间的直接或间接接触。感染牛的分泌物与排泄物中含有大量病毒，成为传播的关键源头。环境中的饲料和饮水一旦受到病毒污染，就会加剧疾病的扩散。病毒通过空气中的飞沫传播，尤其感染牛咳嗽或剧烈呼吸时，增加了易感动物的感染风险。带毒公牛能通过精液长期排出病毒，通过配种过程传染给母牛，是疾病传播的另一途径。此外，运输工具、饲养用具以及胎盘也可能成为病毒的传播媒介。该病的传播特性导致新疫区牛群可能出现暴发流行，而在老疫区则呈现为散发流行。疾病的隐性感染特征使控制与防治面临挑战，尤其是在缺乏显著临床症状的情况下。牛病毒性腹泻—黏膜病的发生不受季节限制，但通常在冬末和春季出现病例增多的情况。

（二）临床诊断

病牛展现的临床症状极为明显，包括体温急剧上升至 41～42℃，持续高热，食欲丧失，反刍活动停止以及瘤胃膨胀等问题。患病牛只的鼻镜及口腔黏膜发生炎症、糜烂和坏死，伴随流涎现象加剧。肠音亢进与严重腹泻也是该病的典型表现，患牛粪便呈水样，有恶臭和气泡，且在病程后期可能出现血便。患病牛只通常表现出极度萎靡不振，倾向于长时间卧倒，少量站立，表现出烦渴且频繁饮水，全身肌肉颤抖，眼窝下陷，体重迅速下降。除此之外，尿量减少，呼吸和心跳加速，脉搏强而有力，口干舌燥，舌质红，苔黄。部分患牛可能会出现蹄叶炎和趾间蹄冠处的糜烂、坏死，导致跛行。在慢性病例中，持续的腹泻和对饮水的偏好会导致生长发育不良，病程可能持续数月，最终导致机体极度消瘦和力竭，直至死亡。妊娠母牛感染该病毒后，有时会发生流产。

（三）疾病治疗

1. 综合治疗

目前尚缺乏牛病毒性腹泻—黏膜病针对性的治愈方案，因此治疗主要侧重于增强动物体内抗病能力及对症支持疗法。在此背景下，实践中常用碳酸铋片与磺胺二甲嘧啶片作为口服药物，分别以30克和40克剂量，一次性给予病牛，以期减轻病症。另一策略为采用磺胺嘧啶注射液，依据病情严重程度，选择20～40毫升剂量，通过肌内或静脉注射方式施用，旨在快速缓解症状，促进病牛恢复。

2. 中医治疗

方剂一：葛根芩连汤合参苓白术散加减。药方为党参、白术、茯苓、山药、炙甘草各45克，砂仁、莲子、桔梗、薏苡仁各30克，地榆、黄连、丹参各20克，白扁豆、黄芩、葛根各60克。混合药材之后加入适量的清水进行煎煮，并提取药液，凉至适宜的温度，灌服。

方剂二：白头翁汤加减。秦皮、地榆、连翘、黄檗各40克，生地黄、牡丹皮各30克，金银花、黄连各50克，白头翁60克。将上述药材混合后研制为粉末，并加入适量的开水冲调，等待凉至适宜的温度之后进行灌服，或者是将混合后的药材加入适量的清水进行煎煮，并灌服。

（四）疾病预防

严格禁止从疫区引入牛只，对引进种牛进行隔离检疫，是避免病原传入的关键一环。一旦发现疫情，应立即采取隔离治疗措施或对病牛进行急宰，以切断疫情传播途径。环境消毒同样重要，使用10%石灰乳或1%氢氧化钠溶液对牛舍、饲养用具等进行彻底消毒，以消灭病原体。粪便及其他污物的处理也不可忽视，通过堆积发酵等方式进行无害化处理，减少病原体的环境残留。在疫情防控上，应用弱毒疫苗和灭活苗进行免疫接种，可以有效预防和控制牛病毒性腹泻—黏膜病的发生，为牧场健康管理提供有力保障。

第二节　细菌性疾病

一、炭疽

（一）病因

牛炭疽作为一种由气肿疽梭菌引起的传染病，其发生原因深受多方面因素的影响。气肿疽梭菌的生物学特性是造成牛炭疽发病的根本原因。该细菌具备周身鞭毛，能够移动，属于严格的厌氧菌，革兰氏染色呈阳性反应，不具有荚膜，但能够形成芽孢。这种芽孢对外界环境有极强的适应和抵抗能力，能在土壤中存活超过 5 年，即便在腐败的肌肉中也能存活长达 6 个月。此外，这些芽孢对高温和化学消毒剂具有高度的抵抗力，需通过较长时间的高温加热或使用浓度较高的消毒液才能被杀灭。

牛只感染炭疽的环境条件也是导致疾病发生的重要因素。牛只在 0.5 ～ 3 岁时期最容易感染，这与其生理状态和免疫系统的成熟度有关。病牛成为疾病的主要传播源，通过其体内的病原体进入土壤，在那里以芽孢的形式长期生存，牛只通过摄取被污染的饲料和水源感染。炭疽病的发生频率与气候条件和地理环境密切相关，温暖多雨的季节以及地势低洼的地区发病率较高，这与病原体在这些环境中的生存和传播能力加强有关。

（二）临床诊断

牛炭疽，俗名"黑腿病"。该病症由特定细菌引发，特点为在牛只的肌肉丰富部位如股部、臂部及肩部等，出现炎性气性肿胀的现象，通常伴随着跛行行为。病程发展迅速，潜伏期为 3 ～ 5 天，之后疾病迅速暴发。表现为体温急剧升高至 41 ～ 42℃，食欲急剧下降，反刍作用停止，肌肉部位出现气性炎症性水肿，并迅速扩散至周围组织。初期，患部肌肉感觉热痛，后期则变为冷麻，皮肤出现干燥、紧张和紫黑色变化，叩诊可听到特有的鼓音，按压时有特殊的捻发声。若肿胀部位破溃或经切开，会有暗红色的、带泡沫的酸臭液体流出。患牛会出现呼吸困难和脉搏加快等全身性症状。若不获得及时有效的治疗，病情会在 1 ～ 2 天迅速恶化，导致死亡。

（三）疾病治疗

1. 药物治疗

牛炭疽的早期治疗对控制病情发展具有关键作用。选用抗气肿疽血清，通过静脉或腹腔注射方式施用，能有效抑制病原体的活动。与青霉素和四环素联用，具有较好的疗效。在局部治疗方面，采用含有 80 万～ 100 万单位青霉素的 0.25% ～ 0.5% 普鲁卡因注射液进行分点注射。这一做法旨在直接作用于肿胀部位周围，以减轻炎症反应，加速病变部位的恢复。

2. 中医治疗

方剂一：黄连、甘草各 15 克，黄芩、知母、川军（大黄）、黄白药子、天花粉、郁金各 25 克，芒硝、金银花、连翘、柳子、贝母各 30 克。将上述药材研制为粉末，并加入适量的开水进行冲调，之后再添加 4 个鸡蛋清作为药引，与药液进行调和之后灌服。

方剂二：白及、姜黄、白芷、雄黄、白蔹各 15 克，川椒、大黄、天花粉各 30 克。将上述药材混合后研制为粉末，加入适量的醋与研制后的粉末进行调和，之后敷于患处。

（四）疾病预防

在疾病控制方面，春秋季节于发病地区进行气肿疽菌苗的预防注射显得尤为关键，能有效降低疾病暴发的风险。同时，一旦发现病例，应立即进行隔离治疗，并对病死牲畜采取严格的处理措施，如深埋或焚烧，便于有效减少病原扩散。对病牛圈舍、使用过的工具以及被污染的环境进行彻底消毒，使用 3% 甲醛溶液或 0.2% 升汞溶液，有助于阻断病原传播链。对粪便、受污染的饲料和垫草等进行焚烧处理，旨在彻底清除可能的病原体。

二、气肿疽

（一）病因

气肿疽是一种由气肿疽梭菌（*Clostridium chauvoei*）引起的急性传染性疾病，主要影响牲畜，尤其是牛和羊。该病原体属于圆端杆菌，具备周身鞭毛，表现为可运动性。它是一种严格厌氧菌，革兰氏染色呈阳性反应，无荚膜，但能形成芽孢。这种芽孢在恶劣环境下表现出极高的抵抗力，如在土壤中可存活超过 5 年，在腐败的肌肉中能存活 6 个月。

0.5 ～ 3 岁的牛对气肿疽尤为易感。病牛是传播该病的主要源头。病原体自病牛体内排出，进入土壤，并以芽孢的形式在土壤中长期存活。牛只只要摄取被此类土壤污染的饲草或饮用被污染的水，就可能被传染。气肿疽的发生具有明显的地域性流行特点，全年皆可暴发，但在温暖多雨的季节及地形低洼地区的发病率更高。

（二）临床诊断

牛气肿疽由特定细菌引起，主要影响家畜，尤其是牛。病程发展迅速，若不及时进行治疗，死亡率极高。疾病潜伏期为 3 ～ 5 天，发病后，动物体温急剧上升至 41 ～ 42℃，食欲丧失，反刍作用停止，且表现出跛行等症状。特别是股部、臀部、肩部等肌肉丰满区域，会出现气性炎性水肿，该症状会快速向周围区域扩散。初期，患处感觉热痛，之后则转变为冷感且失去知觉，皮肤变得干燥紧张，并呈现紫黑色。通过叩诊，患处会发出类似鼓音的声响，按压时还会有捻发音。若肿胀处破溃或进行切开，会流出带有泡沫的暗红色酸臭液体。患病牛只会出现呼吸困难，脉搏加快且细小，全身症状随之恶化。如果治疗不及时，病牛通常在发病后 1～2 天死亡。

（三）疾病治疗

1. 综合治疗

牛气肿疽的早期治疗方法包括抗气肿疽血清的使用，通过静脉或腹腔注射施行。与此同时，青霉素和四环素的应用显示出较好的疗效。对于局部治疗而言，建议使用含有 80 万～100 万单位青霉素的 0.25%～0.50% 的普鲁卡因注射液，量为 10～20 毫升，针对肿胀部位周围进行分点注射。

2. 中医治疗

药方为香附草、黄檗皮、木通藤、血通藤（大血藤）各 500 克，金银花、山豆根各 1000 克，山楂、木香各 250 克，黄连、连翘各 93 克。将上述草药混合之后加入 20 升的清水进行煎煮，去除药渣，提取药液 10 升，每次灌服时需提取药液 3～5 升进行灌服。除此之外，还可使用疖肿消水，冲洗排脓之后的患处，需每天冲洗两次。见肿消水的操作方法是将 1000 克的见肿消加入 10 升清水中煎煮，之后去除药渣，提取药液 5 升，然后在药液中加入 100 毫升的碘酒。

（四）疾病预防

当邻近区域出现气肿疽案例时，立即使用气肿疽菌苗对本地牛只进行免疫接种是必要行动，以防疾病的扩散。对于因特殊情况未能接种的牛只，如病弱、怀孕或哺乳期牛只，需尽快补充免疫，以补强群体防御。一旦发现气肿疽病例，应立即隔离治疗，避免疾病在牛群中传播。同时，要对畜舍及牛只活动区进行彻底消毒，消除疾病原。对于周边村庄的牛只，也应进行紧急预防接种，强化区域内的疫情防控。组织兽医密切监测接种后的牛只，对于显示症状的潜伏病牛立即实施救治，以最大限度地降低死亡风险。死亡牛只的处理同样关键，必须进行深埋，避免疾病通过遗体扩散至环境中。

三、破伤风

(一) 病因

牛破伤风是由破伤风梭菌引起的一种疾病，该菌属于大型厌氧性革兰氏阳性杆菌，常以单个形式存在。其特征在于能在动物体内外形成芽孢，且芽孢具有极强的抵抗力，能在土壤中存活数十年。该菌多数菌株具有鞭毛，具有一定的运动能力，但不形成荚膜。尽管破伤风梭菌的繁殖体易于被常规消毒药物杀死，但因为其芽孢体的强大生命力，仍使其在自然环境中广泛分布。

破伤风梭菌在土壤及草食动物的粪便中普遍存在，使污染的土壤成为传播该病的重要源头。牛只一般会通过各种创伤如断脐、去势、断尾、穿鼻、手术及产后等途径，感染破伤风梭菌。此类感染并无明显的季节性，多数情况下呈现为零星散发状态。

(二) 临床诊断

牛破伤风是强直症，是由破伤风梭菌通过创伤入侵所引发的中毒性传染病，属于人兽共患病种。病程特点体现在运动神经中枢的兴奋性明显增高与肌肉持续性痉挛上，反映出梭菌毒素对神经系统的强烈影响。

该疾病的潜伏期通常为 1～2 周，常见于动物经历分娩、断角、去势等物理外伤之后。感染牛只的典型表现包括对外界刺激的过度反应、呼吸加速、两耳竖立、眼球上翻、头颈部伸直并呈现僵硬状态。动物可能展现角弓反张、脊背凹陷或向一侧弯曲、尾根抬高或偏斜等症状。牛只的牙关紧闭，导致进食、咀嚼与吞咽活动受阻，口中可能积存发酵后散发酸臭味的残余食物，舌边缘常有牙印或伤痕，反刍与打嗝行为停止，腹部肌肉紧绷，瘤胃膨胀。四肢僵硬、步态不稳，严重时可导致倒地痉挛。病情展现出急性与慢性之分，急性病例在短短 7～10 天可能致命，而慢性病例症状相对轻微，存在治愈的可能。

（三）疾病治疗

1. 综合治疗

对于病患牛只，应置于阴暗环境中，以避免声音及光线刺激，减少病牛的应激反应。创伤处需进行彻底清理，包括扩大创口以排出脓汁及清除坏死组织，后续使用 3% 过氧化氢溶液、1%～2% 高锰酸钾溶液或 5% 碘酊进行消毒处理，以消灭创口中的细菌，防止感染加重。药物治疗方面，肌内注射青霉素，剂量范围为 200 万～400 万单位，目的是利用青霉素的抗菌作用控制感染。此外，还需静脉或肌内注射破伤风抗毒素 50 万～90 万单位以及 40% 乌洛托品 50 毫升，旨在中和已经产生的破伤风毒素，减轻病情。对症处理同样重要，如适时输液补充葡萄糖，解除酸中毒状态，防止并发症的发生。

2. 中医治疗

方剂一：天麻散加减。药方为荆芥、半夏、蝉蜕各 12 克，川芎、乌蛇、羌活、天麻各 20 克，附子、防风、薄荷、天南星各 15 克。将上述药材混合之后加入适量清水进行煎煮，并提取药汁后再添加 250 毫升的酒以及切碎的 3 根葱段，一次性灌服。与此同时，将 9 克的朱砂与 1.5 克的麝香混合后研制为粉末，提取少量吹入患牛的鼻腔中，需每天 2～3 次。

方剂二：祛风通络解毒汤。药方为全蝎、防风、枸骨根、天南星、僵蚕各 32 克，乌梢蛇 16 克，羌活、天麻各 14 克，藁本、蔓荆子各 13 克，大蒜 65 克，另加 3 条蜈蚣，蟾蜍皮 10 克。加入适量清水进行煎煮，去除药渣，提取药液后加入 300 毫升的黄酒作为药引，灌服。

（四）疾病预防

避免外伤发生，一旦外伤出现，立即处理，包括彻底清洁伤口并使用 5% 碘酊进行消毒，以减少感染风险。进行去势、去角以及外科手术时，需遵循严格的消毒程序。对于疾病的免疫防护，建议在高发区年度内进行破伤风类毒素的皮下注射，成年牛注射量为 1 毫升，犊牛减半，以此激发机体的免疫力。注射后 3 周，牛只能够产生免疫力，可以有效预防破伤风的发生。

四、恶性水肿

（一）病因

牛恶性水肿是一种致命的传染病，由几种特定的细菌引起，主要包括腐败梭菌、水肿梭菌、魏氏梭菌和溶组织梭菌等。这些病原体均属于革兰氏染色阳性的厌氧大肠埃希菌，能在无氧条件下形成比菌体粗大的梭形芽孢。芽孢具有极强的抵抗力，能够承受强力消毒剂的作用，如 10%～20% 的漂白粉混悬液和 3%～5% 硫酸等，仅需较短时间便能杀灭菌体。

病原菌在自然界中广泛分布，特别是在土壤和动物肠道中的含量较高，因而容易成为传染源。尽管病牛无法直接通过接触传染给健康动物，但它们能显著增加外界环境的污染水平。疾病的传播主要通过外伤引起的感染途径，例如去势、断尾、注射、剪毛、采血、助产以及外科手术等过程中的消毒措施不当，会导致细菌芽孢的污染。此类疾病多呈现为散发状态，而非集体暴发。

（二）临床诊断

该病症表现为严重的气性炎性水肿，患牛在感染后 1～5 天进入潜伏期，随后症状迅速显现。病程初期，患牛体温升高，伤口周围开始出现气性炎性水肿。此肿胀部位初感坚实、灼热、疼痛，但随后变冷且不再疼痛，指压时可感到捻发音，这是气肿形成的明显特征。对肿胀部位进行切开时，可见皮下及肌间结缔组织内有大量淡红褐色液体流出。其中夹杂着气泡，散发出酸臭味，这是牛恶性水肿的典型病理表现。随着病情的迅速进展，全身中毒症状显著加重，表现为持续高热、呼吸困难、食欲丧失，部分患牛可能出现腹泻。大多数情况下，患牛在感染后 1～3 天死亡。特定条件下，如分娩或去势过程中的感染，牛恶性水肿的病症可能有所不同。分娩后感染的患牛会在产后 2～5 天，从阴道流出不洁红褐色恶臭液体，阴道黏膜出现充血与发炎，同时会阴水肿，病变迅速蔓延至腹下、股部，严重时会影响行动能力，出现全身症状。去势感染则表现为术后 2～5 天，阴囊及腹下发生广泛的气性炎性水肿，腹壁极度敏感，伴随有严重的全身症状。

（三）疾病治疗

1. 综合治疗

在疾病初期，应对患部进行冷敷，以减轻水肿和炎症反应。随着病情发展，需通过外科手段切开患处，彻底清除异物及腐败组织，并吸出水肿部位的渗出液。此后，使用氧化剂如 0.1% 高锰酸钾溶液或 3% 过氧化氢溶液冲洗伤口，有助于杀灭细菌，防止感染进一步扩散。紧接着撒上磺胺粉或青霉素粉，这些抗生素具有广谱的抗菌作用，能有效抑制细菌生长。

全身治疗方面，青霉素以 200 万～300 万单位的剂量肌内注射，根据病情需要，可连续使用数次。100～150 毫升 10%～20% 磺胺嘧啶钠肌内注射，或与 1500～2000 毫升 5% 葡萄糖注射液混合后静脉注射，有助于抗感染和缓解炎症。进行对症治疗，包括强心、补液和解毒，有助于恢复病情。樟脑酒精葡萄糖溶液和 5% 碳酸氢钠注射液的适当使用，可改善心脏功能，防止酸中毒，为病情恢复提供有利条件。

2. 中医治疗

药方为黄芩 18 克、连翘、黄药子、知母、白药子、郁金、栀子、丹皮、贝母、双花各 15 克，大黄 21 克，芒硝 60 克，生草、黄连各 12 克。混合后研制为粉末，并加入适量的开水进行冲调，提取药液后，等待凉至合适的温度进行灌服。

（四）疾病预防

确保牛只避免外伤为防控工作的基础，因为外伤是致病菌侵入的主要途径。一旦外伤发生，必须迅速采取消毒和治疗措施，防止感染的发生和扩散。在进行外科手术及注射等操作时，执行无菌操作原则及术后护理至关重要，以降低感染的风险。在牛恶性水肿确诊后，采取隔离措施对控制疫情有重要作用。隔离病牛可以有效阻断病原体的传播。使用10% 漂白粉或 3% 热火碱溶液对污染的牛舍和场地进行彻底消毒，是消灭病原体、防止疫情扩散的关键环节。对于死亡牛只，应采取深埋或焚烧的方式处理，避免病原体通过尸体再次传播，有助于消除疫源，还能减少环境污染。

五、牛放线菌病

（一）病因

牛放线菌病由牛放线菌和林氏放线菌这两种细菌引起，后者是病症发生的主要原因。牛放线菌病在牛只中的发病率具有一定的年龄偏好，2 ～ 5 岁的牛只感染率较高。病原体主要通过污染的土壤、饲料和饮水传播，同时，健康牛的口腔及上呼吸道内亦可检测到这些病原体的存在。当牛只的口腔或皮肤发生损伤时，便可能导致感染。此病的流行通常呈现为散发性。

病原体特性方面，牛放线菌主要侵袭骨骼等硬组织，具有较细长的形态，对革兰氏染色呈阳性反应。而林氏放线菌，作为革兰氏阴性菌，以短杆状形态出现，主要侵袭软组织。两种病原体在感染组织中形成的肉眼可见的黄色颗粒，以及在压片标本中呈放线状排列的特征，是其命名为放线菌的原因。除此之外，化脓杆菌和金黄色葡萄球菌也常参与牛乳房放线菌病的感染过程。针对牛放线菌病的病原体，其抵抗力较强，能在干燥环境中存活长达 6 年，且对日光照射不敏感。经过 75 ～ 80℃的加热处理 5 分钟，或是用 0.1% 的升汞溶液处理 5 分钟，可以有效杀死这些病原体。

（二）临床诊断

放线菌病，俗称大颌病，涉及多种动物及人类，表现为一种多菌性、非接触性的慢性传染性疾病。该疾病的显著特征在于头部、颈部、颌下及舌部的放线菌肿。

患有此病的牛只在疾病初期会出现上、下颌骨肿大、疼痛明显，而随着疾病的发展，疼痛感会减弱，直至消失。患牛的呼吸、吞咽及咀嚼功能会受到严重影响，导致迅速消瘦。当肿胀部位的皮肤发生化脓并破溃后，会流出脓汁并形成瘘管，此类瘘管往往长时间难以愈合。头部、颈部和颌间的软组织被侵害时，会出现硬肿，但不伴随疼痛和发热症状。若病菌侵犯舌头和咽喉部位，会使组织变硬，从而导致舌头活动困难，俗称为"木舌症"。受影响的牛只会出现流涎和咀嚼困难的症状。此外，乳房受到感染时可能会表现为弥漫性肿大或局部形成硬结，乳汁会变得黏稠并混有脓汁。

（三）疾病治疗

1. 综合治疗

放线菌病是一种由放线菌感染引起的疾病，根据感染部位的不同，可分为骨质放线菌病和软组织放线菌病。由于骨质放线菌病涉及骨骼的变化，包括但不限于骨质破坏和形态改变，治疗上存在较大挑战，通常难以通过截除或自然吸收的方式获得治愈。相对而言，软组织放线菌病由于不涉及复杂的骨骼改变，经过一段时间的治疗后，治愈的可能性较高。

治疗方法多样，针对硬结较大的情况，可采用外科手术切除的方式进行治疗。如果伴有瘘管形成，则需要将瘘管连同硬结一并切除。术后，使用碘酊纱布对创腔进行填塞，以促进伤口的愈合，纱布需要每24～48小时更换一次。伤口周围可以注射10%碘仿醚或2%鲁戈氏液，以进一步消毒和促进愈合。

在药物治疗方面，可以内服碘化钾，通常连续使用2～4周。对于重症病牛，还可以采用10%碘化钠注射液进行静脉注射，每隔一天注射一次。使用碘制剂过程中，可能出现碘中毒现象，如黏膜、皮肤发疹、流泪、脱毛、消瘦和食欲缺乏等症状，此时应暂停用药 5 ～ 6 天。链霉素与碘化钾的联合应用，在治疗软组织放线菌肿和木舌症方面表现出显著的疗效。

2. 中医治疗

方剂一：泻心散。药方为黄芩、赤芍、大黄各 45 克，黄连 30 克，车前子、竹茹各 15 克，石膏 200 克，灯芯草 10 克,。将上述药材混合之后进行煎煮，凉至适宜的温度后灌服。

方剂二：牙硝散加减。药方为黄芩、黄连、栀子、昆布、海藻、郁金、大黄、射干、牛蒡子、生地黄、山豆根各 50 克，甘草 20 克，金银花 60 克，连翘 60 克，芒硝 100 ～ 150 克，并加入 100 克的蒲公英为药引，之后加入适量的清水进行煎煮。需要注意的是，上述药材中的芒硝需要煎煮之后再加入，等待药液凉至适宜的温度之后，灌服。

（四）疾病预防

牛放线菌病的预防主要集中于避免皮肤及黏膜的外伤。当发现伤口时，应迅速采取合适的处理方法。这种方法基于对动物健康管理的基本原则，即通过预防外界因素造成的损伤，来降低疾病的发生风险。及时处理伤口能有效控制感染的扩散，减少病原体侵入的机会。

六、李氏杆菌病

（一）病因

牛李氏杆菌病是一种由李氏杆菌引起的传染病，此菌为革兰氏阳性菌，虽抵抗力较弱，经煮沸 10 ～ 15 分钟即可消灭，然而其对食盐显示出较强的耐受性，在含有 10% 食盐的培养基中依然能够生长。该菌能在干燥的粪便和土壤中长期存活，显示出对青霉素的抵抗性，但是对链霉素、四环素和磺胺类药物敏感，一般的消毒药物能有效地使其灭活。

李氏杆菌病在犊牛中的易感性较成年牛为高，病牛及带菌牛成为该病的主要传染源。目前，该病的传播途径尚未完全明确，自然感染可能通过消化道、呼吸道、眼结膜以及皮肤破损等多种途径发生，饲料和水是主要的传播媒介。牛李氏杆菌病通常以散发的形式出现，其发病率并不高，但一旦发病，病死率极高，尤其是在寒冷的季节更为常见。

（二）临床诊断

自然感染后的潜伏期变化较大，从数天至两个月不等。病初期，体温升高 1 ~ 2℃是常见现象，但不久体温会恢复至正常水平。原发性败血症主要侵袭幼犊，表现为精神沉郁、呆立、流涎等症状，同时伴有咀嚼吞咽功能的迟缓。而成年牛则更多表现为脑膜炎症状，包括头颈一侧性麻痹、身体向对侧弯曲、该侧耳朵下垂、眼睛半闭，甚至可能导致视力完全丧失。这些病牛还出现沿头部方向的旋转或做圆圈运动，遇到障碍物时，会用头部顶住不动。在疾病后期，某些牛只会出现吞咽肌麻痹，导致大量流涎，终至卧地不起，尽管尝试翻身，但很快又会翻转回来，最终死亡。妊娠中的母牛可能会流产，但不伴有脑部症状。而在幼犊中，败血症的发生常伴随着血液中单核细胞数量的明显增加。大部分感染李氏杆菌的牛只死亡速度较快，病死前会发生腹泻。

（三）疾病治疗

1. 综合治疗

牛李氏杆菌病的治疗策略需针对病原体的特性进行细致设计。牛李氏杆菌病由单核细胞增生性李氏杆菌引起，该病原体具有兼性细胞内寄生的特点，能在宿主细胞内生存，从而逃避抗生素的作用。因此，传统针对细胞外病原体的抗生素治疗方案在此病例中效果不佳，需采用更高剂量的抗生素以确保疗效。治疗中，青霉素和四环素类抗生素是主要选择。青霉素 G 的使用剂量为每千克体重 44000 国际单位，硫酸链霉素则是每千克体重 15 毫克，或是 20% 磺胺嘧啶钠 50 ~ 100 毫升，通过肌内注射给药，每日两次。盐酸土霉素也可用于治疗，其剂量为每千克体重 10 ~ 20 毫克，通过静脉或皮下注射，同样是每日两次。在病症初期，还可以使用大剂量的新型广谱抗生素，以迅速控制病情。治疗周期通常持续 7 ～ 21 天，较短的治疗周期往往难以根治疾病。对于那些失去饮水能力的患畜，补充碳酸盐和体液是必需的，特别是流涎现象严重时，需要持续补液直至症状缓解。

2. 中医治疗

药方为蒲公英、山栀根、野菊花、金银花、茵陈各 10 克，钩藤根、茯神各 6 克，诃子、车前草、乌梅各 5 克，甘草 3 克。将上述药材混合后加入适量的清水进行煎煮，去除药渣，提取药液，分成两份，一早一晚灌服，需连续灌服 3 天。

（四）疾病预防

在日常管理中，应注重消灭鼠类和吸血昆虫，减少疾病的潜在宿主和传播媒介。一旦发现疫情，立即执行病牛隔离措施，并对牛舍、用具及其周围环境进行彻底消毒，以切断疾病传播链。鉴于牛李氏杆菌病具有人畜共患性质，病牛肉处理应符合无害化或销毁原则，确保公共卫生安全。

七、牛坏死杆菌病

（一）病因

牛坏死杆菌病是由新产气荚膜梭菌引起的感染性疾病，该菌种能在牛体内产生毒素，导致组织坏死。疾病发生与多种因素相关，包括环境条件、动物免疫状态以及微生物群落平衡等。该病原体在自然界广泛分布，尤其是在土壤中，动物通过摄取受污染的饲料或水源感染。在缺乏足够卫生管理的农场环境中，牛只较易受到感染。

牛坏死杆菌病的发展与宿主的免疫系统状态密切相关，健康的免疫系统能够一定程度上抑制病原体的增殖和毒素的产生。然而，当牛受到压力或免疫功能受损（如营养不良或其他疾病的影响）时，它们对新产气荚膜梭菌的抵抗力降低，从而增加了感染的风险。

（二）临床诊断

牛坏死杆菌病的临床诊断主要依据两种典型病症：腐蹄病和坏死性口炎。腐蹄病更多见于成年牛，疾病起初表现为牛只行动困难和蹄部肿痛，随后可能出现脓性分泌物及恶臭，表明感染已经加剧。若治疗不及时，感染可能深入至蹄内更深层的结构如腱和关节，极端情况下可能导致蹄壳脱落，甚至牵涉全身性症状如发热和厌食，严重影响牛只的整体健康状态。坏死性口炎又被称作白喉，通常影响较年轻的犊牛，表现为口腔和上呼吸道黏膜的坏死，形成的伪膜一旦脱落，便暴露出下面的溃疡面。这种病症不仅导致进食困难，还可能引起严重的呼吸障碍。若疾病进一步扩散至内脏器官如肺和肠，可能导致相应的坏死性疾病，甚至是致命的败血症。

（三）疾病治疗

1. 综合治疗

针对病变部位进行彻底的清理，包括脓汁及坏死组织的除去。腐蹄病患牛可采用 10% ～ 20% 硫酸铜溶液或 5% 甲醛溶液进行冲洗，之后撒布磺胺粉以促进愈合。针对患有"白喉"疾病的牛只，可采用伪膜的移除及 1% 高锰酸钾溶液的冲洗，同时应用碘甘油进行外涂，以消除病原体，加速伤口恢复。对于病情较为严重的个体，除了上述针对性措施，还需通过抗生素或磺胺类药物进行全身治疗，以阻断病菌扩散，增强机体的整体抵抗力，确保疾病得到有效控制并最终康复。

2. 中医治疗

药方为栀子、射干、双花、滑石、荆芥各 10 克，半夏、紫苏各 5 克，连翘、苍术、生石膏、黄芩、元明粉各 12 克。加入适量的清水后进行煎煮，并灌服。该方剂需每天一次，连续灌服 3 天。

（四）疾病预防

环境卫生的提升，尤其是蹄部护理的加强，能有效降低皮肤与黏膜的损伤风险。避免在潮湿与低洼地区放牧，能降低病原体的接触概率。

牛舍的清洁与干燥是预防此疾病的关键因素。对于已出现疾病的牛只，应立即进行隔离与治疗，避免疾病的传播。牛舍的消毒工作可通过使用5%漂白粉或10%石灰乳来完成，有效杀灭病原体。定期更换表层土壤与垫草，可以进一步降低病原体在环境中的存活率，为牛群创造一个更健康的生活环境。

八、牛巴氏杆菌病

(一)病因

牛巴氏杆菌病由多杀性巴氏杆菌引起，属于球杆菌范畴。该细菌特征明显，无法运动，缺乏鞭毛，不产生芽孢，为革兰氏阴性菌。菌体两端着色较深，中段较浅，因此得名两极杆菌。

疾病传播方面，巴氏杆菌存在于感染牛只的全身组织、体液、分泌物及排泄物中，甚至健康牛的上呼吸道内也可能携带该菌。感染途径多样，包括通过消化道和呼吸道，以及外伤或昆虫叮咬等非典型方式。疫情发生并不受季节变化的显著影响，但在天气剧烈波动、闷热潮湿以及雨季等环境条件下，疫情发生率有所增加。疾病多以散发形式出现，偶尔在某地区形成流行态势。

(二)临床诊断

牛巴氏杆菌病，根据其临床表现，可明确分为败血型、肺炎型和水肿型3种主要形态。疾病的潜伏期通常为2～5天，各型病症在临床表征上有着明显区别。

败血型是病程发展迅速、病死率极高的一种形态。疾病初期，牛只体温急剧上升至41～42℃，出现精神沉郁、食欲丧失等症状，呼吸困难、黏膜发绀也是常见表现。特别是，牛只会出现鼻镜干燥、腹痛腹泻等症状，腹泻粪便中常带有恶臭、黏膜片及血液。疾病快速进展，从腹泻开始到体温下降，病牛多在12～24小时死亡。

肺炎型则是最为常见的表现形式，主要特征为纤维素性胸膜肺炎。

除了全身症状，牛只还会出现痛性干咳、流浆液性或脓性鼻液。胸区压痛检查和叩诊可以发现一侧或双侧的浊音区，听诊时可检测到支气管呼吸音和啰音。在疾病的严重阶段，牛只可能因呼吸高度困难而迅速死亡，年幼牛只还可能伴有严重的腹泻和血便，病程一般持续约一周。

水肿型表现为牛只前胸和头颈部出现水肿，严重时可波及下腹部。肿胀部位初期坚硬并伴有热痛，后期转为冷疼且痛感减轻。舌部和咽部的高度肿胀导致呼吸困难，眼部红肿并伴有流泪。该型疾病病程较短，为 2～3 天，牛只常因窒息而死亡，有时也会出现腹泻。

（三）疾病治疗

1. 综合治疗

抗出血性败血症血清的应用在治疗初期显示出较好的疗效，通过皮下注射 100～200 毫升，日注一次，持续 2～3 天，可有效控制疾病的发展。急性期患牛则建议使用大剂量的四环素治疗，每千克体重施用 50～100 毫克，配合 5% 葡萄糖生理盐水溶解后，以 0.5% 的浓度进行静脉注射，每日两次，以达到优良的治疗效果。此外，还可根据具体情况选用其他抗菌药物进行治疗。

2. 中医治疗

方剂一：清瘟败毒饮。药方为水牛角 60 克，牡丹皮、知母、连翘、栀子、桔梗、淡竹叶、黄芩、玄参、生地黄、赤芍各 30 克，黄连 20 克，甘草 10 克，石膏 120 克。混合后加入适量清水进行煎煮，灌服。

方剂二：青蒿鳖甲汤。药方为牡丹皮、生地黄各 60 克，知母、青蒿各 45 克，鳖甲 90 克。混合后加入适量清水进行煎煮，并灌服。

（四）疾病预防

牛巴氏杆菌病的防控核心在于加强饲养管理与环境卫生，通过消除诱因与增强牛只的抗病力来实现。患病牛只及疑似患病牛只需执行严格的隔离措施，以防交叉感染。环境清洁方面，圈舍、场地及使用过的工具应用 5% 漂白粉或 10% 石灰乳进行彻底消毒，有效杀灭病原体。粪便与垫草应集中处理，通过堆积发酵，进一步降低病原体活性。对于曾暴发疫情的地区，采取主动免疫策略，通过年度接种牛出血性败血症氢氧化铝菌苗，建立群体免疫屏障。根据体重，成年牛接种 6 毫升，小牛 4 毫升，皮下或肌内注射方式均能有效激发免疫反应，提高抵抗力。

九、牛布鲁氏菌病

（一）病因

布鲁氏杆菌病，亦称布病，是由布鲁氏杆菌引起的传染性疾病。该菌株体积微小，形态接近球形，显示出不规则的形态特征。布鲁氏杆菌不产生芽孢，缺乏荚膜，属于革兰氏阴性菌，具有需氧与兼性厌氧的生存特性。热稳定性较低，60℃加热 30 分钟即可彻底杀灭，但是该菌种在干燥环境中展现出较强的生存能力，例如在干燥土壤中能持续存活超过两个月，毛发与皮肤表面则可维持生存 3～4 个月。布鲁氏杆菌对日光直射和常规消毒剂相对敏感，易于被消灭。布鲁氏杆菌具备显著的侵袭性，能够通过损伤的黏膜或皮肤进入宿主体内，甚至能够穿透未受损的皮肤或黏膜屏障，导致感染。

随着性器官的成熟，牛对此病的易感性逐渐增加。病原体来源主要是病患牛，尤其是受感染的妊娠母牛在流产或分娩期间，会通过胎儿、胎水和胎衣大量排出布鲁氏菌。此外，流产后的阴道分泌物及乳汁中亦含有该菌。该病的传播途径主要是经由消化道，通过接触到受污染的饲料和饮水发生感染，还可以通过直接接触受污染的物品，或是病牛之间的交配以及皮肤或黏膜的直接接触而感染。牛布鲁氏菌病在某些地区呈地方性流行，对牧场经济和动物健康构成重大威胁。在未曾发生病例的新牛群中，流产可能发生在不同胎次的妊娠母牛中；而在疾病常见的牛群里，流产则多见于初次妊娠的母牛。

（二）临床诊断

牛布鲁氏菌病是一种由布鲁氏杆菌引起的潜在危害性疾病，具有显著的人畜共患特征。其主要临床表现包括生殖器官和胎膜的炎症，引发流产、不育等严重后果。在患牛中，其临床症状主要表现为流产，而其他症状相对不明显。流产多发生在妊娠中期，通常是在妊娠第 6～第 8 个月，所产下的胎儿往往呈现死胎或弱胎的情况。在流产前，患牛通常会表现出分娩的一些先兆症状。需要注意的是，流产后往往伴随着胎衣滞留或子宫内膜炎的发生，而阴道内则可能持续排出褐色且具有恶臭的液体。雄性牛也可能受到影响，表现为睾丸炎或附睾炎，丧失了正常的配种功能。一些患牛还可能出现关节炎、滑液囊炎、淋巴结炎或脓肿等其他病症。

（三）疾病治疗

牛布鲁氏菌病的治疗难度较大，目前主要采用淘汰患病牛只的方式来遏制疾病的传播。针对流产之后患有子宫内膜炎的病牛，可采取高锰酸钾溶液冲洗子宫和阴道的方法进行治疗，每日 1～2 次，隔日 1 次，直至阴道内分泌物排出为止。在严重病例中，也可考虑使用抗生素或磺胺类药物进行治疗。需注意的是，这些药物治疗并不总是能够完全消除病原体，而是通过减轻症状和控制感染程度来帮助牛只恢复健康。

（四）疾病预防

在未发生布鲁氏菌病的地区，防止疾病传入的最有效措施包括禁止从疫区购买牛只以及避免将牛只送往疫区放牧。若必须购买牛只，实施至少 30 天的隔离观察，并通过凝集反应等检疫手段进行两次检查，确保牛只健康无疾病才可加入牛群。一旦牛群中出现布鲁氏菌病，根据牛群规模采取不同的应对措施。小规模牛群可考虑全群淘汰，而大规模牛群则通过检疫淘汰病牛，或对病母牛执行严格的隔离饲养，以暂时保留其培育健康犊牛的能力，同时对健康牛群执行年度预防注射。对于已接种菌苗的牛只，可以免除进一步的检疫程序。环境与个人防护措施也是预防布鲁氏菌病传播的重要环节。流产的胎儿、胎衣、羊水及阴道分泌物需进行深埋处理，避免病原体扩散。被污染的场所及器械应使用

3%～5%的来苏儿溶液进行彻底消毒。同时，工作人员需采取有效的个人防护措施，包括佩戴手套、口罩，并确保工作服定期消毒，以减少人员感染的风险。

十、牛传染性角膜结膜炎

（一）病因

牛传染性角膜结膜炎的特点在于病原的多样性，其中牛摩勒氏杆菌被认定为主要病因。该疾病不分年龄，影响各类牛只，犊牛相较成年牛展现出更高的易感性。疾病的传播途径多样，包括同种动物之间的头部接触，以及蝇类和飞蛾等昆虫的机械传递。疫情常因引入已感染或携带病原的牛只而触发。在天气条件方面，高温和高湿度的环境为该病的发生提供了有利条件，特别是在夏季和秋季。一旦疾病暴发，其传播速度快，容易在区域内广泛传播，形成地方性流行或广泛流行。特别是在青年牛群中，高峰期的发病率可达60%～90%。

（二）临床诊断

传染性角膜结膜炎俗称红眼病，表现为牛急性传染性眼部疾病。病变初期，牛眼结膜和角膜出现显著炎症，导致眼泪异常增多。随着病程进展，角膜可能出现混浊，甚至变为乳白色，严重影响牛只视力。

该病潜伏期通常持续2～7天，初期表现为患眼对光敏感、流泪、眼睑肿胀与疼痛。随着病程发展，角膜出现凸起现象，其周围血管充血，结膜和瞬膜出现红肿，角膜表面可见白色或灰色小点。在病情严重的情况下，角膜会增厚并发生溃疡，进一步可能形成角膜瘢痕或角膜薄翳。极个别情况下，可能出现眼前房积脓或角膜破裂，导致晶状体脱落。在疾病初期，多数情况下仅一侧眼受到感染，但随后可能发展为双眼感染。该疾病的病程通常为20～30天。感染该病的牛只一般不会出现全身性症状，但当眼球发生化脓时，可能会伴随体温升高、食欲减退、精神沉郁以及乳量减少等症状。尽管多数受感染的牛只能够自然痊愈，但往往会留下角膜薄翳、角膜白斑等后遗症，严重者甚至可能导致失明。

（三）疾病治疗

1. 药物治疗

治疗牛传染性角膜结膜炎需立刻采取隔离措施，防止疾病传播。具体治疗方法包括使用2%～4%硼酸溶液清洗眼睛，清洁后滴入3%～5%的弱蛋白银溶液，每日2～3次，以抑制病原体生长。青霉素溶液（每升含5000单位）和四环素眼膏的应用，对于减轻炎症，促进恢复亦有积极作用。对于出现角膜混浊或薄翳的情况，含可的松的抗生素眼膏能够有效地促进角膜修复，减轻病变。

2. 中医治疗

方剂一：决明散。药方为石决明（煅）、栀子、木贼草、黄芪、黄芩、菊花、决明子各25克，黄药子、大黄、白药子、没药各20克，蝉蜕15克。将上述药材混合后研制为粉末，加入适量开水进行冲调，并添加4枚鸡蛋以及120克的蜂蜜作为药引，灌服。该方剂需每天一次，连续灌服2～3天。

方剂二：拔云散。药方为大青盐、铜绿、硼砂、炉甘石、黄连各30克，硇砂、冰片各10克。将上述药材混合后研制为粉末并过筛之后装入瓶子里，再使用时可选用直径为3毫米的塑料管把适量的药粉吹进患牛的眼睛内，需每天两次，针对症状比较轻的患牛，使用3～5天；对于症状比较重的患牛，使用7～10天，基本可痊愈。

（四）疾病预防

在实践中，灭蝇措施包括使用化学药剂、生物防治方法以及环境管理等多种手段。化学药剂能快速减少蝇类数量，但长期使用可能导致药剂抗性的增加及对环境的潜在污染。生物防治如引入天敌等自然控制方法，虽然效果较慢，但可持续性更强，对生态系统的影响较小。环境管理包括改善圈舍卫生、定期清理粪便等，可以从根本上减少蝇类的繁殖条件。对于避免强烈阳光刺激，建议通过构建适当的遮阳设施，为牛群提供必要的阴凉环境。同时，调整放牧时间，避免在日照强烈时段放牧，也是减轻阳光刺激的有效方法。

第九章 寄生虫性疾病

第一节 扁平虫病

一、牛绦虫病

（一）病因

牛绦虫病是一种由莫尼茨绦虫引起的寄生虫疾病，该病原体呈乳白色带状结构，由头节、颈节及多个体节构成，长度可达5米。疾病的传播周期涉及莫尼茨绦虫成熟体节及其含有的虫卵通过宿主粪便排出，之后被地螨作为中间宿主摄取。在地螨体内，虫卵经过约一个月的发育，形成具有感染性的似囊尾蚴阶段。这些含有似囊尾蚴的地螨被牛只摄食后，似囊尾蚴会进入牛只肠道，头节翻出并吸附在肠黏膜上，继而发育成成虫，导致宿主发病。

（二）临床诊断

牛绦虫病以腹泻、粪便中含有成熟绦虫节片为显著特征，且该病倾向于在特定地区流行。该病主要侵袭年龄介于1.5～8个月的犊牛，而成年牛由于具有较强的抵抗力，其症状较为轻微或不明显。患病犊牛表现为精神萎靡、食欲下降、口渴增加、腹泻，并在粪便中排出成熟的绦虫节片。病牛还可能表现为发育迟缓、贫血、迅速消瘦，且在病情严重时可能出现痉挛或回旋运动，极端情况下导致死亡。

（三）疾病治疗

1. 药物治疗

硫氯酚作为一种常用药物，其用量根据牛体重计算，每千克体重 30 ～ 50 毫克，需配制成悬浮液后，通过口服的方式给药。另一药物是氯硝柳胺，亦称灭绦灵，其剂量为每千克体重 50 毫克，同样配成悬浮液形式进行一次性口服。吡喹酮的使用剂量为每千克体重 50 毫克，直接口服。丙硫苯咪唑则在每千克体重 10 ～ 20 毫克的范围内使用，通过口服给予。苯硫咪唑的推荐剂量为每千克体重 5 毫克，需要配制成悬浮液进行灌服。1% 硫酸铜溶液亦可作为治疗选项，特别是对于犊牛而言，推荐剂量为每千克体重 2 ～ 3 毫克。使用硫酸铜溶液时，通常会配合使用泻剂硫酸钠，以加快绦虫的排出过程。

2. 中医治疗

方剂一：药方为奶瓜子 76 克，鹤虱、川椒、白矾各 25 克，槟榔 125 克。将上述药材混合后加入适量的清水进行煎煮，等待药液凉至适宜的温度后，灌服。

方剂二：药方为槟榔、苏木、鹤虱各 6 克，贯众 9 克，南瓜子 30 克。将上述药材混合后研制为粉末，并加入适量的开水进行冲调，灌服。

（四）疾病预防

牛绦虫病的预防关键在于病原的消除，这一策略涉及对牛群实施定期的驱虫程序，尤其是对犊牛的预防性驱虫。为了提高预防效果，建议在放牧季节开始前对所有牛只进行一次预防性驱虫，并在放牧后 30 天及 60 天各加强一次驱虫处理。考虑到牛绦虫的中间宿主——地螨对环境条件有特定的偏好，如避光、耐湿，因此避免在低洼或潮湿的草地进行放牧是减少病原传播的有效手段。推荐采用圈养或实行划区轮牧的方法来管理牛群，从而降低病原的传播风险。牛粪应通过生物发酵的方式进行处理，这样既能有效杀灭病原，又能实现资源的循环利用，进一步防止疾病的传播。

二、肝片吸虫病

（一）病因

肝片吸虫是一种扁平柳叶状的寄生虫。其成虫体呈灰褐色，长度为20～35毫米，宽度为5～13毫米，具有雌雄同体的特征。该寄生虫的卵呈长椭圆形，颜色为黄褐色，卵壳由两层组成，内含一个胚细胞和众多卵黄颗粒，卵的一端设有不显著的卵盖。肝片吸虫寄生在宿主的胆管内产卵，这些虫卵随着宿主的粪便排出体外，在适宜的温暖潮湿环境中发育成毛蚴。毛蚴在水中游动并寻找中间宿主——椎实螺，侵入后发育为尾蚴，此过程需时50～80天，一个毛蚴能够发展出上百甚至上千个尾蚴。尾蚴离开螺后迅速转变为囊蚴，这些囊蚴可黏附在水草上或漂浮于水中，成为牛等终宿主感染的源头。牛在摄食被囊蚴污染的草或饮用含囊蚴的水时，囊蚴便进入牛体内，在肝胆管中发育成成虫，完成其生命周期的最后阶段，该过程需要2～4个月。成虫在宿主体内可存活3～5年，多数在1年左右被宿主自然排出。

（二）临床诊断

对于犊牛而言，其症状较为显著；而成年牛在正常情况下症状不甚明显。然而，一旦感染程度加剧或营养状态恶化，成年牛亦可能因此死亡。病态表现为牛只精神不振，被毛失去光泽且杂乱无章，食欲下降，行动迟缓。牛只的黏膜颜色苍白，随后可能会出现瘤胃臌胀或前胃功能减弱，伴随腹泻和体重逐渐减轻。病程晚期，颌下或胸下区域可能出现水肿，触摸可感受到波动感或捏揉面团般的感觉。此病状还会引起严重的贫血现象，影响公牛的生殖能力，导致母牛不孕或流产。在病情极度恶化的情况下，牛只可能因为极度衰竭而死亡。

（三）疾病治疗

1. 药物治疗

三氯苯唑（肝蛭净）是一种常用的药物。该药物的剂量为每千克体重 10 ～ 15 毫克，通过口服一次性给药。碘醚柳胺也被广泛应用于治疗肝片吸虫病，其给药剂量为每千克体重 10 毫克，同样采取口服方式，对成虫及幼虫均显示出显著的疗效。硝氯酚作为治疗肝片吸虫病特效药物之一，其口服给药剂量为每千克体重 3 ～ 4 毫克，通常通过拌入饲料给药，而其针剂形式则按每千克体重 0.5 ～ 1.0 毫克的剂量进行深部肌内注射。

2. 中医治疗

方剂一：肝蛭散。药方为槟榔、龙胆草、苦参、苦楝皮各 40 克，大黄、厚朴、泽泻各 30 克，贯众、茯苓各 50 克，苏木、肉豆蔻各 20 克。将上述药材混合后加入适量的清水进行煎煮，等待药液凉至适宜的温度后进行灌服。需要注意的是，在每次灌服药液之前的 30 分钟，需要先灌服 250 克的蜂蜜。

方剂二：复方贯众驱虫散。药方为苍术、厚朴、榧子、龙胆草、槟榔、藿香、陈皮各 50 克，贯众 150 克。将上述药材混合后加入适量的清水进行煎煮，提取药液，分为两份，分两次灌服。

（四）疾病预防

在干燥草场放牧有助于避免牲畜接触到低洼潮湿牧地及其水源，进而显著降低感染肝片吸虫的风险。椎实螺作为肝片吸虫的中间宿主，在病原体生命周期中扮演关键角色。因此，消灭椎实螺可以有效断开肝片吸虫的生命周期，避免其进一步扩散。对粪便的处理也是防控肝片吸虫病的重要环节，堆积粪便并进行发酵处理，能够有效杀灭病原体，还可以将发酵后的物质作为资源。

三、胰阔盘吸虫病

(一) 病因

牛胰阔盘吸虫病由一种特定的寄生虫——阔盘吸虫引起。这种寄生虫在其生命周期中，依赖多种宿主进行传播与繁殖。阔盘吸虫的生命周期包括自由生活的幼虫阶段、中间宿主阶段和最终宿主阶段。牛只作为最终宿主，在摄取了含有寄生虫中间宿主（如某些小型水生动物或被污染的植物）的水或食物后，便被寄生虫侵入体内。

感染开始于寄生虫卵随中间宿主被摄取后，在中间宿主体内孵化成幼虫。这些幼虫随后发展成对最终宿主具有感染能力的形态。当这些中间宿主被牛只摄取时，寄生虫幼虫被释放并穿透肠壁，进入血液循环或直接穿行至目标器官——胰腺。在胰腺内，幼虫成熟为成虫，开始繁殖并产生新的卵。这些卵随后通过牛只的粪便排出体外，进入水体，被中间宿主摄取，从而完成其生命周期。

(二) 临床诊断

在病程初期，感染牛只可能表现出正常的食欲和增加的饮水需求，伴随体重逐渐减轻和精神状态的下降。随着病情的加重，牛只可能出现食欲减少、贫血、颈部及胸部的水肿和腹泻等症状，极端情况下，严重的恶病质导致病牛死亡。粪便检查是确诊牛胰阔盘吸虫病的关键步骤，通过水洗沉淀法检测粪便中的虫卵，能够为该病提供确诊依据。

(三) 疾病治疗

吡喹酮作为一种有效的药物，在对抗该病症上展现了较为显著的疗效。该药物可通过口服及腹腔注射两种方式给药。口服给药时，剂量定为35毫克/千克体重；腹腔注射时，剂量范围则调整为30～50毫克/千克体重，注射药物使用前需用液状石蜡（经灭菌处理）以1:5的比例进行稀释。在执行腹腔注射过程中，需严格遵循注射规程，避免由于操作不慎导致药物误注入肾脂肪囊或肝脏，从而引发药物潴留或造成牛只出血致死。除此之外，吡喹酮对于双腔吸虫亦表现出良好的驱除效果。另一种可选药物为六氯对二甲苯（血防846），该药物的口服剂量建议为每千克体重0.3克，每隔一天给药一次，连续3次治疗构成一个疗程。

（四）疾病预防

牛胰阔盘吸虫病的预防关键在于改善饲养环境及管理措施，采取有效的驱虫策略。针对该疾病，应加强牧场的环境管理，特别是避免牛只在低洼或潮湿地带放牧，因为这些地区容易成为阔盘吸虫传播的温床。牛粪的集中处理也是防控该病传播的重要环节，通过无害化处理减少疾病的传播源。定期进行驱虫治疗是防控牛胰阔盘吸虫病的有效手段。建议在每年的春季初和秋季末对牛群实施两次驱虫，以血防846为代表的药物，按照每千克体重300毫克的剂量口服，每隔一日一次，连续3次构成一个完整的疗程，可有效降低疾病的发生率。

四、同盘吸虫病

（一）病因

牛同盘吸虫病亦称牛肝吸虫病，是由牛同盘吸虫和/或牛肝吸虫引起的一种寄生虫病。这两种吸虫均属于扁形动物门吸虫纲肝吸虫科，是影响全球许多地区，尤其是牲畜养殖业的重要寄生虫。

牛同盘吸虫的生命周期包括两个宿主：中间宿主和最终宿主。中间宿主通常是某些特定种类的淡水螺，如福寿螺属（*Lymnaea*）的螺类，而最终宿主则主要是牛和其他哺乳动物。其生命周期从成虫在牛的肝脏内产卵开始，这些卵随着宿主的排泄物排入环境。在水中，卵孵化出含有尾巴的幼虫（毛蚴），这些幼虫随后感染适合的淡水螺。在螺内，毛蚴经过几次变态发育成为尾蚴，最终离开螺，自由游动在水中，寻找最终宿主。当牛等最终宿主饮用或接触到含有尾蚴的水时，尾蚴侵入宿主（牛）的体内，穿过肠道壁进入腹腔，最终定居在肝脏内并成长为成虫。环境因素对于牛同盘吸虫病的发生有着重要影响。湿润、温暖的环境条件促进了淡水螺的生长和繁殖，为牛同盘吸虫的生命周期提供了理想的中间宿主环境。此外，牲畜密集养殖和不良的排泄物管理也是主要病因。这些条件增加了牛接触受感染水源的机会，也为牛同盘吸虫的传播提供了途径。从分子生物学角度看，牛同盘吸虫能够成功感染宿主，部分归因于它们在进化上发展出的一套复杂机制，用以逃避宿主的免疫系统。这些机制包括改变表面抗原、分泌免疫调节物质等，使宿主免疫系统难以有效识别和清除它们。

（二）临床诊断

从流行病学角度考虑，该病的发生与牛只所处的地理环境、饲养管理条件以及接触可能的中间宿主等因素紧密相关。因此，具有这些背景信息的牛只若出现疑似症状，应高度怀疑为牛同盘吸虫病。感染牛同盘吸虫的牛只可能会出现一系列非特异性症状，包括但不限于体重下降、消瘦、腹泻、贫血和腹部水肿。牛只的一般体况下降，包括毛色暗淡、皮肤弹性差等表现。在一些严重的病例中，可能还会观察到牛只因贫血而出现的黏膜苍白。

（三）疾病治疗

1. 药物治疗

三氯苯唑也被称为肝蛭净，是一种被广泛使用的抗吸虫药物。其推荐剂量为每千克体重 10 ～ 15 毫克，通过一次口服的方式给药。三氯苯唑的作用机制主要是干扰吸虫的能量代谢，从而有效地杀灭寄生于宿主体内的成虫和幼虫；碘醚柳胺是另一种对抗牛同盘吸虫病的有效药物，其推荐剂量为每千克体重 10 毫克，也是通过一次性口服给药。碘醚柳胺对于成虫及幼虫均显示出良好的疗效，它通过损害寄生虫的神经系统来实现其杀虫作用；硝氯酚是治疗同盘吸虫病的特效药之一。其口服给药的推荐剂量为每千克体重 3 ～ 4 毫克，通过拌入饲料来实施。硝氯酚还可以以针剂的形式使用，按每千克体重 0.5 ～ 1.0 毫克的剂量，进行深部肌内注射。硝氯酚的作用机制是对寄生虫的生理活动造成干扰，从而有效抑制其生长和繁殖。

2. 中医治疗

肝蛭散。药方为厚朴、大黄、泽泻各30克，槟榔、龙胆草、苦参、苦楝皮各40克，苏木、肉豆蔻各20克，茯苓、贯众各50克。混合药材之后加入适量的清水进行煎煮，等待药液凉至适宜的温度后灌服。需注意的是，在灌服之前的30分钟，需要先服用250克的蜂蜜。

（四）疾病预防

由于牛同盘吸虫的幼虫倾向于在湿润环境中通过中间宿主传播，因此在干燥的草场上放牧可以显著减少感染的机会。这要求畜牧业者避免在低洼和潮湿的牧地进行放牧，尤其是在这些地区的水源附近。这种方式可以限制牛只与寄生虫幼虫的接触，从而降低感染风险。在本病的传播过程中，某些特定的水生螺类扮演了中间宿主的角色。所以，消灭这些中间宿主可以切断寄生虫的生命周期，防止其发展成成虫并感染家畜。这可能涉及使用化学药剂或环境管理措施来减少这些螺类的数量。牛只感染后，寄生虫的卵会随粪便排出。如果这些粪便直接施用于土地上，将会增加感染其他牛只或中间宿主的风险。为此，将粪便堆积发酵后再利用，可以作为一种有效的肥料，同时也减少了寄生虫卵的存活率，从而降低疾病传播的风险。

第二节　线虫病

一、牛蛔虫病

（一）病因

牛蛔虫病是由感染牛蛔虫（*Ascaris suum*）所引起的一种寄生虫疾病，主要影响家畜，尤其是牛。该疾病在全球范围内广泛分布，对畜牧业造成了显著的经济损失。

牛蛔虫的生命周期开始于牛体内，成熟的蛔虫在牛的肠道中产卵，这些卵随着宿主的粪便排出体外。在外界条件适宜的情况下，卵中的幼虫会在一周左右发育成熟，进入可以感染的阶段。一旦这些具有感染能力的卵被牛通过受污染的食物或水摄取，它们在牛的肠道中孵化，释放幼虫。随后，幼虫穿越肠壁，通过血液循环系统传播到各个器官，最终在肺部发育成熟。幼虫在肺部期间，会引起宿主的呼吸道症状。之后，它们通过咳嗽被带回咽部并被吞咽，再次回到肠道，在此成熟并开始繁殖周期。温暖湿润的环境促进了蛔虫卵的发育，而干燥和极端温度条件则可能减缓或阻止卵的孵化。因此，不同地理和气候条件下，牛蛔虫病的流行程度可能有所不同。人类活动如不当的粪便管理和放牧实践，也可能增加牛蛔虫病的传播风险。未经处理的粪便如果用作肥料，或者牛被在受污染的区域放牧，就有可能增加它们摄取感染性蛔虫卵的机会。

（二）临床诊断

在轻症阶段，病牛的外观特征主要表现为被毛失去光泽且呈粗乱状态，同时伴随精神不振和食欲减退的症状。这些牛倾向于卧息，并经常性地回头望向腹部，偶尔发出呻吟声，其排泄物为灰白色，质地类似膏泥。随着病情加重，病牛的精神状态进一步恶化，表现为明显的萎靡不振，完全丧失食欲。其鼻镜变得干燥，粪便中可能带有血迹，呈灰白色，并散发出腐臭的气味。此外，病牛会出现腹痛症状，体位常呈仰卧状态。在疾病进入危重阶段时，病牛的临床症状更为严重，包括剧烈腹泻、粪便带血、眼窝凹陷和腹部疼痛。病牛的后肢无力，难以站立，精神状态极度沉郁，出现肌肉痉挛和呼吸急促。蛔虫寄生于胆道时，会导致病牛下颌部位水肿，角膜出现黄染现象。常见的行为包括张口吐舌，以及将下颌部分浸入水中。末期病牛表现出四肢无力、体重减轻、肌肉松弛，四肢下部及口鼻部位变冷，且难以起身。这些症状最终导致严重的贫血、呼吸困难、咳喘，严重时可因衰竭而死亡。

（三）疾病治疗

1. 药物治疗

首选药物为左旋咪唑，按照每千克体重 8 毫克的剂量，通过混合至饲料或饮用水中来施用。此种方法的便捷性在于能够确保药物均匀地分布于动物摄取的食物中，从而提高治疗效果。另一种可选用的药物为丙硫苯咪唑，其剂量范围为每千克体重 5～10 毫克。该药物同样推荐混入饲料中使用或是制备成混悬液形式给药。这两种药物的选用依据于其广谱抗寄生虫的特性，尤其是针对蛔虫感染展现出的良好疗效。

2. 中医治疗

疾病初期可选择鹤虱、干漆、雷丸、木香、使君子各 30 克，贯众 60 克，轻粉 12 克。将上述药材混合后研制为粉末，并加入适量的清水以及面粉，与药粉进行混合，调制为药丸，每次投喂药丸的剂量为 60～90 克。

进入后期，可改为香砂六君子汤。配方为砂仁、木香各 24 克，炒党参、茯苓、制半夏、炒白术各 60 克，炙甘草、广陈皮（炒）各 30 克。

将上述药材混合后研成粉末，并加入适量的开水进行冲调，等待药液凉至适宜的温度后，灌服。

（四）疾病预防

建议对每头出生后 10 天的犊牛实施一次预防性的驱虫治疗。此外，对于 6 个月龄以下的犊牛，应进行全面的健康检查，通过粪便检测蛔虫卵以确定感染情况，并对检测结果呈阳性的个体执行相应的驱虫程序。环境卫生的维护对于防止疾病的传播同样重要，包括及时的粪便清理和采取堆肥发酵等措施，以减少蛔虫卵的环境暴露。

二、牛捻转胃虫病

（一）病因

牛捻转胃虫病由特定的寄生虫——捻转胃线虫引起。这种寄生虫在牛的胃肠道内寄生，尤其是在第四胃的部位。捻转胃线虫的成虫和幼虫都可以对牛造成伤害，其中幼虫穿透胃壁，引发炎症和其他严重的健康问题。捻转胃线虫的传播主要通过受污染的草料和水源。当牛摄取了含有线虫卵或幼虫的草料或水时，这些寄生虫就会进入牛的消化系统，并在那里发育成成虫，完成其生命周期。随着时间的推移，这些寄生虫不仅会损伤牛的消化道，还会降低牛的免疫力，使它们更容易感染其他疾病。湿润和温暖的环境促进了线虫卵和幼虫的发育，增加了牛感染的风险。因此，牛群的密度、卫生条件以及饲养管理措施都是影响捻转胃线虫病发生的重要因素。

（二）临床诊断

牛捻转胃虫病主要以慢性形式出现，较少见到急性病例。其主要临床表现集中在贫血及消化系统功能障碍。受影响的牛只外观特征包括粗糙的被毛、体重减轻、精神萎靡不振，同时观察到牛的可视黏膜色泽苍白，下颌、胸部及腹部下方出现水肿。这些牛只在放牧中往往表现出与群体分离的行为。消化系统方面的常见症状包括便秘，其粪便中混有黏性物质。虽然腹泻在此病症中较为罕见，但不可忽视。由于极度虚弱，病牛可能会死亡。

（三）疾病治疗

丙硫咪唑（也称为阿苯达唑）的应用剂量为每千克体重5～10毫克，通常通过将药物混入饲料中喂给牛只，或者制备成10%的混悬液进行口服灌注，以达到治疗目的。左旋咪唑的给药剂量为每千克体重6毫克，采用单次口服的方式施用。伊维菌素1%注射液的推荐剂量是每千克体重0.02毫升，通过一次性皮下注射的方式进行治疗。

（四）疾病预防

执行两季定期驱虫策略，尤其是在春季和秋季，以减少牛群中寄生虫的发生率。使用如丙硫苯咪唑和伊维菌素等驱虫药物，能有效控制疾病的扩散。此外，优化饲养和管理程序，例如通过划分不同的放牧区域和实施轮换放牧制度，可以显著减少牛只接触感染源的机会。适时地更换放牧地，特别是避免在夏季使用露水覆盖的草地或位于低洼地区的牧场，也是减少疾病发生的有效方法。对牛粪进行适当的处理，如通过堆积和发酵等方式，作为肥料进行利用，减少疾病传播的风险。

三、牛仰口线虫病

（一）病因

牛仰口线虫病的病原体是牛仰口线虫，它是一种寄生于牛眼部（如结膜囊和泪腺）的线虫。该病原体能够引发牛只眼部的感染，主要通过与之共生的媒介——吸血昆虫（特别是苍蝇）传播。在这一传播过程中，苍蝇在取食时将携带线虫幼虫的粪便或其他分泌物带到牛的眼部，从而使幼虫有机会穿透眼部表面，完成其生命周期的一部分。牛仰口线虫病的发生和流行，与地区的气候条件、农场的卫生环境以及野生及家养动物的健康状况密切相关。气候条件影响媒介昆虫的活动和繁殖速度，而卫生条件不佳的农场更有可能成为疾病传播的高风险区域。与感染牛仰口线虫病的动物接触，也是病原体传播的一个重要途径。

（二）临床诊断

患牛黏膜的颜色异常偏白，体表水肿，消化系统功能障碍，表现为腹泻和血便。此外，感染牛只会出现体重急剧下降，营养状况恶化，最终因恶病质状态而导致死亡。

（三）疾病治疗

丙硫咪唑的使用，建议剂量为每千克体重 5～10 毫克，可以通过混入饲料给予，或者是配制成 10% 的混悬液进行灌服，以确保有效摄取。另外，左旋咪唑也被推荐用于此类疾病治疗，按照每千克体重 6 毫克的剂量，单次口服给药。1%伊维菌素（害获灭）注射液，以每千克体重 0.02 毫升的剂量进行一次性的皮下注射，也是治疗牛仰口线虫病的有效方法之一。

（四）疾病预防

为了有效预防牛仰口线虫病，建议每年在春季和秋季执行定期的驱虫计划，这是因为这些时节是线虫病发生的高风险期。在选择驱虫药物时，丙硫咪唑和伊维菌素等药品具有高效的防治效果。加强饲养管理措施也是预防此病的关键环节。具体做法包括实施分区轮牧制度，通过减少牛只在同一牧场的放牧时间来降低感染风险。同时，应根据情况适时更换牧场，避免长时间在同一地点放牧导致感染风险增加。在夏季，应特别避免在露水覆盖的草地或低洼地带放牧，因为这些地方容易滋生线虫，增加牛只感染的机会。牛粪应通过堆积和发酵的方式处理，减少线虫病的传播。

第三节　节肢动物引起的疾病

一、牛皮蝇蛆病

（一）病因

牛皮蝇蛆病是一种由感染牛皮蝇幼虫所致的寄生虫病。病原体的传播过程涉及一种特殊的机制，即牛皮蝇成虫捕捉其他昆虫（如蚊子），并在其体表产卵。当这些携带蝇卵的昆虫接触到宿主皮肤时，由于温度变化，蝇卵孵化，幼虫穿透皮肤进入体内，开始其寄生周期。

该疾病的发生与环境因素密切相关，特别是在热带和亚热带地区较为常见。其中，动物与人类的密切接触增加了疾病的传播风险。由于牛皮蝇幼虫在宿主体内的寄生过程中会造成局部组织的损伤和炎症反应，所以及时的诊断与治疗对于控制疾病的扩散和减轻宿主的病症至关重要。

（二）临床诊断

该病症起始于雌性蝇类在飞翔中对牛只产卵，此行为会让牛只感到极度不安，甚至导致其采食受阻、由于惊慌奔跑而发生外伤或流产等不良后果。当蛆虫幼体侵入牛皮肤后，会引起明显的瘙痒、不安及局部疼痛感，此为病初期的典型表现。随着幼虫在宿主体内的移行与生长，它们损伤组织，更在特定区域（如咽部和食道）引起炎症，如咽炎和食道壁炎。这是由幼虫分泌的毒素导致的，这些毒素还对牛只造成全身性的影响，包括消瘦、贫血和肌肉稀血症等病态。当幼虫定居于牛只背部皮下时，其寄生位置往往伴随着血肿和蜂窝织炎的发生。在感染进展至化脓阶段，病变部位常形成瘘管并持续排出脓液，直至幼虫完全离体，瘘管方才开始逐渐愈合并最终留下瘢痕。该病症对牛只的健康造成了显著的负面影响，损害肉质和减少产奶量，还对幼牛的健康和发育造成了严重的威胁，表现为贫血和发育不良。

（三）疾病治疗

1. 药物治疗

采用皮蝇磷进行口服治疗。按照体重计算，每千克体重需服用 100 毫克。对于成年牛，建议的剂量为 30 ～ 40 克；对于育成牛，建议剂量为 20 ～ 25 克；而对于犊牛，则推荐使用 7 ～ 12 克的剂量；25% 蝇毒磷针剂亦可作为防治药物，通过肌内注射的方式施用，每千克体重推荐使用 6 ～ 10 毫克；使用 25% 蝇毒磷乳粉配制成含有效成分 0.05% ～ 0.08% 的溶液，通过涂擦或喷洒在牛体背部的方式，杀死幼虫。

2. 中医治疗

对于病变初期、伤口较浅且蝇蛆数量不多的情况，建议采用本土植物葫芦茶进行治疗。首先，以 500 克葫芦茶煎煮于 2500 毫升水中，去除渣质，利用此药液清洗伤口，以除去蝇蛆。随后，取桃叶 250 克、适量的石灰粉或葫芦茶叶、少量樟脑粉混合捣烂，外敷于患处，有助于伤口恢复。

若伤口较大且深，伴随感染、溃疡、组织坏死及脓液，蝇蛆数量众多，首先应使用冷开水反复冲洗伤口，直至彻底清除脓液和蝇蛆。之后，使用葫芦茶 500 克，田基黄、白背叶各 250 克与水 3000 毫升共同煎煮，浓缩至 1500 毫升后去渣，用该药液清洗伤口。将黄花母叶、桃叶各 100 克和少量生石灰捣烂，敷于伤口。一天后清洗并检查伤口，必要时重复使用，直至坏死组织完全清除。随后，以 250 克的桃叶和少量生石灰捣烂敷于患部，每日更换，直至伤口愈合。

对于蝇蛆深入组织的情况，建议使用长 500 克长穗猫尾草煎煮或 1000 克鲢鱼切片煎粥灌服，以促使蝇蛆从深层组织逃出。

对于出现严重炎症和体温上升的病牛，除了外用药物治疗，还可内服由马缨丹250克，板蓝根50克，称星木、玉叶金花各500克共同煎煮的汤剂，有助于缓解炎症和降温。

（四）疾病预防

在成虫活跃季节，建议使用1%～2%浓度的敌百虫溶液，对牛体易受攻击的部位进行定期涂抹，周期建议为每15天一次。此举旨在阻断蝇蛆生命周期，减少病害发生。同时，应加强对牛只的日常观察与检查，一旦发现蝇蛆迹象，需立即采取措施进行清除，以确保牛群健康，避免疾病的扩散与影响。

二、疥螨病

（一）病因

疥螨病主要由疥螨引起。这些微小的寄生虫侵入牛只的皮肤，引发瘙痒、脱毛、皮肤增厚及结痂等症状。疥螨病的发生源于疥螨对宿主皮肤的寄生行为。疥螨通过直接接触或通过被疥螨污染的环境与物品传播，牛群间的密切接触尤其促进了疥螨的快速扩散。疥螨种类多样，但对牛只而言，最为常见的是牛疥螨。这种寄生虫偏好寄生于牛只皮肤的特定区域，其生命周期短，繁殖能力强，使疾病的控制与预防尤为困难。疥螨病的发展受多种因素影响，包括牛只的抵抗力低、密集养殖条件、不良的卫生条件等。

（二）临床诊断

患牛常见于头颈部的皮肤表现为不规则丘疹状病变，伴随着严重的瘙痒感。摩擦或刮擦患部，可见皮肤表面有大量的脱屑和脱毛现象，皮肤因反复摩擦而增厚失去弹性，形成厚厚的皱褶。痂垢的形成是由于鳞屑、污物、被毛和渗出物黏结在一起。病变通常从头颈部开始，并逐渐扩大，严重时可蔓延至全身。除皮肤症状外，牛的食欲会逐渐减退，生长发育受到影响，呈现消瘦状态，产奶量也会下降。

（三）疾病治疗

1. 药物治疗

外用药物主要采用苏儿油剂或2%敌百虫水溶液涂擦患处，可有效控制疥螨的繁殖和扩散。苏儿油剂的制备采用煤油或废机油与来苏儿溶液的混合，具有较强的疗效。而内服药物主要使用伊维菌素皮下注射，剂量为每千克体重200微克，能够在体内对疥螨产生杀灭作用。严重病例可考虑间隔7～10天重复用药1次。二嗪磷（螨净）也是一种常用的治疗药物，以药浴或喷淋的方式使用，药液浓度为250毫克每升，可有效清除患处的疥螨。

2. 中医治疗

药方为硫黄（煅）150克、白胡椒（炒）45克、狼毒500克。将上述药材混合之后研制为粉末，将750克的植物油煮沸后，提取30克的药粉与之混合，搅拌均匀，等待凉至适宜的温度之后，用毛刷蘸取药液涂抹于患处。

（四）疾病预防

必须确保牛舍通风良好、干燥清洁，并且定期进行彻底的清扫和消毒。对于引入的外来牛只有在确认不存在螨虫的情况下，才能与已有牛群接触。在引入后的观察期间，应当对其进行隔离观察，以确保不会引入疥螨病。对于已有的牛群，应该定期检查其健康状况，一旦发现疑似病例，应立即进行隔离治疗。此外，每年夏季的药浴也是一项重要的预防措施，有助于减少疥螨寄生。

参考文献

［1］ 郭妮妮，熊家军，张国庆，等．肉牛快速育肥与疾病防治 [M].北京：机械工业出版社，2017.

［2］ 梁小军，侯鹏霞，张巧娥．肉牛规范化养殖技术 [M].银川：阳光出版社，2022.

［3］ 王学兵．牛场多发疾病防控手册 [M].郑州：河南科学技术出版社，2011.

［4］ 冯端明，冯柏林.奶牛肉牛疾病防治[M].长沙:湖南科学技术出版社，2002.

［5］ 田牧群．肉牛疾病防治实用技术 [M].银川：宁夏人民出版社，2008.

［6］ 魏变儿．肉牛常见疾病及其防治[J].畜牧兽医科技信息，2023（12）：115-117.

［7］ 葛爱有，王洪亮，庄雨龙，等．肉牛呼吸道疾病的诊断与防治[J].现代化农业，2023（12）：84-86.

［8］ 邓彬．肉牛蹄部疾病的病因及防治[J].吉林畜牧兽医，2023（12）：11-12.

［9］ 李凤霞．浅析肉牛养殖技术要点与管理方法[J].吉林畜牧兽医，2023（12）：13-14.

［10］ 曹丽娟，张金学，王建军，等．肉牛呼吸道疾病的临床特征及防治措施[J].甘肃畜牧兽医，2023（6）：29-31.

〔11〕 秦帅.肉牛健康养殖技术与疾病预防措施[J].农业工程技术，2023
　　　（31）：93+95.

〔12〕 秦召武.肉牛常见疾病及其防治[J].畜牧兽医科技信息，2023（10）：
　　　106-108.

〔13〕 颜丙会.浅谈如何推动肉牛养殖业发展[J].中国畜牧业，2023（16）：
　　　31-32.

〔14〕 沈兆峰.肉牛养殖中常见胃肠疾病预防与治疗研究[J].吉林畜牧兽
　　　医，2023（6）：13-14.

〔15〕 罗泽明.肉牛养殖场防疫工作的重点研究[J].今日畜牧兽医，2023
　　　（4）：57-60.

〔16〕 王远能，盛洁，梁世龙.肉牛规模养殖场常见疾病的诊断及预防[J].
　　　中国畜牧业，2023（5）：89-90.

〔17〕 安雪梅.肉牛疾病防治技术要点探究[J].中国畜牧业，2023（1）：
　　　91-92.

〔18〕 陈学军，史玉萍.肉牛健康养殖技术与疾病预防[J].畜牧兽医科学(电
　　　子版），2022（24）：33-34.

〔19〕 黄海荣.肉牛呼吸道综合征的发病原因与防控措施[J].中国畜牧业，
　　　2022（24）：90-91.

〔20〕 李焕梅，李剑静.肉牛常见疾病的诊断与预防措施[J].畜禽业，
　　　2022（12）：80-82.

〔21〕 鲁永华.肉牛常见疾病及防治措施[J].甘肃畜牧兽医，2022（11）：
　　　22-25.

〔22〕 陈志军，廖智慧，李晓，等.肉牛的细菌性疾病防控技术[J].今日
　　　畜牧兽医，2022（11）：21-23.

〔23〕 邹兴桓，祝维俊，吉艳.肉牛传染病与常发病的防控[J].养殖与饲料，
　　　2022（11）：87-88.

〔24〕 张海峰，程丽萍.肉牛疾病防疫及疾病治疗过程中容易忽视的问题

[J].北方牧业，2022（20）：28-29.

［25］陈春林，罗昌俊，吴昌龙，等.肉牛常见疾病及防控[J].四川畜牧兽医，2022（10）：55-56.

［26］杨帆.中草药在肉牛养殖疾病防治中的应用研究[J].今日畜牧兽医，2022（9）：66，108.

［27］高荣菊.肉牛腹泻病的防控技术[J].畜牧兽医科技信息，2022（9）：151-153.

［28］崔金霞.中草药在肉牛养殖疾病防治中的应用研究[J].中国畜牧业，2022（17）：114-115.

［29］朱伟.肉牛肺炎疾病防治技术措施[J].世界热带农业信息，2022（9）：64-65.

［30］王天文，焦志欢，王宇.肉牛肺传染性疾病的病理分析及防控措施[J].河南农业，2022（22）：50.

［31］石熠.肉牛主要细菌性疾病的诊治及疗效分析[J].中南农业科技，2022（1）：78-80.

［32］陈彦丽，代广，刘志勇，等.肉牛呼吸道疾病综合征的临床表现和防治措施[J].农业技术与装备，2022（6）：141-143.

［33］张永锋.肉牛常见胃肠道疾病及综合防治[J].畜牧兽医科学（电子版），2022（11）：91-93.

［34］彭敏.肉牛的饲养管理与疾病防治[J].当代畜牧，2022（5）：4-5.

［35］杨永毅.肉牛健康养殖技术与疾病预防探析[J].农家参谋，2022（8）：87-89.

［36］张万超.肉牛疾病防治中的技术关键点[J].畜牧兽医科学（电子版），2022（7）：161-163.

［37］常志臻.肉牛疾病防疫治疗中易忽视的问题分析[J].中国畜禽种业，2022（3）：132-133.

［38］苑玲玲.肉牛呼吸系统疾病的发病原因及解决方案[J].中国畜牧业，

2022（6）：102.

［39］谢勇，孙娟 . 肉牛养殖中常见胃肠道疾病预防与治疗 [J]. 今日畜牧兽医，2022（3）：95.

［40］邵春雷，冯一强 . 中草药在肉牛养殖疾病防治中的应用 [J]. 中国畜禽种业，2021（12）：160–161.

［41］苑玲玲 . 肉牛呼吸系统疾病的发病原因及解决措施 [J]. 中国畜牧业，2021（24）：61.

［42］高迎运 . 肉牛常见胃肠道疾病防治 [J]. 畜牧兽医科技信息，2021（12）：75.

［43］冯闯 . 肉牛场的卫生防疫与粪污处理策略 [J]. 饲料博览，2021（11）：69–70.

［44］周艳华，黄立春 . 肉牛疾病预防措施及治疗中药物使用注意事项 [J]. 畜牧兽医科学（电子版），2021（21）：148–149.

［45］唐虹 . 肉牛呼吸道疾病综合征的病因分析、临床症状、剖检变化与防治 [J]. 现代畜牧科技，2021（11）：110–111.

［46］边爱勇，刘冰，罗宗辉 . 关于肉牛养殖技术应用和疾病防治的调查分析 [J]. 吉林畜牧兽医，2024（3）：1–3.

［47］惠婷婷，寇连文 . 农村肉牛饲养存在的问题及饲养管理 [J]. 吉林畜牧兽医，2024（3）：4–6.

［48］覃海树，杨萍 . 养殖育肥肉牛主要疾病的防治措施浅析 [J]. 广西畜牧兽医，2024（2）：66–68.

［49］欧婧，袁金华，袁金同 . 中药防治肉牛呼吸道疾病综合征的成本与效益分析 [J]. 现代畜牧科技，2024（2）：134–136.

［50］杨涛，黎启红，王军波，等 . 肉牛育肥期常见疾病防控管理 [J]. 畜禽业，2024（1）：57–59.

［51］郭玉峰 . 肉牛常见细菌性疾病的防治 [J]. 兽医导刊，2021（23）：39–40.

［52］彭朋，王思伟，郭伟婷，等.肉牛遗传疾病研究进展［J］.北方牧业，2021（23）：23-24.

［53］邸佳佳.牛呼吸道主要细菌性病原四重荧光定量PCR检测方法的建立与应用[D].呼和浩特：内蒙古农业大学，2023.

［54］雷丽霞.牛病毒性腹泻病毒核酸快速检测方法的建立[D].银川：宁夏大学，2022.

［55］张晓宇.奶牛犊牛主要呼吸道疾病流行病学调查及牛支原体肺炎防治的研究[D].呼和浩特：内蒙古农业大学，2018.

［56］刘顺磊.牛源A型巴氏杆菌的分离鉴定及菌影疫苗的初步研究[D].石河子：石河子大学，2016.

［57］倪伟.抗牛病毒性腹泻病毒siRNA与miRNAs功能基因筛选与评价[D].石河子：石河子大学，2013.